高等职业技术教育“十二五”规划教材——土木工程类

施工安全控制与管理

主　编　刘超群　马少雄

副主编　赵　勇　黄国庆

西南交通大学出版社

·成　都·

内容简介

本书以施工安全员具体工作及典型工作任务构建内容，比较详细地介绍了土木工程施工过程中的各类安全控制与管理工作内容及注意事项，可作为建筑工程技术、铁道工程技术、道路与桥梁工程技术等土建类专业的教学用书，还可作为从事土木工程施工和项目管理的工程技术人员的培训教材和参考用书。

本书共分为12个典型工作项目，涵盖了施工安全员工作所必须具备的各种能力，主要内容包括：拆除工程施工安全、土石方工程施工安全、模板工程施工安全、脚手架工程施工安全、高处作业施工安全、工程机械施工安全、临时用电施工安全、季节性施工安全、劳动保护与职业病预防控制、安全生产管理与相关法律条例、安全教育、应急预案的编写及现场急救等。

图书在版编目（CIP）数据

施工安全控制与管理 / 刘超群，马少雄主编. —成都：西南交通大学出版社，2014.7（2021.12 重印）
高等职业技术教育"十二五"规划教材. 土木工程类
ISBN 978-7-5643-3203-7

Ⅰ. ①施… Ⅱ. ①刘… ②马… Ⅲ. ①工程施工－安全控制技术－高等职业教育－教材②工程施工－安全管理－高等职业教育－教材 Ⅳ. ①TU714

中国版本图书馆 CIP 数据核字（2014）第 157568 号

高等职业技术教育"十二五"规划教材——土木工程类

施工安全控制与管理

主编　刘超群　马少雄

*

责任编辑　王　旻
特邀编辑　王玉珂
封面设计　墨创文化

西南交通大学出版社出版发行
（四川省成都市二环路北一段111号西南交通大学创新大厦21楼
邮政编码：610031　发行部电话：028-87600564）
http: //www.xnjdcbs.com
成都蓉军广告印务有限责任公司印刷

*

成品尺寸：185 mm × 260 mm　　印张：16.75
字数：417 千字
2014 年 7 月第 1 版　　2021 年 12 月第 4 次印刷
ISBN 978-7-5643-3203-7
定价：39.00 元

前　言

“施工安全控制与管理”是高等职业院校土建类专业的专业核心课程之一，主要培养学生土木工程施工现场安全管理、安全隐患的排查，将安全事故发生的概率降至最低的能力，满足施工一线安全员岗位的需求。本书主要为“施工安全控制与管理”课程教学服务，也可作为施工安全管理从业人员的培训和参考教材。

本书以施工安全员具体工作及典型工作任务构建内容，合理优化组合教学环节，促进教学方法和手段的改革，主要包括 12 个典型工作项目，涵盖了施工安全员工作所必须具备的各种能力。

本书由陕西铁路工程职业技术学院刘超群担任主编，负责全书的统稿、整理，马少雄担任副主编，甘肃铁一院工程监理有限责任公司刘梦然担任主审。编写团队及分工如下：

项目 1 由陕西铁路工程职业技术学院李秋全编写；

项目 2 由陕西铁路工程职业技术学院刘超群编写；

项目 4、5、7 由陕西铁路工程职业技术学院马少雄编写；

项目 3 由陕西铁路工程职业技术学院韩国锋编写；

项目 6 由陕西铁路工程职业技术学院袁吉编写；

项目 8、9 由中国中铁二局集团公司黄国庆编写；

项目 10、11、12 由辽宁铁路职业技术学院赵勇编写。

在本书编写的过程中得到了陕西铁路工程职业技术学院的大力支持，在此，向关心、支持和帮助本书编写的有关领导和专家致以衷心的感谢。

由于编者水平有限，疏漏之处恳请批评指正。

作　者

2014 年 5 月

目 录

项目 1　拆除工程施工安全

案例导入

案例一：

湖北省武汉市某大厦在拆除楼顶悬挑结构前，现场负责人没有交代清楚拆除程序，作业人员不知道哪些是结构支承部位、哪些是非支承部位，错误地将与柱子整浇在一起的钢筋混凝土悬挑梁拆除，使与悬挑梁整浇的外檐板失去支承，从 60 m 高空向外倾倒、砸坏外脚手架后坠落，造成裙房门厅支模人员 4 人死亡，5 人受伤。

案例二：

四川省内江市某楼房拆除工程中，采用手拉葫芦及钢丝绳拉七层的大梁，大梁连同墙体将七层楼板砸断后，又砸断六层楼板，从而将各层楼板连续砸塌，6 人当场死亡，1 人受伤。

案例三：

甘肃省永昌县某工程队在某拆除工程中盲目蛮干，当拆除至三层西墙体时，作业人员用大锤、钢钎对墙下 1 m 处先凿洞、再掏空，最后砸断四周柱脚，致使墙柱突然垮塌，导致 3 人死亡，2 人受伤。

案例四：

湖南省郴州市某改造工程，用爆破法拆除一栋四层砖混住宅楼时，爆破队现场负责人为减少爆破装药量，不按爆破方案实施，擅自更改方案，组织工人用大锤将楼房底部承重墙每隔 0.5 ~ 0.8 m 凿开若干孔洞，承重墙面积减至原有的 1/4 左右，造成底层墙体承载力严重不足，楼房整体坍塌，造成 4 人死亡，3 人受伤。

案例五：

贵州省遵义市某商场在拆除过程中违章，政府拆迁处发现后，责令停止作业，但撤离的拆除施工方对已凿开的楼板未采取任何加固和安全措施，导致三层楼板坍塌，造成 2 人死亡，21 人受伤。

案例六：

湖南省长沙市某四层砖混住宅楼拆除时，违反基本的拆除程序，把所有横墙拆完，仅留下一堵孤立的纵墙，并未采取任何支撑和安全措施，形成致命的安全隐患。由于待拆的墙体过于细长，稳定性差，恰遇暴风雨天气，导致墙体坍塌。倒塌的墙体又砸倒相邻的一堵墙，造成了13人死亡，7人重伤，10人轻伤。

项目1.1　房屋拆除安全事故情况及其原因分析

房屋拆除是一项劳动力密集型、技术要求高、风险大的工作，也是安全事故的高发区。随着城市建设，拆迁改造房屋工程日渐增多，被拆除房屋也越发复杂，拆除条件也趋于苛刻，房屋拆除与新建工程相比，更具危险性和复杂性。为了保证人民生命和财产安全，房屋拆除必须严格遵循《中华人民共和国建筑法》(以下简称《建筑法》)、《建设工程安全生产管理条例》及相关技术规范、规程的规定。

一、房屋拆除安全事故情况分析

1. 无资质企业或个人承揽的房屋拆除事故多

无资质的企业或个人承揽的房屋拆除事故起数约占事故总起数的60%，而有拆除资质的占40%左右。

2. 无房屋拆除方案的拆除工程发生的事故多

无拆除方案发生的事故起数约占事故总起数的67%，而有拆除方案的占33%左右。

3. 四层及四层以下房屋拆除发生的事故多

四层及四层以下房屋拆除事故起数约占事故总数的73%，而四层以上房屋占27%左右。

4. 农村建筑队拆除的房屋事故多

农村建筑队承担的拆除工程事故起数约占事故总数的64%,而城镇建筑企业占37%左右。

5. 砖混结构房屋拆除事故多

砖混结构房屋拆除事故起数约约占事故总数的60%，而钢筋混凝土结构和钢结构房屋分别占30%和10%左右。

6. 墙体坍塌导致的事故多

墙体坍塌事故起数约占事故总数的46%，而由于钢筋混凝土板、梁、基础坍塌引起的事故分别占30%、14%和10%左右。

7. 发生在城市的拆除事故多

近几年所有房屋拆除重大事故都发生在城市，而乡镇和农村的拆除事故，几乎没有记录在案。

8. 公共建筑拆除事故多

公共建筑（主要是商场，办公楼等）拆除事故起数约占事故总数的55%，住宅和工业建筑分别为30%和15%左右。

9. 农民工伤亡多

据统计，在拆除事故中农民工伤亡占80%以上，诸多事故的受害者几乎都是农民工。

二、房屋拆除安全事故原因分析

事故的发生，是事故的偶然与必然因素聚集并相互影响、相互作用的结果。导致事故的直接原因主要是人（业主、管理者和作业人员等）的不安全意识、情绪、行为、物（机具、材料、施工设施及辅助设施等）的不安全状态，环境（气候、季节、地质条件等）的不安全因素。因此，预防事故的关键在于认识事故发生的规律，识别、发现、消除导致事故的必然因素，尽可能遏制和减少偶然因素，使事故发生的概率降至最低。从事故案例看，房屋拆除安全事故或无资质企业和个人承包拆除工程，或由于拆除程序、拆除作业不规范，或缺少有效的安全监管，或缺少安全防护措施所致。导致房屋拆除安全事故的原因：

1. 无资质企业和个人承揽拆除工程

由于企业没有相应的资质，管理及作业人员不懂房屋拆除技术及程序、不懂安全技术及管理，而是凭主观直觉拆除，导致事故发生。

（1）违法发包、承包、转包。

（2）业主自行组织拆除，管理混乱。

（3）以料抵工、以料抵款，冒险拆除。

2. 违反拆除程序，导致事故

遵循拆除程序，是房屋拆除安全及顺利实施的保证。在拆除前，建设单位应提供被拆除建筑的详细图纸和相关资料，包括原施工过程中的设计变更及使用过程中的改建、扩建等全部资料。施工单位应对作业区进行实地勘察、评估拆除过程中对相邻环境可能造成的影响，并选择最安全的拆除方法。

（1）先拆除承重结构，导致坍塌。

房屋和房屋构件拆除前，应了解被拆除部分的支承位置。拆除过程中，应确保支承位置的稳定，维持支承位置原有的承载力。房屋拆除的原则应是按建筑物建设时相反的顺序进行，应先拆高处、再拆低处，先拆除非承重构件、后拆除承重构件。

（2）采取错误的拆除方法。

多层砖混结构房屋拆除，应自上而下逐层拆除，不得数层同时交叉拆除；应逐件拆除结构构件，先板、梁，后墙、柱；除平房外，一般不得采用推（拉）倒拆除的方法。遇特殊情况必须采用推倒方法时，应遵守以下规定：

① 砍砌墙根的深度不得超过墙厚的1/3。墙厚小于两块半砖的时候，不允许进行掏掘。

② 为了防止墙壁向掏掘方向倾倒，在掏掘前，要用支撑撑牢。

③ 建筑物推倒前，应发出信号，待所有人员退至建筑物高度2倍以外时，方可推倒。

3. 不遵守爆破规定，擅自更改方案

爆破拆除房屋必须严格遵守爆破施工规定。

4. 缺少有效的防范措施，导致事故

（1）没有考虑气候的影响。

被拆房屋的安全，受气候影响较大，应准确判断气候对拆除中房屋的不利影响，切实加强安全防范措施。

（2）对待拆的构件未采取加固措施。

（3）盲目追求拆除进度。

有的业主盲目追求拆除进度，完全不考虑人及自然因素的影响和制约，迫使施工方冒险作业，形成安全隐患，给事故发生提供了主观条件。

（4）没有报建设行政主管部门备案。

发生安全事故的拆除工程，大多未报建设行政主管部门备案，使拆除工程规避了政府安全监管、检查，给事故形成提供了客观条件。

（5）没有实行招、投标制度。

发生安全事故的拆除工程，大多未实行招、投标制度，或假招、投标，或走过场，致使无资质企业和个人承揽拆除工程，埋下事故种子。

（6）没有实行拆除工程监理。

发生安全事故的拆除工程，大多未实行“旁站式”监理，致使拆除施工方在没有拆除方案和安全防护措施的情况下自行组织拆除。现场管理混乱，违章指挥，违章作业，致使事故发生。

（7）作业人员大多未经过安全教育和技术培训。

项目 1.2　拆除工程施工需注意的各项规定

一、一般规定

（1）项目经理必须对拆除工程的安全生产负全面领导责任。项目经理部应按有关规定设专职安全员，检查落实各项安全技术措施。

（2）施工单位应全面了解拆除工程的图纸和资料，进行现场勘察，编制施工组织设计或安全专项施工方案。

（3）拆除工程施工区域应设置硬质封闭围挡及醒目警示标志，围挡高度不应低于 1.8 m，非施工人员不得进入施工区。当临街的被拆除建筑与交通道路的安全距离不能满足要求时，必须采取相应的安全隔离措施。

（4）拆除工程必须制订生产安全事故应急救援预案。

（5）施工单位应为从事拆除作业的人员办理意外伤害保险。

（6）拆除施工严禁立体交叉作业。

（7）作业人员使用手持机具时，严禁超负荷或带故障运转。

（8）楼层内的施工垃圾，应采用封闭的垃圾道或垃圾袋运下，不得向下抛掷。

（9）根据拆除工程施工现场作业环境，应制订相应的消防安全措施，施工现场应设置消防车通道，保证充足的消防水源，配备足够的灭火器材。

二、施工前准备

（1）拆除工程的建设单位与施工单位在签订施工合同时，应签订安全生产管理协议，明确双方的安全管理责任。建设单位、监理单位应对拆除工程施工安全负检查督促责任；施工单位应对拆除工程的安全技术管理负直接责任。

（2）建设单位应将拆除工程发包给具有相应资质等级的施工单位。建设单位应在拆除工程开工前15日，将下列资料报送建设工程所在地的县级以上地方人民政府建设行政主管部门备案：

① 施工单位资质登记证明。

② 拟拆除建筑物构筑物及可能危及毗邻建筑的说明。

③ 拆除施工组织方案或安全专项施工方案。

④ 堆放清除废弃物的措施。

（3）建设单位应向施工单位提供下列资料：

① 拆除工程的有关图纸和资料。

② 拆除工程涉及区域的地上地下建筑及设施分布情况资料。

（4）建设单位应负责做好影响拆除工程安全施工的各种管线的切断、迁移工作。当建筑外侧有架空线路或电缆线路时，应与有关部门取得联系，采取防护措施，确认安全后方可施工。

（5）当拆除工程对周围相邻建筑安全可能产生危险时，必须采取相应保护措施，对建筑内的人员进行撤离安置。

（6）在拆除作业前，施工单位应检查建筑内各类管线情况，确认全部切断后方可施工。

（7）在拆除工程作业中，发现不明物体，应停止施工，采取相应的应急措施，保护现场，及时向有关部门报告。

三、施工过程中有关规定

1．安全施工管理

1）人工拆除

（1）进行人工拆除作业时，楼板上严禁人员聚集或堆放材料，作业人员应站在稳定的结构或脚手架上操作，被拆除的构件应有安全的放置场所。

（2）人工拆除施工应从上至下、逐层拆除分段进行，不得垂直交叉作业。作业面的孔洞应封闭。

（3）人工拆除建筑墙体时，严禁采用掏掘或推倒的方法。

（4）拆除建筑的栏杆、楼梯、楼板等构件，应与建筑结构整体拆除进度相配合，不得先行拆除。建筑的承重梁、柱，应在其所承载的全部构件拆除后，再进行拆除作业。

（5）拆除梁或悬挑构件时，应采取有效的下落控制措施，方可切断两端的支撑。

（6）拆除柱子时，应沿柱子底部剔凿出钢筋，使用手动倒链定向牵引，再采用气焊切割柱子三面钢筋，保留牵引方向正面的钢筋。

（7）拆除管道及容器时，必须在查清残留物的性质，并采取相应措施确保安全后，方可进行拆除施工。

2）机械拆除

（1）当采用机械拆除建筑时，应从上至下、逐层分段进行；应先拆除非承重结构，再拆除承重结构。拆除框架结构建筑，必须按楼板、次梁、主梁、柱子的顺序进行施工。对只进行部分拆除的建筑，必须先将保留部分加固，再进行分离拆除。

（2）施工中必须由专人负责监测被拆除建筑的结构状态，做好记录。当发现有不稳定状态的趋势时，必须停止作业，采取有效措施，消除隐患。

（3）拆除施工时，应按照施工组织设计选定的机械设备及吊装方案进行施工，严禁超载作业或任意扩大使用范围。供机械设备使用的场地必须保证足够的承载力，作业中机械不得同时回转、行走。

（4）进行高处拆除作业时，对较大尺寸的构件或沉重的材料，必须采用起重机具及时吊下。拆卸下来的各种材料应及时清理，分类堆放在指定场所，严禁向下抛掷。

（5）采用双机抬吊作业时，每台起重机载荷不得超过允许载荷的 80%，且应对第一吊进行试吊作业，施工中必须保持两台起重机同步作业。

（6）拆除吊装作业的起重机司机，必须严格执行操作规程。信号指挥人员必须按照现行国家标准《起重吊运指挥信号》（GB 5085）的规定作业。

（7）拆除钢屋架时，必须采用绳索将其拴牢，待起重机吊稳后，方可进行气焊切割作业。吊运过程中，应采用辅助措施使被吊物处于稳定状态。

（8）拆除桥梁时应先拆除桥面的附属设施及挂件、护栏等。

3）爆破拆除

（1）爆破拆除工程应根据周围环境作业条件、拆除对象、建筑类别、爆破规模，按照现行国家标准《爆破安全规程》（GB 6722）将工程分为 A、B、C 三级，并采取相应的安全技术措施。爆破拆除工程应做出安全评估并经当地有关部门审核批准后方可实施。

（2）从事爆破拆除工程的施工单位，必须持有工程所在地法定部门核发的“爆炸物品使用许可证”，承担相应等级的爆破拆除工程。爆破拆除设计人员应具有承担爆破拆除作业范围和相应级别的爆破工程技术人员作业证。从事爆破拆除施工的作业人员应持证上岗。

（3）爆破器材必须向工程所在地法定部门申请“爆炸物品购买许可证”，到指定的供应点购买。爆破器材严禁赠送、转让、转卖、转借。

（4）运输爆破器材时，必须向工程所在地法定部门申请领取“爆炸物品运输许可证”，派专职押运员押送，按照规定路线运输。

（5）爆破器材临时保管地点，必须经当地法定部门批准，严禁同室保管与爆破器材无关的物品。

（6）爆破拆除的预拆除施工应确保建筑安全和稳定。预拆除施工可采用机械和人工方法拆除非承重的墙体或不影响结构稳定的构件。

（7）对烟囱、水塔类构筑物采用定向爆破拆除工程时，爆破拆除设计应控制建筑倒塌时的触地振动。必要时应在倒塌范围铺设缓冲材料或开挖防振沟。

（8）为保护邻近建筑和设施的安全，爆破振动强度应符合现行国家标准《爆破安全规程》（GB 6722）的有关规定。建筑基础爆破拆除时，应限制一次同时使用的药量。

（9）爆破拆除施工时，应对爆破部位进行覆盖和遮挡，覆盖材料和遮挡设施应牢固可靠。

（10）爆破拆除应采用电力起爆网路和非电导爆管起爆网路。电力起爆网路的电阻和起爆电源功率，应满足设计要求；非电导爆管起爆应采用复式交叉封闭网路。爆破拆除不得采用导爆索网路或导火索起爆方法。

装药前应对爆破器材进行性能检测。试验爆破和起爆网路模拟试验应在安全场所进行。

（11）爆破拆除工程的实施应在工程所在地有关部门领导下成立爆破指挥部，应按照施工组织设计确定的安全距离设置警戒。

（12）爆破拆除工程的实施必须按照现行国家有关标准和规范的规定执行。

4）静力破碎

静力破碎是利用静力破碎剂固化膨胀力破碎混凝土、岩石等的一种技术。一般操作程序：钻孔—注入静力破碎剂—固化膨胀—破裂。破碎过程一般持续 30 ~ 120 min，部分也有可能超过 120 min。

该技术多用于不宜采用爆破技术拆除的大体积混凝土结构，也可用于石材的开采加工等。进行建筑基础或局部块体拆除时，宜采用静力破碎的方法。静力破碎时应注意以下安全措施：

（1）采用具有腐蚀性的静力破碎剂作业时，灌浆人员必须戴防护手套和防护眼镜。孔内注入破碎剂后，作业人员应保持安全距离，严禁在注孔区域行走。

（2）静力破碎剂严禁与其他材料混放。

（3）在相邻的两孔之间，严禁钻孔与注入破碎剂同步进行施工。

（4）静力破碎时，发生异常情况，必须停止作业。查清原因并采取相应措施确保安全后，方可继续施工。

2. 安全防护措施

（1）拆除施工采用的脚手架、安全网，必须由专业人员按设计方案搭设，由有关人员验收合格后方可使用，水平作业时，操作人员应保持安全距离。

（2）安全防护设施验收时，应按类别逐项查验，并有验收记录。

（3）作业人员必须配备相应的劳动保护用品，并正确使用。

（4）施工单位必须依据拆除工程安全施工组织设计或安全专项施工方案，在拆除施工现场划定危险区域，并设置警戒线和相关的安全标志，应派专人监管。

（5）施工单位必须落实防火安全责任制，建立义务消防组织，明确责任人，负责施工现场的日常防火安全管理工作。

3. 安全技术管理

（1）拆除工程开工前，应根据工程特点、构造情况、工程量等编制施工组织设计或安全专项施工方案，应经技术负责人和总监理工程师签字批准后实施。在施工过程中，如需变更，应经原审批人批准，方可实施。

（2）在恶劣的气候条件下，严禁进行拆除作业。

（3）当日拆除施工结束后，所有机械设备应远离被拆除建筑。施工期间的临时设施，应与被拆除建筑保持安全距离。

（4）从业人员应办理相关手续，签订劳动合同，进行安全培训，考试合格后方可上岗作业。

（5）拆除工程施工前，必须对施工作业人员进行书面安全技术交底。

（6）拆除工程施工必须建立安全技术档案，并应包括下列内容：

① 拆除工程施工合同及安全管理协议书。

② 拆除工程安全施工组织设计或安全专项施工方案。

③ 安全技术交底。

④ 脚手架及安全防护设施检查验收记录。

⑤ 劳务用工合同及安全管理协议书。

⑥ 机械租赁合同及安全管理协议书。

（7）施工现场临时用电必须按照国家现行标准《施工现场临时用电安全技术规范》（JGJ 46）的有关规定执行。

（8）拆除工程施工过程中，当发生重大险情或生产安全事故时，应及时启动应急预案排除险情、组织抢救、保护事故现场，并向有关部门报告。

4. 文明施工管理

（1）清运渣土的车辆应封闭或覆盖，出入现场时应有专人指挥。清运渣土的作业时间应遵守工程所在地的有关规定。

（2）对地下的各类管线，施工单位应在地面上设置明显标识。对水、电、气的检查井、污水井应采取相应的保护措施。

（3）拆除工程施工时，应有防止扬尘和降低噪声的措施。

（4）拆除工程完工后，应及时将渣土清运出场。

（5）施工现场应建立健全动火管理制度，施工作业动火时，必须履行动火审批手续，领取动火证后，方可在指定时间、地点作业。作业时应配备专人监护，作业后必须确认无火源危险后方可离开作业地点。

（6）拆除建筑时，当遇有易燃、可燃物及保温材料时，严禁明火作业。

项目 2　土石方工程施工安全

案例导入

案例一：西安地铁一号线沟槽塌方事故

2009 年 8 月 2 日上午 9 时 20 分许，由中铁二局承建的西安地铁一号线 TJSG-8 标莲湖路酒金桥站施工现场，作业人员在北侧冠梁沟槽底部清理土层拟进行沟槽支护时发生坍塌，2 名作业人员被掩埋，后经抢救无效死亡。

1．事故经过

8 月 2 日凌晨 1 时至 5 时许，中铁二局项目部相关人员对洒金桥车站北侧冠梁东段 20～35 m 处的沟槽进行了机械开挖，形成上口宽 4 m、下口宽 3.5 m、深度 4.5 m 的沟槽。6 时 30 分许，项目部有关人员安排 16 名工人进入沟槽内清理管线及边坡，拟对沟槽进行支护。9 时 20 分，冠梁沟槽第 20～26 号桩位之间约 10 m 长的南侧坑壁突然发生坍塌，塌方量约 10 m^3。如图 2.1、2.2。

图 2.1　救援现场

图 2.2　支护情况

2．事故原因

（1）现场人员盲目采用机械方式一次开挖成型深约 4.5 m 的沟槽，超过设计深度 1 m，也未及时进行支护，且放坡不足，致使坑壁支撑力不足，为后续施工埋下安全隐患。

（2）现场管理人员忽视安全作业条件，盲目安排施工人员进行沟槽作业，导致坑壁土体突然失稳坍塌，酿成严重后果，是造成此次事故发生的直接原因和主要原因。

（3）监理人员未能及时纠正施工单位忽视后续施工安全条件，一次开挖成型较深的沟槽的错误做法。特别是 8 月 2 日凌晨施工人员开挖北侧坍塌段冠梁沟槽时，夜班监理人员未能坚守监理岗位，致使沟槽超深度开挖、放坡不足、坑壁土体自稳性差的隐患未能得到及时发现和消除；8 月 2 日当班监理员也未能及时发现现场隐患并制止施工人员在沟槽内盲目作业的不安全行为、安全监理职责履行不力，是造成此次事故发生的重要原因。

（4）此次事故坍塌部位非原状土，土体下预埋有自来水管、热力管道、污水砖涵、电力线缆、通讯线缆等预埋管线，土质属回填杂土，土体密实度较低，自身稳定性较差，且事发前连续降雨使土体含水率增大，自稳能力进一步下降，也是造成此次事故发生的又一重要原因。

案例二：海珠城广场“7·21”事故

1. 事故经过

2005 年 7 月 21 日，广州海珠区海珠城广场工地发生塌陷，一排民工宿舍、一堵围墙、一条马路全部掉入 20 多米深的工地大坑中。塌方事故同时还引起邻近 9 层高的海员宾馆和广州海运局 8 层高的居民楼倾斜，部分墙面开裂。北面墙体第二天凌晨部分坍塌，见图 2.3、2.4。此次事故造成 3 人死亡、8 人重伤，直接经济损失 4 000 多万元！

图 2.3 基坑旁居民楼墙体坍塌

图 2.4 民工宿舍、围墙

2. 事故原因

（1）该工地基坑原设计深度是 17 m，实际开挖深度是 20.3 m，超挖了 3.3 m，造成原支护桩变为吊脚桩。

（2）地质勘察显示，工地岩层中存在强风化软弱夹层，不利建筑施工，但设计与施工单位都没及时调整方案。

（3）事发前几天，基坑坡顶放置多台重型机械，严重超载。

（4）建设单位、施工单位等建设责任主体无视国家法令，故意逃避行政监管，长期无证违法建设，基坑支护受损失效，这是一起责任事故。

项目 2.1 土的基础知识

一、土的工程分类

土的工程分类见表 2.1。

表 2.1　土的工程分类

土的分类	土的级别	土的名称	坚实系数 f	密度/(t/m³)	开挖方法及工具
一类土（松软土）	Ⅰ	砂土、粉土、冲积砂土层、疏松的种植土、淤泥（泥炭）	0.5～0.6	0.6～1.5	用锹、锄头挖掘，少许用脚蹬
二类土（普通土）	Ⅱ	粉质黏土；潮湿的黄土；夹有碎石、卵石的砂；粉土混卵（碎）石；种植土、填土	0.6～0.8	1.1～1.6	用锹、锄头挖掘，少许用镐翻松
三类土（坚土）	Ⅲ	软及中等密实黏土；重粉质黏土、砾石土；干黄土、含有碎石卵石的黄土、粉质黏土；压实的填土	0.8～1.0	1.75～1.9	主要用镐，少许用锹、锄头挖掘，部分用撬棍
四类土（砂砾坚土）	Ⅳ	坚硬密实的黏性土或黄土；含碎石卵石的中等密实的黏性土或黄土；粗卵石；天然级配砂石；软泥灰岩	1.0～1.5	1.9	整个先用镐、撬棍，后用锹挖掘，部分用楔子及大锤
五类土（软石）	Ⅴ～Ⅵ	硬质黏土；中密的页岩、泥灰岩、白垩土；胶结不紧的砾岩；软石灰及贝壳石灰石	1.5～4.0	1.1～2.7	用镐或撬棍、大锤挖掘，部分使用爆破方法
六类土（次坚石）	Ⅶ～Ⅷ	泥岩、砂岩、砾岩；坚实的页岩、泥灰岩，密实的石灰岩；风化花岗岩、片麻岩及正长岩	4.0～10.0	2.2～2.9	用爆破方法开挖，部分用风镐
七类土（坚石）	Ⅹ～ⅩⅢ	大理石；辉绿岩；粉岩；粗、中粒花岗岩；坚实的白云岩、砂岩、砾岩、片麻岩、石灰岩；微风化安山岩；玄武岩	10.0～18.0	2.5～3.1	用爆破方法开挖
八类土（特坚石）	ⅩⅣ～ⅩⅥ	安山岩；玄武岩；花岗片麻岩；坚实的细粒花岗岩、闪长岩、石英岩、辉长岩、辉绿岩、粉岩、角闪岩	18.0～25.0 以上	2.7～3.3	用爆破方法开挖

注：1. 土的级别相当于一般 16 级土石分类级别；
2. 坚实系数 *f* 相当于普氏岩石强度系数。

二、土的工程性质

1. 土的可松性

土的可松性是土经挖掘以后，组织破坏、体积增加的性质，以后虽经回填压实，仍不能恢复成原来的体积。土的可松性程度一般以可松性系数表示（见表 2.2），它是挖填土方时，计算土方机械生产率、回填土方量、运输机具数量、进行场地平整规划竖向设计、土方平衡调配的重要参数。

表 2.2 各种土的可松性参考数值

土的类别	体积增加百分比/%		可松性系数	
	最初	最终	K_P	K'_P
一类（种植土除外）	8～17	1～2.5	1.08～1.17	1.01～1.03
一类（植物性土、泥炭）	20～30	3～4	1.20～1.30	1.03～1.04
二类	14～28	1.5～5	1.14～1.28	1.02～1.05
三类	24～30	4～7	1.24～1.30	1.04～1.07
四类（泥灰岩、蛋白石除外）	26～32	6～9	1.26～1.32	1.06～1.09
四类（泥灰岩、蛋白石）	33～37	11～15	1.33～1.37	1.11～1.15
五～七类	30～45	10～20	1.30～1.45	1.10～1.20
八类	45～50	20～30	1.45～1.50	1.20～1.30

注：最初体积增加百分比 $\frac{V_2-V_1}{V_1}\times 100\%$；最后体积增加百分比 $\frac{V_3-V_1}{V_1}\times 100\%$

K_P——为最初可松性系数，$K_P=V_2/V_1$；

K'_P——为最终可松性系数，$K'_P=V_3/V_1$；

V_1——开挖前土的自然体积；

V_2——开挖后土的松散体积；

V_3——运至填方处压实后之体积。

2．土的压缩性

取土回填或移挖作填，松土经运输、填压以后，均会压缩，一般土的压缩性以土的压缩率表示，见表 2.3。

表 2.3 土的压缩率 P 的参考值

土的类别	土的名称	土的压缩率	每 m^3 松散土压实后的体积/m^3
一～二类土	种植土	20%	0.80
	一般土	10%	0.90
	砂土	5%	0.95
三类土	天然湿度黄土	12%～17%	0.85
	一般土	5%	0.95
	干燥坚实黄×	5%～7%	0.94

3．土的休止角

土的休止角（安息角）是指在某一状态下的土体可以稳定的坡度，一般土的坡度值见表 2.4。

表 2.4　土的休止角

土的名称	干土		湿润土		潮湿土	
	角度/(°)	高度与底宽比	角度/(°)	高度与底宽比	角度/(°)	高度与底宽比
砾石	40	1∶1.25	40	1∶1.25	35	1∶1.50
卵石	35	1∶1.50	45	1∶1.00	25	1∶2.75
粗砂	30	1∶1.75	35	1∶1.50	27	1∶2.00
中砂	28	1∶2.00	35	1∶1.50	25	1∶2.25
细砂	25	1∶2.25	30	1∶1.75	20	1∶2.75
重黏土	45	1∶1.00	35	1∶1.50	15	1∶3.75
粉质黏土、轻黏土	50	1∶1.75	40	1∶1.25	30	1∶1.75
粉土	40	1∶1.25	30	1∶1.75	20	1∶2.75
腐殖土	40	1∶1.25	35	1∶1.50	25	1∶2.25
填方的土	35	1∶1.50	45	1∶1.00	27	1∶2.00

三、土的现场鉴别方法

1. 碎石土的现场鉴别（见表 2.5）

表 2.5　碎石土密实度现场鉴别方法

密实度	骨架颗粒含量和排列	可挖性	可钻性
密实	骨架颗粒含量大于总重的70%，呈交错排列，连续接触	锹镐挖掘困难，用撬棍方能松动，井壁一般较稳定	钻进极困难，冲击钻探时，钻杆、吊锤跳动剧烈，孔壁较稳定
中密	骨架颗粒含量等于总重的60%～70%，呈交错排列，大部分接触	锹镐可挖掘，井壁有掉块现象，从井壁取出大颗粒处，能保持颗粒凹面形状	钻进较困难，冲击钻探时，钻杆、吊锤跳动不剧烈，孔壁有坍塌现象
稍密	骨架颗粒含量等于总重的55%～60%，排列混乱大部分不接触	锹可以挖掘，井壁易坍塌，从井壁取出大颗粒后砂土立即坍落	钻进较容易，冲击钻探时，钻杆稍有跳动，孔壁易坍塌
松散	骨架颗粒含量小于总重的55%，排列十分混乱绝大部分不接触	锹易挖掘，井壁极易坍塌	钻进很容易，冲击钻探时，钻杆无跳动，孔壁极易坍塌

2. 黏性土等的现场鉴别（见表 2.6）

表 2.6 黏性土的现场鉴别方法

土的名称	湿润时用刀切	湿土用手捻摸时的感觉	土的状态		湿土搓条情况
			干土	湿土	
黏土	切面光滑，有黏滞阻力	有滑腻感，感觉不到有砂粒，水分较大，很黏手	土块坚硬，用锤才能打碎	易黏着物体，干燥后不易剥去	塑性大，能搓成直径小于 0.5 mm 的长条（长度不短于手掌），手持一端不易断裂
粉质黏土	稍有光滑面，切面平整	稍有滑腻感，有黏滞感，感觉到有少量砂较黏	土块用力可压碎	能黏着物体，干燥后较易剥去	有塑性，能搓成直径为 2～3 mm 的土条
粉土	无光滑面，切面稍粗糙	有轻微黏滞感或无黏滞感，感觉到有砂粒较多、粗糙	土块用手捏或抛扔时易碎	不易黏着物体，干燥后一碰就掉	塑性小，能搓成直径为 2～3 mm 的短条
砂土	无光滑面，切面粗糙	无黏滞感，感觉到全是砂粒、粗糙	松散	不能黏着物体	无塑性，不能搓成土条

3. 人工填土、淤泥、黄土、泥炭的现场鉴别（见表 2.7）

表 2.7 人工填土、淤泥、黄土、泥炭的现场鉴别方法

土的名称	观察颜色	夹杂物质	形状（构造）	浸入水中的现象	湿土搓条情况	干燥后强度
人工填土	无固定颜色	砖瓦碎块、垃圾、炉灰等	夹杂物显露于外，构造无规律	大部分变为稀软淤泥，其余部分为碎瓦、炉渣，在水中单独出现	一般能搓成 3mm 土条，但易断，遇有杂质甚多时，就不能搓条	干燥后部分杂质脱落，故无定形，稍微施加压力即行破碎
淤泥	灰黑色有臭味	池沼中有半腐朽的细小动植物遗体，如草根、小螺壳等	夹杂物经仔细观察可以发觉，构造常呈层状，但有时不明显	外观无显著变化，在水面出现气泡	一般淤泥质土接近于粉土，故能搓成 3 mm 土条（长至少 30 mm），容易断裂	干燥后体积显著收缩，强度不大，锤击时呈粉末状，用手指能捻碎
黄土	黄褐两色的混合色	有白色粉末出现在纹理之中	夹杂物质常清晰显见，构造上有垂直大孔（肉眼可见）	即行崩散而分成散的颗粒集团，在水面上出现很多白色液体	搓条情况与正常的粉质黏土类似	一般黄土相当于粉质黏土，干燥后的强度很高，手指不易捻碎
泥炭（腐殖土）	深灰或黑色	有半腐朽的动植物遗体，其含量超过 60%	夹杂物有时可见，构造无规律	极易崩碎，变为稀软淤泥，其余部分为植物根、动物残体渣滓悬浮于水中	一般能搓成 1～3 mm 土条，但残渣甚多时，仅能搓成 3 mm 以上土条	干燥后大量收缩，部分杂质脱落，故有时无定形

四、特殊土的处理措施

1. 湿陷性黄土

凡天然黄土在上覆土的自重应力作用下，或在上覆土自重应力和附加应力共同作用下，受水浸湿后土的结构迅速破坏而发生显著附加下沉的黄土，称湿陷性黄土，按湿陷性质的不

同又分非自重湿陷性黄土和自重湿陷性黄土两种。湿陷性黄土广泛分布于我国甘肃、陕西、黑龙江、吉林、内蒙古、山东、河北、河南、山西、宁夏、青海和新疆等地。

湿陷性黄土，又称大孔土，与其他黄土同属于黏性土，具有以下特征：

（1）在天然状态下，具有肉眼能看见的大孔隙，孔隙比一般大于 1，并常有由于生物作用所形成的管状孔隙，天然剖面呈竖直节理。

（2）颜色在干燥时呈淡黄色，稍湿时呈黄色，湿润时呈褐黄色。

（3）土中含有石英、高岭石成分，含盐量大于 0.3%，有时含有石灰质结核（通常称为“礓石”）。

（4）透水性较强，土样浸入水中后，很快崩解，同时有气泡冒出水面。

（5）土在干燥状态下，有较高的强度和较小的压缩性，土质垂直方向分布的小管道几乎能保持竖立的边坡，但在遇水后，土的结构迅速破坏发生显著的附加下沉（这种下沉通常叫湿陷），产生严重湿陷。

湿陷性黄土地基一般采用如下防治措施：

1）建筑结构措施

（1）在山前斜坡地带，建筑物宜沿等高线布置，填方厚度不宜过大；散水坡宜用混凝土，宽度不宜小于 1.5 m，其下应设 15 cm 厚的灰土或 30 cm 厚的炉渣垫层，其宽宜超过散水 50 cm，散水每隔 6 ~ 10 m 设一条伸缩缝。

（2）选择适应不均匀沉降的结构和基础类型（如框架结构和墩式基础）。

（3）加强建筑物的整体刚度，如控制长度比在 3 以内，设置沉降缝，增设横墙、钢筋混凝土圈梁等。

（4）局部加强构件和砌体强度，底层窗台下设置钢筋砖带（一般用 3ϕ 8），底层横墙与纵墙交接处用钢筋拉结，宽大于 1 m 的门窗设钢筋混凝土过梁等，以提高建筑物的整体刚度和抵抗沉降变形的能力，保证正常使用。

2）地基处理

（1）垫层法。

将基础下的湿陷性土层全部或部分挖出，然后用黄土（或 2∶8、3∶7 灰土），经过筛后，在最优含水率状态下分层回填夯实或压实；垫层厚度约为 1.0 ~ 2.0 倍基础宽度，控制土的干密度不小于 1.6 t/m^3，它能消除一定深度内（一般为 1 ~ 3 m）土的湿陷变形，改善土的工程性质，增强地基的防水效果，费用较低。适于地下水位以上进行局部或整片的处理。

（2）重锤夯实法。

将 2 ~ 3 t 重锤，提到一定高度（4 ~ 6 m），自由下落，一夯挨一夯如此重复夯打，使土的密度增加，减小或消除地基的湿陷变形，一般能消除 1.0 ~ 2 m 厚土层的湿陷性。适于地下水位以上，饱和度 $S_r < 60\%$的湿陷性黄土进行局部或整片的处理。

（3）强夯法。

用 8 t 以上的重锤，从 10 m 以上高度自由下落，强力夯击土体。一般锤重 10 ~ 12 t，落距 10 ~ 18 m 时，可消除 3 ~ 6 m 深土层的湿陷性，并提高地基的承载能力。适于饱和度 $S_r < 60\%$的湿陷性黄土深层局部或整片的处理。

（4）挤密法。

是用机械（人工或爆扩）成孔的方法，将钢管打入土中，拔出钢管后在孔内填充素土或灰土，分层夯实，要求密实度不低于 0.95。通过桩的挤密作用改善桩周土的物理力学性能，基本上可消除桩深度范围内黄土的湿陷性。处理深度一般可达 5 ~ 10 m，造价低。适于地下水位以上局部或整片的处理。

（5）预浸水法。

利用黄土浸水后自重湿陷的特性，在施工前挖坑进行大面积浸水，水深不小于 30 cm，使土体产生自重湿陷，其稳定标准为最后 5 d 的平均湿陷量小于 5 mm，从而消除黄土的湿陷性。本法需要足够水量，处理时间较长（3 ~ 6 个月），同时应注意浸水对附近建筑物和场地边坡稳定性的影响，要求其间距不小于 30 m。处理后还应进行专门性的勘察工作，重新评定湿陷等级，并采取相应的设计措施。适于Ⅲ、Ⅳ级自重湿陷性场地 6 m 以下的处理，6 m 以上尚应采用垫层等方法处理，可处理土层厚度大于 10 m，自重湿陷量$\Delta_{zs}\geqslant 50$ cm 的场地。

（6）灌筑（预制）桩基础。

将桩穿透厚度较大的湿陷性黄土层，使桩尖（头）落于承载力较高的非湿陷性黄土层上，荷重通过桩身和桩尖（扩大头）传到非湿陷性黄土层中。桩的长度和入土深度以及桩的承载力，应通过荷载试验或根据当地经验确定。处理深 30 m 以内。采用桩基需消耗材料较多，费用一般较高。适于基础荷载大，有可靠的持力层的处理。

3）防水措施

（1）做好总体的平面和竖向设主及防洪设施，保证场地排水畅通。

（2）保证水池或管道与建筑物有足够的防护距离，防止管网和水池、生活用水渗漏。

（3）做好屋面排水和地坪的防水措施。

4）施工措施

（1）合理安排施工程序，先施工地下工程，后施工地上工程；对体型复杂的建筑物，先施工深、重、高的部分，后施工浅、轻、低的部分；敷设管道时，先施工防洪、排水管道，并保证其畅通。

（2）临时防洪沟、水池、洗料场等应距建筑物外墙不小于 12 m，在自重湿陷性黄土场地不宜小于 25 m，严防地面水流入基坑或基槽内。

（3）基础施工完毕，应用素土在基础周围分层回填夯实，至散水垫层底面或室内地坪垫层底面止，其压实系数不得小于 0.9。

（4）屋面施工完毕，应及时安装天沟、水落管和雨水管道等，将雨水引至室外排水系统。

2. 膨胀土

膨胀土是指其黏粒成分主要由亲水性矿物组成，具有明显的吸水膨胀和失水收缩性能的高塑性黏土。多分布于我国湖北、广西、云南、贵州、河北、山东、陕西、江苏、四川、安徽、河南等地。这种土的强度较高，压缩性很小，并有较强烈的胀缩和反复胀缩变形的特点，性质极不稳定，故也称胀缩性土。

1）膨胀土的特征和判别

一般以根据野外特征，结合室内试验指标及建筑物的破坏特点进行综合判别的方法来定，其主要特征为：

（1）多出现于二级及二级以上河谷阶地、垅岗、山梁、斜坡、山前丘陵和盆池边缘，地形坡度平缓，无明显自然陡坎。

（2）在自然条件下，土的结构致密，多呈硬塑或坚硬状态；具有黄红、褐、棕红、灰白或灰绿等色；裂隙较发育，有竖向、斜交和水平 3 种，隙面光滑，有时可见擦痕，裂隙中常充填灰绿灰白色黏土，土被浸湿后裂隙回缩变窄或闭合。

（3）自由膨胀率≥40%；天然含水率接近塑限，塑性指数大于 17，多数在 22 ~ 35；液性指数小于零；天然孔隙比变化范围在 0.5 ~ 0.8。

（4）土中成分含有较多亲水性强的蒙脱石、多水高岭石、伊利石（水云母）和硫化铁、蛭石等，有明显的湿胀干缩效应，暴露在空气中，易干缩龟裂。

（5）低层建筑物成群开裂，裂缝上大下小，常见于角端及横隔墙上，并随季节变化而变化或闭合。

2）膨胀土对建筑物的危害

膨胀土有受水浸湿后膨胀，失水后收缩的特性，故在其上的建筑物随季节变化而反复产生不均匀的升降，可高达 10 cm，使建筑物受到破坏。这种破坏，使建筑物产生大量竖向裂缝，端部斜向裂缝和窗台下水平裂缝，内外山墙对称或不对称的倒八字形裂缝等；地坪上胀隆起，出现纵向长条和网格状裂缝，使建筑物开裂和损坏。一般成群出现，尤以对低层平房带来极大的危害，往往不易修复。

3）膨胀土地基防治措施

（1）建筑措施：

① 选择场地条件简单、没有陡坎、地裂、冲沟不发育、地质分层均匀的有利地段设置建（构）筑物。

② 建筑物体型力求简单，不要过长，并尽可能依山就势平行等高线布置，保持自然地形，避免大挖大填。

③ 山梁处、建筑平面转折部位和高度（荷重）有显著差异部位、建筑结构类型（或基础）不同部位，适当设置沉降缝分隔开，减少膨胀的不均匀性。

④ 房屋四周场地种植草皮及蒸发量小的树种、花种或松柏等针叶树，减少水分蒸发。较大树种宜远离建筑物 8 m 以外，以避免水的集中。

（2）结构措施：

① 基础适当埋深（＞1.0 m）或设置地下室，以减少膨胀土层厚度，增加基础自重，使作用于土层的压力大于膨胀土的上举力，或采用墩式基础以增加基础附加荷重，或采用灌筑桩穿透膨胀土层，并抵抗膨胀力。

② 采用对地基沉降不大敏感的结构，加强上部结构刚度，如设置地梁、圈梁，在角端和内外墙连接处设置水平钢筋加强连接等。控制同一建筑地基土的分级变形量之差不大于 35 mm。

（3）地基处理措施：

采用换土、砂土垫层、土性改良等方法。换土系将膨胀土层部分或全部挖土，采用非膨胀土或灰土置换，换土厚度应通过变形计算确定。平坦场地上Ⅰ、Ⅱ级膨胀土的地基处理，宜采用砂、碎石垫层，垫层厚度不应小于 300 mm；垫层宽度应大于基底宽度。

（4）防水保湿措施：

① 在建筑物周围做好地表防水、排水设施，如渗、排水沟等，沟底应作防水处理，以防下渗，尽量避免采用挖土明沟；散水坡适当加宽（可做成 1.2 ~ 1.5 m），其下做砂或炉渣垫

层，并设隔水层，防止地表水向地基渗透。

② 对室内炉、窑、暖气沟等采取隔热措施，如做 300 mm 厚的炉渣垫层，防止地基水分过多散失。

③ 管道距建筑物外墙、基础外缘距离不少于 3 m；同时严防埋设的管道漏水，使地基尽量保持原有天然湿度。

④ 屋面排水宜采用外排水。排水量较大时，应采用雨水明沟或管道排水。

（5）施工措施：

① 合理安排施工程序，先施工室外道路、排水沟、防洪沟、截水沟等工程，疏通现场排水，避免建（构）筑物附近场地积水。

② 施工临时用水点应离建筑物 5 m 以上，水池、淋灰池、洗料场应离建筑物 10 m 以上，加强施工用水管理，作好现场临时排水，防止管网漏水。

③ 基坑开挖采取分段连续快速作业，挖好后，立即施工基础，及时回填夯实，避免基槽泡水或暴晒。填土料不宜用膨胀土，可掺入一定非膨胀性土料混合使用。

④ 混凝土、砌体养护宜用湿草袋覆盖，浇水次数宜多，水量宜少。

⑤ 对已因膨胀土胀缩产生裂缝的建筑物，应迅速修复由于断沟造成的漏水，堵住局部渗漏，加宽排水坡，作渗排水沟，以加快稳定。对裂缝进行修补加固，如加柱墩、抽砖加扒钉、配筋、压喷浆、拆除部分砖墙重新砌筑等。在墙外加砌砖垛和加拉杆，使内外墙连成整体，防止墙体局部倾斜、倒塌。

3. 软　土

软土是在静水或缓慢流水环境中沉积的、经生物化学作用形成、天然含水率大、承载力低的软塑到流塑状态的饱和黏性土，包括淤泥、淤泥质土、泥炭、泥炭质土等。软土分布较广，主要位于各河流的入海处，如天津、上海、宁波、温州、福州、广州等沿海地区，以及内陆洞庭湖、洪泽湖、太湖流域及昆明的滇池地区。

1）软土的特征

（1）天然含水率高，一般大于液限 W_L（40%～90%）。

（2）天然孔隙比 e 一般大于 1.0，或等于 1；当软土由生物化学作用形成，并含有机质，其天然孔隙比大于 1.5 时称为淤泥；天然孔隙比小于 1.5 而大于 1.0 时称为淤泥质土。

（3）压缩性高，压缩系数 $\alpha_{1\text{-}2}$ 大于 0.5 MPa^{-1}。

（4）强度低，不排水抗剪强度小于 30 kPa，长期强度更低。

（5）渗透系数小，$k=1\times10^{-6}\sim1\times10^{-8}$ cm/s。

（6）黏度系数低，$\eta=10^{9}\sim10^{12}$ Pa · s。

2）软土的工程性质

（1）触变性。软土在未破坏时，具固态特征，一经扰动或破坏，即转变为稀释流动状态。

（2）高压缩性。压缩系数大，大部分压缩变形发生在垂直压力为 0.1 MPa 左右时，造成建筑物沉降量大。

（3）低透水性。软土的透水性很低，可认为是不透水的，因此软土的排水固结需要相当长的时间，反映在建筑物的沉降延续时间长，常在数年至 10 年以上。

（4）不均匀性。软土由微细的和高分散的颗粒组成，土质不均匀，当平面上建筑荷载不均匀时，将会使建筑物产生较大的差异沉降，造成建筑物裂缝或损坏。

（5）流变性。在一定剪应力作用下，土发生缓慢长期变形的性质。因流变产生的沉降持续时间，可达几十年。软土的长期强度小于瞬时强度。

3）软土对建筑物的影响

（1）沉降大而不均匀。根据大量实测资料表明，一般三层砖混结构房屋，沉降量为 15 ~ 20 cm；四层为 20 ~ 50 cm，五～六层可达 70 cm。如土质不均匀、上部荷载的差异、复杂的体型，都会引起建筑物严重的差异沉降和倾斜，使房屋损坏，管道断裂，污水不能排出等。

（2）沉降速度快。

随荷载的增加而增加，一般民用或工业建筑其活荷载小时，竣工时沉降速度约为 0.5 ~ 1.5 mm/d，活荷载较大的工业构筑物可达 45.3 mm/d。

（3）沉降稳定时间较长。

一般建筑物的沉降持续时间常在 10 年以上，需进行长时间的维护。

4）软土地基防治措施

（1）建筑措施：

① 建筑设计力求体型简单，荷载均匀。过长或体型复杂的建筑，应设置必要的沉降缝或在中间用连接框架隔开。

② 选用轻型结构，如框架轻板体系、钢结构以及选用轻质墙体材料。

（2）结构措施：

① 采用浅基础，利用软土上部硬壳层作持力层，避免室内过厚的填土。

② 选用筏片基础或箱形基础，提高基础刚度，减小基底附加压力，减小不均匀沉降。采用架空地面，减少回填土重量。

③ 增强建筑物的整体刚度，如控制建筑物的长高比，不使过大（ <2.5 ），合理布置纵横墙，加强基础刚度，墙上设置多道圈梁等。

（3）地基处理措施：

① 采用置换及拌入法，用砂、碎石等材料置换软弱地基中部分软弱土体，形成复合地基，或在软土中掺入水泥、石灰等，形成加固体，与未加固部分形成复合地基，达到提高地基承载力，减少压缩量的目的。常用方法有振冲置换法、生石灰桩法、深层搅拌法、高压喷浆法等。对暗埋的塘、洪、沟、坑穴等，可用局部挖除、换土垫层、灌浆、悬浮式短桩等方法。

② 对大面积厚层软土地基，采用砂井预压、真空预压、堆载预压等措施，以加速地基排水固结，提高其抗剪强度，适应荷载对地基的要求。

（4）施工措施：

① 建筑物各部分差异较大时，合理安排施工顺序，先施工高度大、重量重的部分，使在施工期内先完成部分沉降，后施工高度低和重量轻的部分，以减少部分差异沉降。

② 施工注意基坑土的保护，通常可在坑底保留 20 cm 厚左右，施工垫层时再挖除，避免扰动土体而破坏土的结构。如已被扰动，可挖去扰动部分，用砂、碎石回填处理。同时注意井点降低地下水位对邻近建筑物的影响。

③ 对仓库建筑物或油罐、水池等构筑物，适当控制活载荷的施加速度，使软土逐步固结，地基强度逐步增长，以适应荷载增长的要求，同时可借以降低总沉降量，防止土的侧向

挤出，避免建筑物产生局部破坏或倾斜。

4. 盐渍土

土层中含有石膏、芒硝、岩盐（硫酸盐或氯化物）等易溶盐，其含量大于 0.5%，且自然环境具有溶陷、盐胀等特性的土称为盐渍土。盐渍土多分布在气候干燥、年雨量较少、地势低洼、地下水位高的地区，如内陆洼地盐湖、海河两岸、三角洲或山间低洼等地区，地表呈一层白色盐霜或盐壳，厚度由数厘米至数十厘米，随季节气候、水文地质变化而结晶溶解渗入土层内。

1）盐渍土对地基的影响

土中含盐量小于 0.5%时，对土的物理力学性能影响很小，当土中含盐量大于 0.5%时，对土的物理力学性能有一定影响；含盐量大于 3%时，土的物理力学性能主要取决于盐分和含盐的种类，土本身的颗粒组成将居于次要地位。含盐量愈多，则土的液限、塑限愈低，在含水率较小时，土就会达到液性状态，失去强度。

盐渍土在干燥时，盐类呈结晶状态，地基具有较高的强度，但在遇水后易崩解，造成土体失稳，强度降低，压缩性增大。用含盐量高的土料回填时，不易压实。

土中含硫酸盐类结晶时，产生强烈的机械膨胀作用，土体积随之膨胀，溶解后土体积缩小，易使地基产生溶陷。

土中含碳酸盐类时，液化后使土松散，会破坏地基的稳定性。另外盐分渗入与其接触的基础或墙体，会在结晶过程中将材料及其砌体鼓胀破坏，另外，对金属也具有一定的腐蚀性。

2）盐渍土地基防治处理措施

（1）防水措施：

① 做好场地的竖向设计，避免大气降水、洪水、工业及生活用水、施工用水浸入地基或其附近场地，防止土中含水率的过大变化及土中盐分的有害运移，引起盐分向建筑场地及土中富聚，而造成建筑材料的腐蚀及盐胀。

② 对湿润性生产厂房应设置防渗层，室外散水应适当加宽，一般不宜小于 1.5 m；散水下部应做厚度不小于 15 cm 的沥青砂垫层或厚度不小于 30 cm 的灰土垫层，防止下渗水流溶解土中可溶盐而造成地基的溶陷。

③ 绿化带与建筑物距离应加大，严格控制绿化用水，严禁大水漫灌。

（2）防腐措施：

① 采用耐腐蚀的建筑材料，并保证施工质量，一般不宜用盐渍土本身作防护层；在弱、中盐渍土区不得采用砖砌基础，管沟、踏步等应采用毛石或混凝土基础；对于强盐渍土区，室外地面以上 1.2 m 墙体亦应采用浆砌毛石。

② 隔断盐分与建筑材料接触的途径。对基础及墙的干湿交替区和弱、中、强盐渍土区，可视情况分别采用常规防水、沥青类防水涂层、沥青或树脂防腐层作外部防护措施。

③ 对强和超强盐渍土地区，基础防腐应在卵石垫层上浇 100 mm 厚沥青混凝土，基础浇筑完后，外部先刷冷底子油一度，再刮沥青两度或贴二毡三油沥青卷材。

（3）防盐胀措施：

① 清除地基表层松散土层及含盐量超过规定的土层，使基础埋于盐渍土层以下，或采

用含盐类型单一和含盐低的土层，作为地基持力层，或清除含盐多的表层盐渍土而代之以非盐渍土类的粗颗粒土层（碎石类土或砂土垫层），隔断有害毛细水的上升。

② 铺设隔绝层或隔离层，以防止盐分向上运移。

③ 采取降排水措施，防止水分在土表层的聚集，以避免土层中盐分含水率的变化而引起盐胀。

（4）地基处理措施：

① 采用垫层、重锤击实及强夯法处理浅部土层，可清除基土的湿陷量，提高其密实度及承载力，降低透水性，阻挡水流下渗而破坏土的原有毛细结构，阻隔土中盐水的向上运移。

② 厚度不大或渗透性较好的盐渍土，可采用浸水预溶，水头高度不应小于 30 cm，浸水坑的平面尺寸，每边应超过拟建房屋边缘不小于 2.5 m。

③ 对溶陷性高、土层厚及荷载很大或重要建筑的上部地层软弱的盐沼地，可视情况采用桩基础、灰土墩、混凝土墩或砾石墩，埋置深度应大于盐胀临界深度及蜂窝状的淋滤层或溶蚀洞穴。

④ 盐渍土边坡的坡度宜比非盐渍土的软质岩石边坡适当放缓；对软弱夹层破碎带及中、强风化带，应部分或全部加以防护。

（5）施工措施：

① 做好现场排水、防洪等，防止施工用水、雨水流入地基或基础周围，各种用水点均应保持离基础 10 m 以上距离，防止发生施工排水及突发性山洪浸入而引起地基事故。

② 先施工埋置较深、荷重较大或需采取地基处理措施的基础。基坑挖好后应及时进行基础施工，完后及时回填，认真夯实填土。

③ 先施工排水管道，并保证其畅通，防止管道漏水。

④ 换土地基应清除含盐的松散表层，应用不含有盐晶、盐块或含盐植物根茎的土料分层夯实，并控制夯实后的干密度不小于 1.55 t/m^3（对黏土、粉土、粉质黏土、粉砂和细砂）~ 1.65 t/m^3（对中砂、粗砂、砾石、卵石）。

⑤ 配制混凝土、砂浆应采用防腐蚀性较好的火山灰水泥、矿渣水泥或抗硫酸盐水泥；水应注意不使用 $pH \leqslant 4$ 的酸性水和硫酸盐含量按 SO_4 计超过 1.0%的水；在强腐蚀的盐渍土地基中，应选用不含氯盐和硫酸盐的外加剂。

5. 冻　土

温度等于或小于 0 °C，含有固态冰，当温度条件改变时，其物理力学性质随之改变，并可产生冻胀、融陷、热融滑塌等现象的土称为冻土。

1）地基冻胀对建筑物的危害

如基础埋深超过冻深时，则基础侧面承受切向冻胀力；如基础埋深浅于冻深时，则基础除侧面承受切向冻胀力外，还在基础底面承受法向冻胀力。因此，当基础自重及其上荷载不足以平衡法向和切向冻胀力，地基冻结时，基础就要隆起；融化时，冻胀力消失，基础产生沉陷。当房屋结构和采暖情况不同时，会使房屋周边产生周期性的不均匀冻胀和沉陷，对地基稳定性产生很大的影响，使墙身开裂，顶棚抬起，门口、台阶隆起，散水坡冻裂，严重时使建筑物倾斜或倾倒。

2）冻害防治措施

（1）建筑场地应尽量选择地势高、地下水位低、地表排水良好的地段。

（2）设计前应查明土质和地下水情况，正确判定土的冻胀类别、冻深，以便合理地确定基础的埋置深度。当冻深和土的冻胀性较大时，宜采用独立基础、桩基或砂垫层等措施，使基础埋设在冻结线以下。

（3）建筑物的平面形式，在保证使用的前提下，应力求简单，尽量避免凸凹多角的平面造型，同时增加建筑物的刚度和强度，如控制长高比、增加圈梁等，以增加对不均匀变形的抵抗能力。外门斗、门台阶等应与主体结构断开；散水坡应分段浇筑（或预制），每段长度以1.0 ~ 1.5 m为宜。

（4）对低洼场地，宜在沿建筑物四周向外一倍冻深范围内，使室外地坪至少高出自然地面300 ~ 500 mm。

（5）为避免施工和使用期间的雨水、地表水、生产废水和生活污水等浸入地基，应做好排水设施。在山区必须做好截水沟或在建筑物下设置暗沟，以排走地表水和潜水，避免因基础堵水而造成冻害。

（6）对建在标准冻深大于2 m及标准冻深大于1.5 m，基底以上为冻胀土和强冻胀土上的非采暖建筑物，为防止冻切力对基础侧面的作用，可在基础侧面回填粗砂、中砂、炉渣等非冻胀性材料或其他保温材料。当基础梁下有冻胀性土时，应在梁下填以炉渣等松散材料，并留5 ~ 15 cm空隙，以防止因冻胀将基础梁拱裂。

（7）对冬期开挖的工程，要随挖、随砌、随回填，严防地基受冻。对跨年度工程及冻前不能交付正常使用的工程，应对地基采取相应的过冬保温措施。

项目2.2 土方开挖和基坑支护施工安全控制

一、土方开挖前需做的准备工作

（1）土方作业和基坑支护的设计、施工应根据现场的环境、地质与水文情况，针对基坑开挖深度、范围大小，综合考虑支护方案、土方开挖、降排水方法以及对周边环境采取的措施。

（2）勘察范围应根据开挖深度及场地条件确定，应大于开挖边界外，且按开挖深度1倍以上范围布置勘探点。应根据土的性质、含水情况以及基坑环境合理选定土压力参数。

（3）应查明作业范围周边环境及荷载情况，包括地下各种管线分布及现状，道路距离及车辆载重情况，影响范围内的建筑类型以及地表水排泄情况等。

二、开挖和支护的一般要求

1．场地开挖

土方挖掘方法、挖掘顺序应根据支护方案和降排水要求进行，当采用局部或全部放坡开挖时，放坡坡度应满足其稳定性要求，根据使用时间（临时或永久性）、土的种类、物理力学性质（内摩擦角、黏聚力、密度、湿度）、水文情况等确定。对于永久性场地，挖方边坡坡度应按设计要求放坡，如设计无规定，可按表 2.8 所列采用。对使用时间较长的临时性挖方边坡坡度，应根据工程地质和边坡高度，结合当地实践经验确定。在山坡整体稳定的情况下，如地质条件良好，土质较均匀，高度在 10 m 内的边坡坡度可按表 2.9 确定。对岩石边坡，根据其岩石类别和风化程度、边坡坡度可按表 2.10 采用。

挖方上边缘至土堆坡脚的距离，当土质干燥密实时，不得小于 3 m；当土质松软时，不得小于 5 m。在挖方下侧弃土时，应将弃土堆表面平整至低于挖方场地标高并向外倾斜。

表 2.8　永久性土工构筑物挖方的边坡坡度

项次	挖土性质	边坡坡度
1	在天然湿度、层理均匀、不易膨胀的黏土、粉质黏土和砂土（不包括细砂、粉砂）内挖方深度不超过 3 m	1∶1.00～1∶1.25
2	土质同上，深度为 3～12 m	1∶1.25～1∶1.50
3	干燥地区内土质结构未经破坏的干燥黄土及类黄土，深度不超过 12 m	1∶0.10～1∶1.25
4	在碎石土和泥灰岩土的地方，深度不超过 12 m，根据土的性质、层理特性和挖方深度确定	1∶0.50～1∶1.50
5	在风化岩内的挖方，根据岩石性质、风化程度、层理特性和挖方深度确定	1∶0.20～1∶1.50
6	在微风化岩石内的挖方，岩石无裂缝且无倾向挖方坡脚的岩层	1∶0.10
7	在未风化的完整岩石内的挖方	直立的

表 2.9　土质边坡坡度允许值

土的类别	密实度或状态	坡度允许值（高宽比）	
		坡高在 5 m 以内	坡高为 5～10 m
碎石土	密实	1∶0.35～1∶0.50	1∶0.50～1∶0.75
	中密	1∶0.50～1∶0.75	1∶0.75～1∶1.00
	稍密	1∶0.75～1∶1.00	1∶1.00～1∶1.25
黏性土	坚硬	1∶0.75～1∶1.00	1∶1.00～1∶1.25
	硬塑	1∶1.00～1∶1.25	1∶1.25～1∶1.50

注：1. 表中碎石土的充填物为坚硬或硬塑状态的黏性土。
2. 对于砂土或充填物为砂土的碎石土，其边坡坡度允许值均按自然休止角确定。

表 2.10　岩石边坡坡度允许值

岩石类土	风化程度	坡度允许值（高宽比）		
		坡高在 8 m 以内	坡高 8～15 m	坡高 15～30 m
硬质岩石	微风化	1∶0.10～1∶0.20	1∶0.20～1∶0.35	1∶0.30～1∶0.50
	中等风化	1∶0.20～1∶0.35	1∶0.35～1∶0.50	1∶0.50～1∶0.75
	强风化	1∶0.35～1∶0.50	1∶0.50～1∶0.75	1∶0.75～1∶1.00
软质岩石	微风化	1∶0.35～1∶0.50	1∶0.50～1∶0.75	1∶0.75～1∶1.00
	中等风化	1∶0.50～1∶0.75	1∶0.75～1∶1.00	1∶1.00～1∶1.50
	强风化	1∶0.75～1∶1.00	1∶1.00～1∶1.25	

2．边坡开挖

（1）场地边坡开挖应采取沿等高线自上而下，分层、分段依次进行，严禁先挖坡脚。软土基坑无可靠措施时应分层均衡开挖，层高不宜超过 1 m，以防塌方。

（2）边坡台阶开挖，应作成一定坡势，以利泄水。边坡下部设有护脚及排水沟时，应尽快处理台阶的反向排水坡，进行护脚矮墙和排水沟的砌筑和疏通，以保证坡脚不被冲刷和在影响边坡稳定的范围内不积水，否则应采取临时性排水措施。

（3）边坡开挖对软土土坡或易风化的软质岩石边坡在开挖后应对坡面、坡脚采取喷浆、抹面、嵌补、护砌等保护措施，并作好坡顶、坡脚排水，避免在影响边坡稳定的范围内积水。

3．浅基坑开挖、槽和管沟开挖

（1）开挖前，应根据工程结构形式、基坑深度、地质条件、周围环境、施工方法、施工工期和地面荷载等资料，确定基坑开挖方案和地下水控制施工方案。

（2）基坑边缘堆置土方和建筑材料，或沿挖方边缘移动运输工具和机械，一般应距基坑上部边缘不少于 2 m，堆置高度不应超过 1.5 m。在垂直的坑壁边，此安全距离还应适当加大。软土地区不宜在基坑边堆置弃土。

（3）基坑周围地面应进行防水、排水处理，严防雨水等地面水浸入基坑周边土体。

（4）基坑开挖完成后，应及时清底、验槽，减少暴露时间，防止暴晒和雨水浸刷破坏地基土的原状结构。如不能立即进行下道工序施工，应预留 300 mm 厚的覆盖层。

（5）浅基坑（槽，下同）开挖，应先进行测量定位，抄平放线，定出开挖长度，按放线分块（段）分层挖土。根据土质和水文情况，采取在四侧或两侧直立开挖或放坡，以保证施工操作安全。

当土质为天然湿度、构造均匀、水文地质条件良好（即不会发生坍滑、移动、松散或不均匀下沉），且无地下水时，开挖基坑亦可不必放坡，采取直立开挖不加支护，但挖方深度应按表 2.11 的规定，基坑长度应稍大于基础长度。如超过表 2.11 规定的深度，应根据土质和施工具体情况进行放坡，以保证不坍方。其临时性挖方的边坡值可按表 2.12 采用。放坡后基坑上口宽度由基坑底面宽度及边坡坡度来决定，坑底宽度每边应比基础宽出 15 ~ 30 cm，以便施工操作。

（6）当开挖基坑（槽）的土体含水率大而不稳定，或基坑较深，或受到周围场地限制而需用较陡的边坡或直立开挖而土质较差时，应采用临时性支撑加固，基坑、槽每边的宽度应比基础宽 15 ~ 20 cm，以便于设置支撑加固结构。挖土时，土壁要求平直，挖好一层，支一层支撑，挡土板要紧贴土面，并用小木桩或横撑木顶住挡板。开挖宽度较大的基坑，当在局部地段无法放坡，或下部土方受到基坑尺寸限制不能放较大坡度时，应在下部坡脚采取加固措施，如采用短桩与横隔板支撑或砌砖、毛石或用编织袋、草袋装土堆砌临时矮挡土墙保护坡脚。

表 2.11 基坑（槽）和管沟不加支撑时的容许深度

项次	土的种类	容许深度/m
1	密实、中密的砂子和碎石类土（充填物为砂土）	1.00
2	硬塑、可塑的粉质黏土及粉土	1.25
3	硬塑、可塑的黏土和碎石类土（充填物为黏性土）	1.50
4	坚硬的黏土	2.00

表 2.12　临时性挖方边坡值

土的类别		边坡值（高：宽）
砂土（不包括细砂、粉砂）		1：1.25～1：1.50
一般性黏土	硬	1：0.75～1：1.00
一般性黏土	硬塑	1：1～1：1.25
	软	1：1.5 或更缓
碎石类土	充填坚硬、硬塑黏性土	1：0.5～1：1.0
	充填砂土	1：1～1：1.5

注：1. 有成熟施工经验，可不受本表限制。设计有要求时，应符合设计标准。
2. 如采用降水或其他加固措施，也不受本表限制。
3. 开挖深度对软土不超过 4 m，对硬土不超过 8 m。

（7）基坑开挖程序一般是：测量放线→切线分层开挖→排降水→修坡→整平→留足预留土层等。相邻基坑开挖时，应遵循先深后浅或同时进行的施工程序。挖土应自上而下水平分段分层进行，每层 0.3 m 左右，边挖边检查坑底宽度及坡度，不够时及时修整，每 3 m 左右修一次坡，至设计标高，再统一进行一次修坡清底，检查坑底宽和标高，要求坑底凹凸不超过 2.0 cm。

（8）基坑开挖应尽量防止对地基土的扰动。当用人工挖土，基坑挖好后不能立即进行下道工序时，应预留 15～30 cm 一层土不挖，待下道工序开始再挖至设计标高。采用机械开挖基坑时，为避免破坏基底土，应在基底标高以上预留一层由人工挖掘修整。使用铲运机、推土机时，保留土层厚度为 15～20 cm，使用正铲、反铲或拉铲挖土时为 20～30 cm。

（9）在地下水位以下挖土，应在基坑（槽）四侧或两侧挖好临时排水沟和集水井，或采用井点降水，将水位降低至坑、槽底以下 500 mm，以利挖方进行。降水工作应持续到基础（包括地下水位下回填土）施工完成。

（10）雨季施工时，基坑槽应分段开挖，挖好一段浇筑一段垫层，并在基槽两侧围以土堤或挖排水沟，以防地面雨水流入基坑槽，同时应经常检查边坡和支撑情况，以防坑壁受水浸泡造成塌方。

（11）基坑开挖时，应对平面控制桩、水准点、基坑平面位置、水平标高、边坡坡度等经常复测检查。

（12）基坑挖完后应进行验槽，作好记录，如发现地基土质与地质勘探报告、设计要求不符时，应与有关人员研究及时处理。

4．浅基坑、槽和管沟的支撑方法

基坑槽和管沟的支撑方法见表 2.13，一般浅基坑的支撑方法见表 2.14。

表 2.13 基坑槽、管沟的支撑方法

支撑方式	简图	支撑方法及适用条件
间断式水平支撑	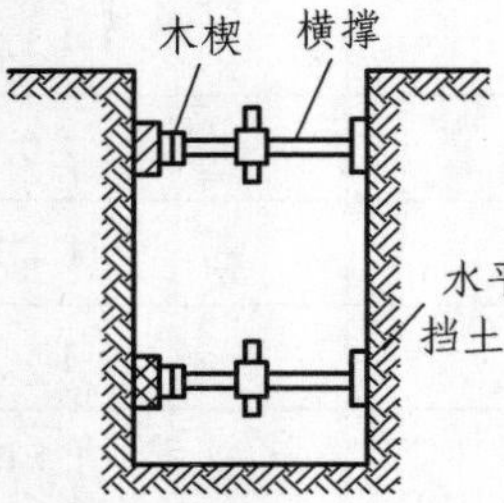	两侧挡土板水平放置，用工具式或木横撑借木楔顶紧，挖一层土，支顶一层； 适于能保持立壁的干土或天然湿度的黏土类土，地下水很少、深度在 2 m 以内
断续式水平支撑	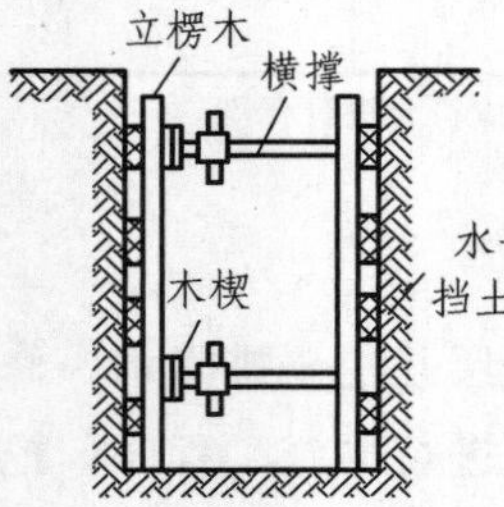	挡土板水平放置，中间留出间隔，并在两侧同时对称立竖方木，再用工具式或木横撑上、下顶紧； 适于能保持直立壁的干土或天然湿度的黏土类土，地下水很少、深度在 3 m 以内
连续式水平支撑	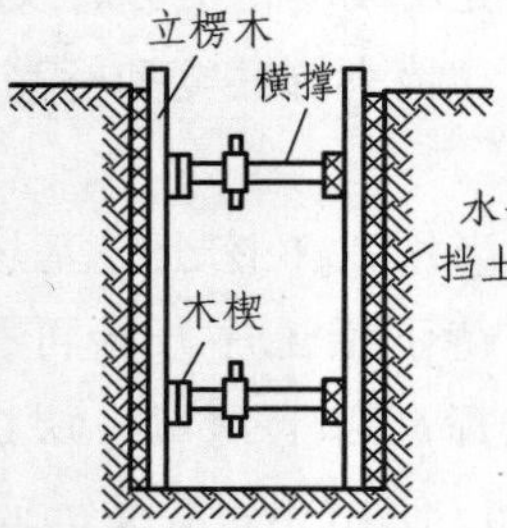	挡土板水平连续放置，不留间隙，然后两侧同时对称立竖方木，上、下各顶一根撑木，端头加木楔顶紧； 适于较松散的干土或天然湿度的黏土类土，地下水很少、深度为 3～5 m
连续或间断式垂直支撑	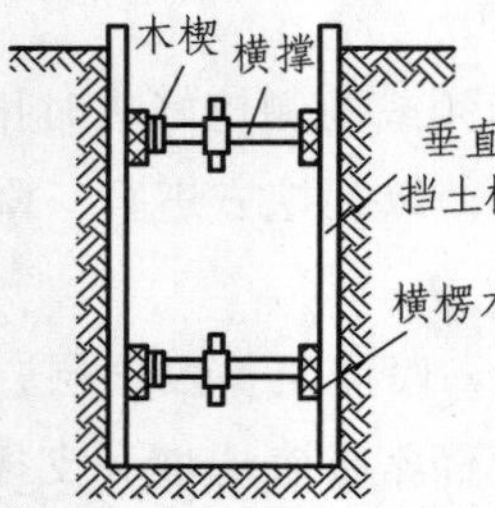	挡土板垂直放置，可连续或留适当间隙，然后每侧上、下各水平顶一根方木，再用横撑顶紧； 适于土质较松散或湿度很高的土，地下水较少、深度不限
水平垂直混合式支撑	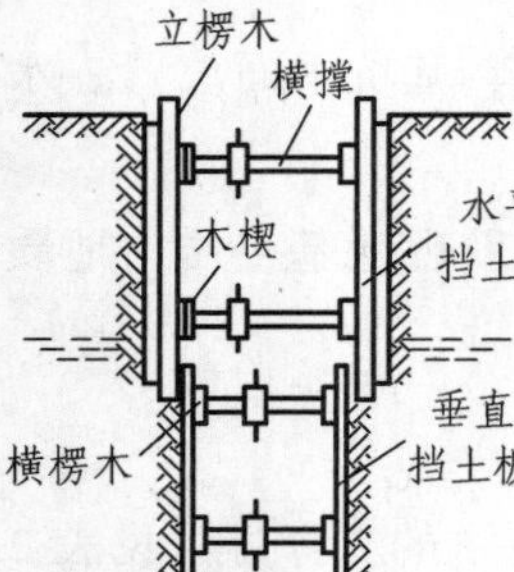	沟槽上部连续式水平支撑，下部设连续式垂直支撑； 适于沟槽深度较大，下部有含水土层的情况

表 2.14　一般浅基坑的支撑方法

支撑方式	简图	支撑方法及适用条件
斜柱支撑	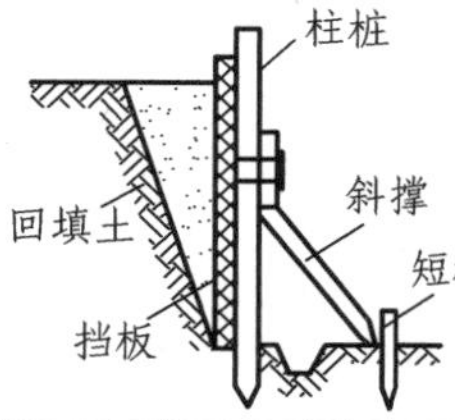	水平挡土板钉在柱桩内侧，柱桩外侧用斜撑支顶，斜撑底端支在木桩上，在挡土板内侧回填土； 适于开挖较大型、深度不大的基坑或使用机械挖土时
锚拉支撑	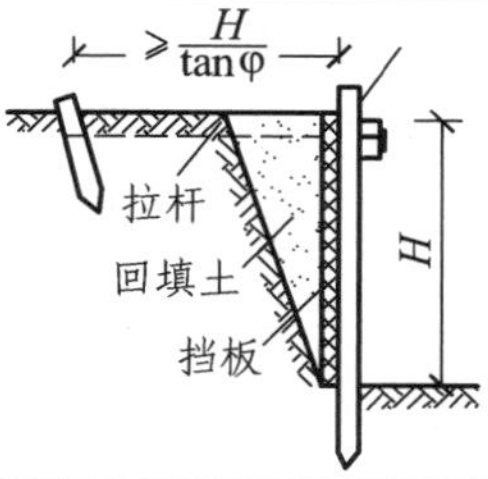	水平挡土板支在柱桩的内侧，柱桩一端打入土中，另一端用拉杆与锚桩拉紧，在挡土板内侧回填土； 适于开挖较大型、深度不大的基坑或使用机械挖土，不能安设横撑时使用
型钢桩横挡板支撑	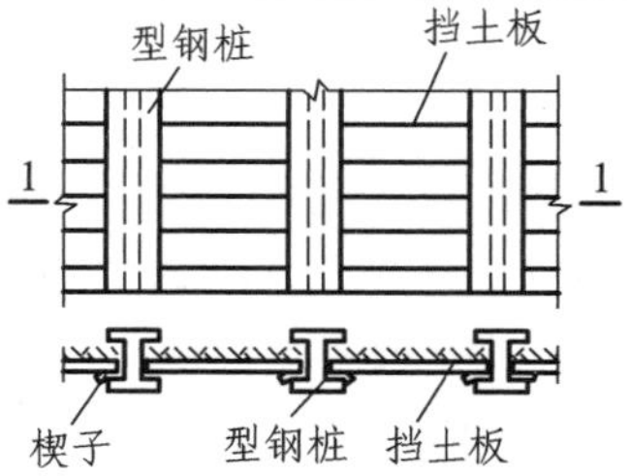	沿挡土位置预先打人钢轨、工字钢或 H 形钢桩，间距 1.0 ~ 1.5 m，然后边挖方，边将 3 ~ 6 cm 厚的挡土板塞进钢桩之间挡土，并在横向挡板与型钢桩之间打上楔子，使横板与土体紧密接触； 适于地下水位较低、深度不很大的一般黏性或砂土层中使用
短桩横隔板支撑	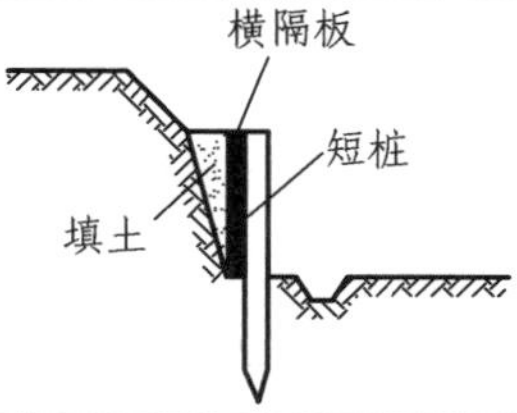	打入小短木桩，部分打入土中，部分露出地面，钉上水平挡土板，在背面填土、夯实； 适于开挖宽度大的基坑，当部分地段下部放坡不够时使用
临时挡土墙支撑		沿坡脚用砖、石叠砌或用装水泥的聚丙烯扁丝编织袋、草袋装土、砂堆砌，使坡脚保持稳定； 适于开挖宽度大的基坑，当部分地段下部放坡不够时使用
挡土灌注桩支护	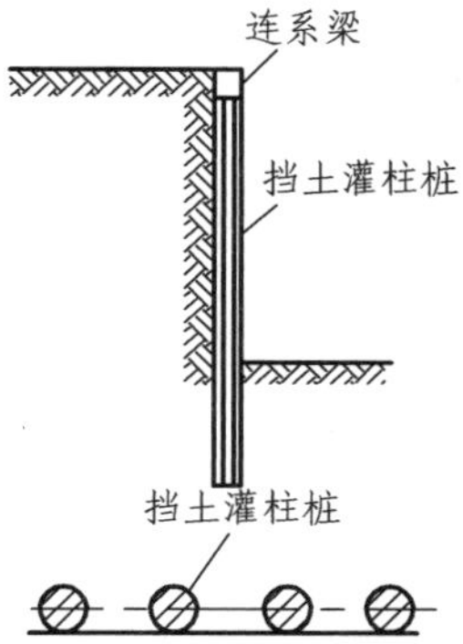	在开挖基坑的周围，用钻机或洛阳铲成孔，桩径 ϕ400 ~ 500 mm，现场灌筑钢筋混凝土桩，桩间距为 1.0 ~ 1.5 m，在桩间土方挖成外拱形使之起土拱作用； 适用于开挖较大、较浅（<5 m）基坑，邻近有建筑物，不允许背面地基有下沉、位移时采用

续表 2.14

支撑方式	简图	支撑方法及适用条件
叠袋式挡墙支护	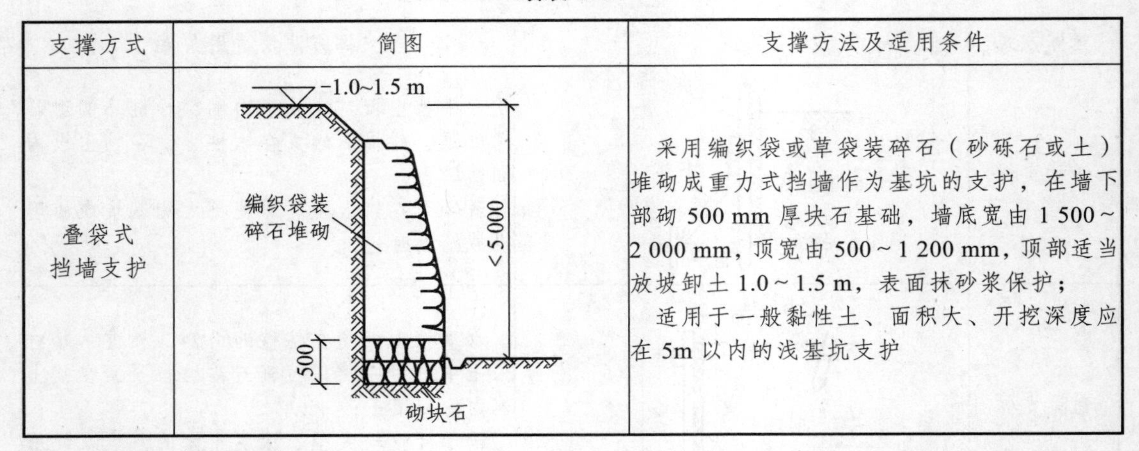	采用编织袋或草袋装碎石（砂砾石或土）堆砌成重力式挡墙作为基坑的支护，在墙下部砌 500 mm 厚块石基础，墙底宽由 1 500 ~ 2 000 mm，顶宽由 500 ~ 1 200 mm，顶部适当放坡卸土 1.0 ~ 1.5 m，表面抹砂浆保护； 适用于一般黏性土、面积大、开挖深度应在 5m 以内的浅基坑支护

5. 深基坑土方开挖

（1）土方开挖顺序、方法必须与设计工况一致，并遵循“开槽支撑，先撑后挖，分层开挖，严禁超挖”的原则。

（2）防止深基坑挖土后土体回弹变形过大。

深基坑土体开挖后，地基卸载，土体中压力减少，土的弹性效应将使基坑底面产生一定的回弹变形（隆起）。回弹变形量的大小与土的种类、是否浸水、基坑深度、基坑面积、暴露时间及挖土顺序等因素有关。如基坑积水，黏性土因吸水使土的体积增加，不但抗剪强度降低，回弹变形亦增大，所以对于软土地基更应注意土体的回弹变形。回弹变形过大将加大建筑物的后期沉降。宝钢施工时曾用有限元法预测过挖深 32.2 m 的热轧厂铁皮坑的回弹变形，最大值约 354 mm，实测值也与之接近。

由于影响回弹变形的因素比较复杂，回弹变形计算尚难准确。如基坑不积水，暴露时间不太长，可认为土的体积在不变的条件下产生回弹变形，即相当于瞬时弹性变形，可把挖去的土重作为负荷载按分层总和法计算回弹变形。

施工中减少基坑回弹变形的有效措施，是设法减少土体中有效应力的变化，减少暴露时间，并防止地基土浸水。因此，在基坑开挖过程中和开挖后，均应保证井点降水正常进行，并在挖至设计标高后，尽快浇筑垫层和底板。必要时，可对基础结构下部土层进行加固。

（3）防止边坡失稳。

深基础的土方开挖，要根据地质条件（特别是打桩之后）、基础埋深、基坑暴露时间挖土及运土机械、堆土等情况，拟定合理的施工方案。

目前挖土机械多用斗容量 1 m^3 的反铲挖土机，其实际有效挖土半径约 5 ~ 6 m，而挖土深度为 4 ~ 6 m，习惯上往往一次挖到深度，这样挖土形成的坡度约 1∶1。由于快速卸荷、挖土与运输机械的振动，如果再于开挖基坑的边缘 2 ~ 3 m 内堆土，则易于造成边坡失稳。

挖土速度快即卸载快，迅速改变了原来土体的平衡状态，降低了土体的抗剪强度，呈流塑状态的软土对水平位移极敏感，易造成滑坡。

边坡堆载（堆土、停机械等）给边坡增加附加荷载，如事先未经详细计算，易形成边坡失稳。上海某工程在边坡边缘堆放 3 m 高的土，已挖至 – 4 m 高程的基坑，一夜间又上升到 – 3.8 m，后经突击卸载，组织堆土外运，才避免大滑坡事故。

（4）防止桩位移和倾斜。

打桩完毕后基坑开挖，应制订合理的施工顺序和技术措施，防止桩的位移和倾斜。

对先打桩后挖土的工程，由于打桩的挤土和动力波的作用，使原处于静平衡状态的地基土遭到破坏。对砂土甚至会形成砂土液化，地下水大量上升到地表面，原来的地基强度遭到破坏。对黏性土由于形成很大的挤压应力，孔隙水压力升高，形成超静孔隙水压力，土的抗剪强度明显降低。如果打桩后紧接着开挖基坑，由于开挖时的应力释放，再加上挖土高差形成一侧卸荷的侧向推力，土体易产生一定的水平位移，使先打设的桩易产生水平位移。软土地区施工，这种事故已屡有发生，值得重视。为此，在群桩基础的桩打设后，宜停留一定时间，并用降水设置预抽地下水，待土中由于打桩积聚的应力有所释放，孔隙水压力有所降低，被扰动的土体重新固结后，再开挖基坑土方。而且土方的开挖宜均匀、分层，尽量减少开挖时的土压力差，以保证桩位正确和边坡稳定。

（5）配合深基坑支护结构施工。

深基坑的支护结构，随着挖土加深侧压力加大，变形增大，周围地面沉降亦加大。及时加设支撑（土锚），尤其是施加预紧力的支撑，对减少变形和沉降有很大的作用。为此，在制订基坑挖土方案时，一定要配合支撑（土锚）加设的需要，分层进行挖土，避免片面只考虑挖土方便而妨碍支撑的及时加设，造成有害影响。

近年来，在深基坑支护结构中混凝土支撑应用渐多，如采用混凝土支撑，则挖土要与支撑浇筑配合，支撑浇筑后要养护至一定强度才可继续向下开挖。挖土时，挖土机械应避免直接压在支撑上，否则要采取有效措施。

如支护结构设计采用盆式挖土时，则先挖去基坑中心部位的土，周边留有足够厚度的土，以平衡支护结构外面产生的侧压力，待中间部位挖土结束、浇筑好底板、并加设斜撑后，再挖除周边支护结构内面的土。采用盆式挖土时，底板要允许分块浇筑，地下室结构浇筑后有时尚需换撑以拆除斜撑，换撑时支撑要支承在地下室结构外墙上，支承部位要慎重选择并经过验算。

挖土方式影响支护结构的荷载，要尽可能使支护结构均匀受力，减少变形。为此，要坚持采用分层、分块、均衡、对称的方式进行挖土。

三、土方开挖和基坑支护中需注意的安全事项

（1）当基坑开挖深度大于相邻建筑的基础深度时，应保持一定距离或采取边坡支撑加固措施，并进行沉降和移位观测。

（2）挖土机作业的边坡应验算其稳定性，当不能满足时，应采取加固措施。在停机作业面以下挖土应选用反铲或拉铲作业，当使用正铲作业时，挖掘深度应严格按其说明书规定进行。有支撑的基坑使用机械挖掘时，应防止作业中碰撞支撑。

（3）当基坑施工深度超过 2 m 时，坑边应按照高处作业的要求设置临边防护，见图 2.5，作业人员上下应有专用梯道，见图 2.6。当深基坑施工中形成的立体交叉作业时，应合理布局基位、人员、运输通道，并设置防止落物伤害的防护层。

图 2.5 基坑临时防护

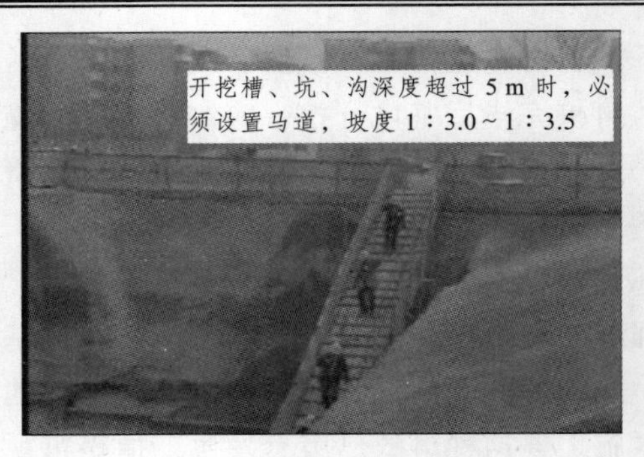

图 2.6 作业人员专用梯道

（4）大型挖土及降低地下水位时，应经常注意观察附近已有建筑或构筑物、道路、管线，有无下沉和变形。如有下沉和变形，应与设计和建设单位研究采取防护措施。

（5）土方开挖中如发现文物或古墓，应立即妥善保护并及时报请当地有关部门来现场处理，待妥善处理后，方可继续施工。

（6）挖掘发现地下管线（管道、电缆、通信）等应及时通知有关部门来处理，如发现测量用的永久性标桩或地质、地震部门设置的观测孔等亦应加以保护。如施工必须毁坏时，亦应事先取得原设置或保管单位的书面同意。

（7）基坑槽、管沟支撑宜选用质地坚实、无枯节、透节、穿心裂折的松木或杉木，不宜使用杂木。

（8）支撑应挖一层支撑好一层，并严密顶紧，支撑牢固，严禁一次将土挖好后再支撑。

（9）挡土板或板桩与坑壁间的填土要分层回填夯实，使之严密接触。

（10）埋深的拉锚需用挖沟方式埋设，沟槽尽可能小，不得采取将土方全部挖开，埋设拉锚后再回填的方式，这样会使土体固结状态遭受破坏。拉锚安装后要预拉紧，预紧力不小于设计计算值的 5%～10%，每根拉锚松紧程度应一致。

（11）施工中应经常检查支撑和观测邻近建筑物的情况，如发现支撑有松动、变形、位移等情况，应及时加固或更换。加固办法可打紧受力较小部分的木楔或增加立柱及横撑等。如换支撑时，应先加新支撑后拆旧支撑。

（12）支撑的拆除应按回填顺序依次进行。多层支撑应自下而上逐层拆除，拆除一层，经回填夯实后，再拆上层。拆除支撑时，应注意防止附近建筑物或构筑物产生下沉和破坏，必要时采取加固措施。

（13）当采用悬臂式结构支护时，基坑深度不宜大于 6 m。基坑深度超过 6 m 时，可选用单支点和多支点的支护结构。地下水位低的地区和能保证降水施工时，也可采用土钉支护。

（14）支撑安装必须按设计位置进行，施工过程严禁随意变更，并应切实使围檩与挡土桩墙结合紧密。挡土板或板桩与坑壁间的回填土应分层回填夯实。

（15）支撑的安装和拆除顺序必须与设计工况相符合，并与土方开挖和主体工程的施工顺序相配合。分层开挖时，应先支撑后开挖；同层开挖时，应边开挖边支撑。支撑拆除前，应采取换撑措施，防止边坡卸载过快。

（16）钢筋混凝土支撑，见图 2.7，其强度必须达设计要求（或达 75%）后，方可开挖支撑面以下土方；钢结构支撑，见图 2.8，必须严格材料检验和保证节点的施工质量，严禁在负荷状态下进行焊接。

图 2.7　钢筋混凝土支撑

图 2.8　钢结构支护

（17）应合理布置锚杆的间距与倾角，锚杆上下间距不宜小于 2.0 m，水平间距不宜小于 1.5 m；锚杆倾角宜为 15°～25°，且不应大于 45°。最上一道锚杆覆土厚不得小于 4 m。锚杆构造见图 2.9。

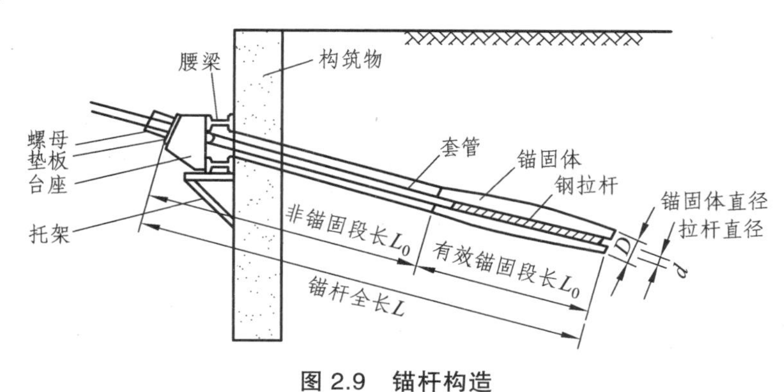

图 2.9　锚杆构造

（18）采用逆做法施工时，要求其外围结构必须有自防水功能。基坑上部机械挖土的深度，应按地下墙悬臂结构的应力值确定；基坑下部封闭施工，应采取通风措施。

项目 2.3　基坑边坡保护

当基坑放坡高度较大，施工期和暴露时间较长，或岩土质较差，易于风化、疏松或滑坍。为防止基坑边坡因气温变化，或失水过多而风化或松散；或防止坡面受雨水冲刷而产生溜坡现象。应根据土质情况和实际条件采取边坡保护措施，以保护基坑边坡的稳定，常用基坑坡面保护方法有：

1．薄膜覆盖或砂浆覆盖法

对基础施工期较短的临时性基坑边坡，采取在边坡上铺塑料薄膜，在坡顶及坡脚用草袋或编织袋装土压住或用砖压住；或在边坡上抹水泥砂浆 2～2.5 cm 厚保护。为防止薄膜脱落，在上部及底部均应搭盖不少于 80 cm，同时在土中插适当锚筋连接，在坡脚设排水沟，见图 2.10（a）。

2．挂网或挂网抹面法

对基础施工期短，土质较差的临时性基坑边坡，可在垂直坡面楔入直径 10～12 mm，长 40～60 cm 插筋，纵横间距 1 m，上铺 20 号铁丝网，上下用草袋或聚丙烯扁丝编织袋装土或砂压住，或再在铁丝网上抹 2.5～3.5 cm 厚的 M5 水泥砂浆（配合比为水泥：白灰膏：砂子＝1：1：1.5）。在坡顶坡脚设排水沟，见图 2.10（b）。

3．喷射混凝土或混凝土护面法

对邻近有建筑物的深基坑边坡，可在坡面垂直楔入直径 10～12 mm，长 40～50 cm 插筋，纵横间距 1 m，上铺 20 号铁丝网，在表面喷射 40～60 mm 厚的 C15 细石混凝土直到坡顶和坡脚；亦可不铺铁丝网，而坡面铺 ϕ4～6 mm@250～300 mm 钢筋网片，浇筑 50～60 mm 厚的细石混凝土，表面抹光，见图 2.10（c）。

4．土袋或砌石压坡法

对深度在 5 m 以内的临时基坑边坡，在边坡下部用草袋或聚丙烯扁丝编织袋装土堆砌或砌石压住坡脚。边坡高 3 m 以内可采用单排顶砌法，5 m 以内，水位较高，用二排顶砌或一排一顶构筑法，保持坡脚稳定。在坡顶设挡水土堤或排水沟，防止冲刷坡面，在底部作排水沟，防止冲坏坡脚，见图 2.10（d）。

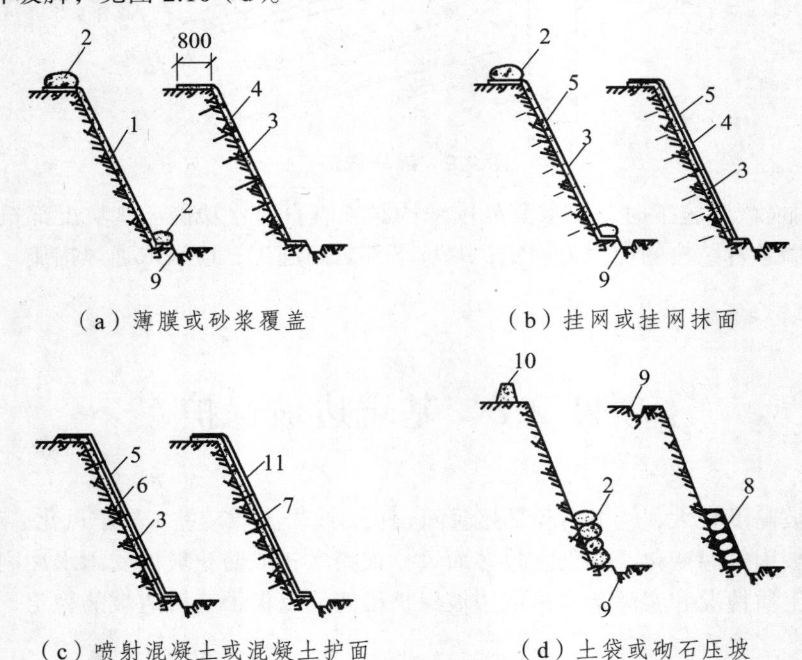

图 2.10　基坑边坡护面方法

1—塑料薄膜；2—草袋或编织袋装土；3—插筋 ϕ10～12 mm；4—抹 M5 水泥砂浆；5—20 号钢丝网；6—C15 喷射混凝土；7—C15 细石混凝土；8—M5 砂浆砌石；9—排水沟；10—土堤；11—ϕ4～6 mm 钢筋网片，纵横间距 250～300 mm

项目 2.4　基坑施工防排水控制

基坑施工时必须充分考虑对地下水和地面水进行治理，采取排水、降水措施，防止水渗入基坑。

（1）常用的地下排水措施为井点降水法。井点布置应根据基坑平面形状与大小、地质和水文情况、工程性质、降水深度等而定。当基坑（槽）宽度小于 6 m，且降水深度不超过 6 m 时，可采用单排井点，布置在地下水上游一侧，见图 2.11；当基坑（槽）宽度大于 6 m，或土质不良，渗透系数较大时，宜采用双排井点，布置在基坑（槽）的两侧，当基坑面积较大时，宜采用环形井点，见图 2.12；挖土运输设备出入道可不封闭，间距可达 4 m，一般留在地下水下游方向。井点管距坑壁不应小于 1.0 ~ 1.5 m，距离太小，易漏气。井点间距一般为 0.8 ~ 1.6 m。

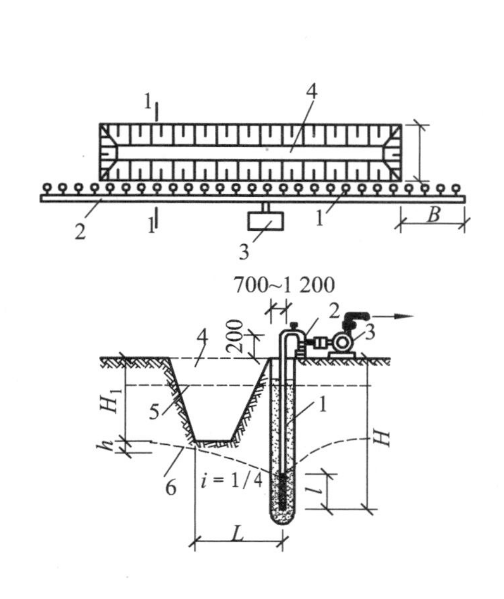

图 2.11　单排线状井点降水布置

1—井点管；2—集水总管；3—抽水设备；4—基坑；5—原地下水位线；6—降低后地下水位线；H—井点管长度；H_1—井点埋设面至基础底面的距离；h—降低后地下水位至基坑底面的安全距离，一般取 0.5 ~ 1.0 m；L—井点管中心至基坑外边的水平距离；l—滤管长度；B—开挖基坑上口宽度

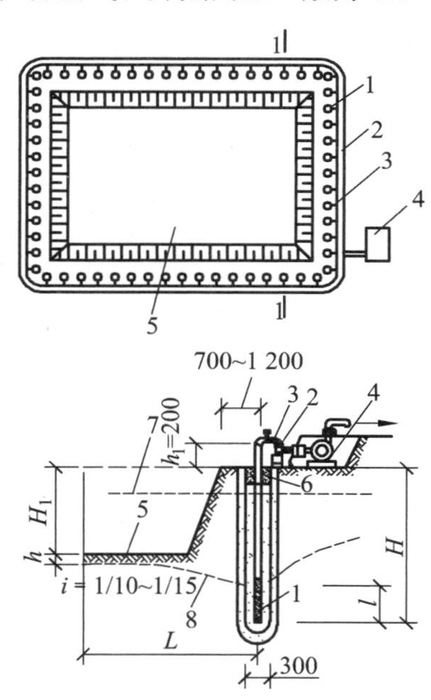

图 2.12　环形井点降水布置图

1—井点管；2—集水总管；3—弯联管；4—抽水设备；5—基坑；6—填黏土；7—原地下水位线；8—降低后地下水位线；H—井点管埋置深度；H_1—井点管埋设面至基底面的距离；h—降低后地下水位至基坑底面的安全距离，一般取 0.5 ~ 1.0 m；L—井点管中心至基坑中心的水平距离；l—滤管长度

（2）基坑施工除降低地下水水位外，基坑内尚应设置明沟和集水井，以排除暴雨和其他突然而来的明水倒灌，基坑边坡视需要可覆盖塑料布，应防止大雨对土坡的侵蚀，见图 2.13、2.14。

（3）膨胀土场地应在基坑边缘采取抹水泥地面等防水措施，封闭坡顶及坡面，防止各种水流（渗）入坑壁。不得向基坑边缘倾倒各种废水并应防止水管泄露冲走桩间土。

（4）软土基坑、高水位地区应做截水帷幕，应防止单纯降水造成基土流失。

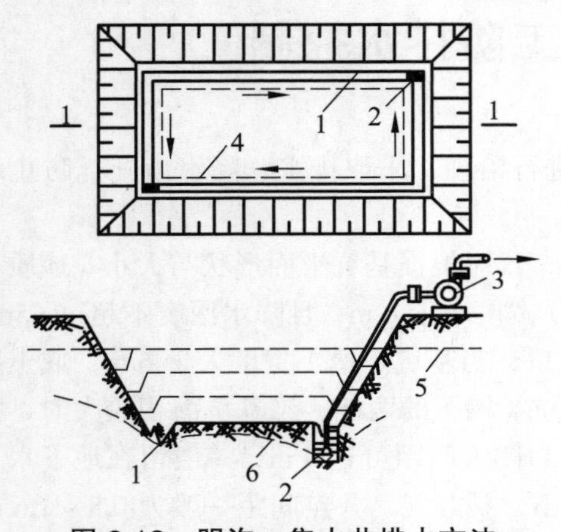

图 2.13 明沟、集水井排水方法

1—排水明沟；2—集水井；3—离心式水泵；4—设备基础或建筑物基础边线；5—原地下水位线；6—降低后地下水位线

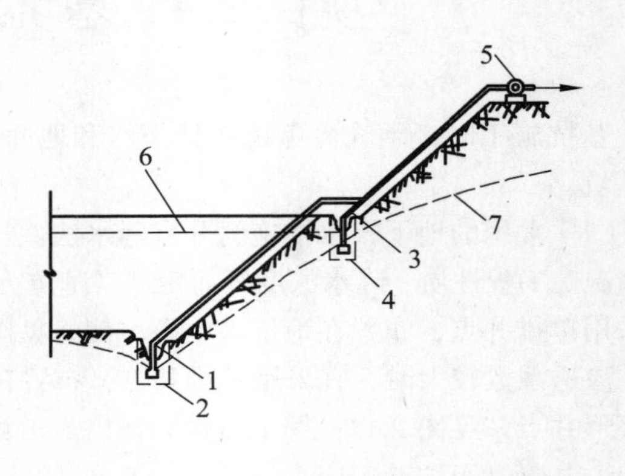

图 2.14 分层明沟、集水井排水法

1—底层排水沟；2—底层集水井；3—二层排水沟；4—二层集水井；5—水泵；6—原地下水位线；7—降低后地下水位线

（5）截水结构的设计，必须根据地质、水文资料及开挖深度等条件进行，截水结构必须满足隔渗质量，且支护结构必须满足变形要求。

（6）在降水井点与重要建筑物之间宜设置回灌井（或回灌沟），在基坑降水的同时，应沿建筑物地下回灌，保持原地下水位，或采取减缓降水速度，控制地面沉降。

项目 2.5 土石方开挖阶段的应急措施

土石方开挖有时会引起围护墙或邻近建筑物、管线等产生一些异常现象。此时需要配合有关人员及时进行处理，以免产生大祸。

1．围护墙渗水与漏水

土石方开挖后支护墙出现渗水或漏水，对基坑施工带来不便，如渗漏严重时则往往会造成土颗粒流失，引起支护墙背地面沉陷甚至支护结构坍塌。

在基坑开挖过程中，一旦出现渗水或漏水应及时处理，常用的方法有：

对渗水量较小，不影响施工也不影响周边环境的情况，可采用坑底设沟排水的方法。对渗水量较大，但没有泥砂带出，造成施工困难，而对周围影响不大的情况，可采用“引流-修补”方法。即在渗漏较严重的部位先在围护墙上水平（略向上）打入一根钢管，内径 20～30 mm，使其穿透支护墙体进入墙背土体内，由此将水从该管引出，而后将管边围护墙的薄弱处用防水混凝土或砂浆修补封堵，待修补封堵的混凝土或砂浆达到一定强度后，再将钢管出水口封住。如封住管口后出现第二处渗漏时，按上面方法再进行“引流-修补”。如果引流出的水为清水，周边环境较简单或出水量不大，则不作修补也可，只需将引入基坑的水设法排出即可。

对渗、漏水量很大的情况，应查明原因，采取相应的措施：

如漏水位置离地面不深处，可将支护墙背开挖至漏水位置下 500 ~ 1 000 mm，在支护墙后用密实混凝土进行封堵。如漏水位置埋深较大，则可在墙后采用压密注浆方法，浆液中应掺入水玻璃，使其能尽早凝结，也可采用高压喷射注浆方法。采用压密注浆时应注意，其施工对支护墙会产生一定压力，有时会引起支护墙向坑内较大的侧向位移，这在重力式或悬臂支护结构中更应注意，必要时应在坑内局部回填土后进行，待注浆达到止水效果后再重新开挖。

2. 防止围护墙侧向位移发展

基坑开挖后，支护结构发生一定的位移是正常的，但如位移过大，或位移发展过快，则往往会造成较严重的后果。如发生这种情况，应针对不同的支护结构采取相应的应急措施。

1）重力式支护结构

对水泥土墙等重力式支护结构，其位移一般较大，如开挖后位移量在基坑深度的 1/100 以内，尚应属正常，如果位移发展渐趋于缓和，则可不必采取措施。如果位移超过 1/100 或设计估计值，则应予以重视。首先应做好位移的监测，绘制位移-时间曲线，掌握发展趋势。重力式支护结构一般在开挖后 1 ~ 2 d 内位移发展迅速，来势较猛，以后 7 d 内仍会有所发展，但位移增长速率明显下降。如果位移超过估计值不太多，以后又趋于稳定，一般不必采取特殊措施，但应注意尽量减小坑边堆载，严禁动荷载作用于围护墙或坑边区域；加快垫层浇筑与地下室底板施工的速度，以减少基坑敞开时间；应将墙背裂缝用水泥砂浆或细石混凝土灌满，防止雨水、地面水进入基坑及浸泡支护墙背土体。对位移超过估计值较多，而且数天后仍无减缓趋势，或基坑周边环境较复杂的情况，同时还应采取一些附加措施，常用的方法有：水泥土墙背后卸荷，卸土深度一般 2 m 左右，卸土宽度不宜小于 3 m；加快垫层施工，加厚垫层厚度，尽早发挥垫层的支撑作用；加设支撑，支撑位置宜在基坑深度的 1/2 处，加设腰梁加以支撑，见图 2.15。

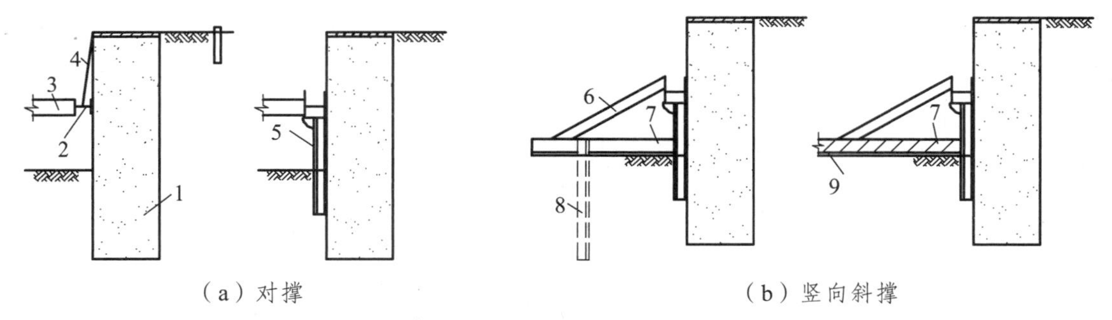

图 2.15　水泥土墙加临时支撑

1—水泥土墙；2—围檩；3—对撑；4—吊索；5—支承型钢；6—竖向斜撑；7—铺地型钢；8—板桩；9—混凝土垫层

2）悬臂式支护结构

悬臂式支护结构发生位移主要是其上部向基坑内倾斜，也有一定的深层滑动。

防止悬臂式支护结构上部位移过大的应急措施较简单，加设支撑或拉锚都是十分有效的，也可采用支护墙背卸土的方法。

防止深层滑动也应及时浇筑垫层，必要时也可加厚垫层，以形成下部水平支撑。

3）支撑式支护结构

由于支撑的刚度一般较大，带有支撑的支护结构一般位移较小，其位移主要是插入坑底部分的支护桩墙向内变形。为了满足基础底板施工需要，最下一道支撑离坑底总有一定距离，对一道支撑的支护结构，其支撑离坑底距离更大，支护墙下段的约束较小，因此在基坑开挖后，围护墙下段位移较大，往往由此造成墙背土体的沉陷。因此，对于支撑式支护结构，如发生墙背土体的沉陷，主要应设法控制围护桩（墙）嵌入部分的位移，着重加固坑底部位，具体措施有：

（1）增设坑内降水设备，降低地下水。如条件许可，也可在坑外降水。

（2）进行坑底加固，如采用注浆、高压喷射注浆等提高被动区抗力。

（3）垫层随挖随浇，对基坑挖土合理分段，每段土方开挖到底后及时浇筑垫层。

（4）加厚垫层、采用配筋垫层或设置坑底支撑。

对于周围环境保护很重要的工程，如开挖后发生较大变形后，可在坑底加厚垫层，并采用配筋垫层，使坑底形成可靠的支撑，同时加厚配筋垫层对抑制坑内土体隆起也非常有利。减少了坑内土体隆起，也就控制了支护墙下段位移。必要时还可在坑底设置支撑，如采用型钢，或在坑底浇筑钢筋混凝土暗支撑（其顶面与垫层面相同），以减少位移，此时，在支护墙根处应设置围檩，否则单根支撑对整个支护墙的作用不大。

如果是由于支护墙的刚度不够而产生较大侧向位移，则应加强支护墙体，如在其后加设树根桩或钢板桩，或对土体进行加固等。

3．流砂及管涌的处理

在细砂、粉砂层土中往往会出现局部流砂或管涌的情况，对基坑施工带来困难。如流砂等十分严重则会引起基坑周围的建筑、管线的倾斜、沉降。

对轻微的流砂现象，在基坑开挖后可采用加快垫层浇筑或加厚垫层的方法“压注”流砂。对较严重的流砂应增加坑内降水措施，使地下水位降至坑底以下 0.5 ~ 1 m 左右。降水是防治流砂的最有效的方法。

管涌一般发生在围护墙附近，如果设计支护结构的嵌固深度满足要求。则造成管涌的原因一般是由于坑底的下部位的支护排桩中出现断桩，或施打未及高程，或地下连续墙出现较大的孔、洞，或由于排桩净距较大，其后止水帷幕又出现漏桩、断桩或孔洞，造成管涌通道所致。如果管涌十分严重也可在支护墙前再打设一排钢板桩，在钢板桩与支护墙间进行注浆，钢板桩底应与支护墙底高程相同，顶面与坑底高程相同，钢板桩的打设宽度应比管涌范围较宽 3 ~ 5 m。

4．邻近建筑与管线位移的控制

基坑开挖后，坑内大量土方挖去，土体平衡发生很大变化，对坑外建筑或地下管线往往也会引起较大的沉降或位移，有时还会造成建筑的倾斜，并由此引起房屋裂缝，管线断裂、泄漏。基坑开挖时必须加强观察，当位移或沉降值达到报警值后，应立即采取措施。

对建筑的沉降的控制一般可采用跟踪注浆的方法。根据基坑开挖进程，连续跟踪注浆。注浆孔布置可在围护墙背及建筑物前各布置一排，两排注浆孔间则适当布置。注浆深度应在地表至坑底以下 2 ~ 4 m，具体可根据工程条件确定。此时注浆压力控制不宜过大，否则不仅对围护墙会造成较大侧压力，对建筑本身也不利。注浆量可根据支护墙的估算位移量及土的空隙率来确定。采用跟踪注浆时，应严密观察建筑的沉降状况，防止由注浆引起土体搅动而加剧建筑物的沉降或将建筑物抬起。对沉降很大，而压密注浆又不能控制的建筑，如其基础是钢筋混凝土的，则可考虑采用静力锚杆压桩的方法。

如果条件许可，在基坑开挖前对邻近建筑物下的地基或支护墙背土体先进行加固处理，如采用压密注浆、搅拌桩、静力锚杆压桩等加固措施，此时施工较为方便，效果更佳。

对基坑周围管线保护的应急措施一般有两种方法：

1）打设封闭桩或开挖隔离沟

对地下管线离开基坑较远，但开挖后引起的位移或沉降又较大的情况，可在管线靠基坑一侧设置封闭桩，为减小打桩挤土，封闭桩宜选用树根桩，也可采用钢板桩、槽钢等，施打时应控制打桩速率，封闭板桩离管线应保持一致距离，以免影响管线。

在管线边开挖隔离沟也对控制位移有一定作用，隔离沟应与管线有一定距离，其深度宜与管线埋深接近或略深，在靠管线一侧还应做出一定坡度。

2）管线架空

对地下管线离基坑较近的情况，设置隔离桩或隔离沟既不易行也无明显效果，此时可采用管线架空的方法。管线架空后与围护墙后的土体基本分离，土体的位移与沉降对它影响很小，即使产生一定位移或沉降后，还可对支承架进行调整复位。

管线架空前应先将管线周围的土挖空，在其上设置支承架，支承架的搁置点应可靠牢固，能防止过大位移与沉降，并应便于调整其搁置位置。然后将管线悬挂于支承架上，如管线发生较大位移或沉降，可对支承架进行调整复位，以保证管线的安全。图 2.16 是某高层建筑边管道保护支承架的示意图。

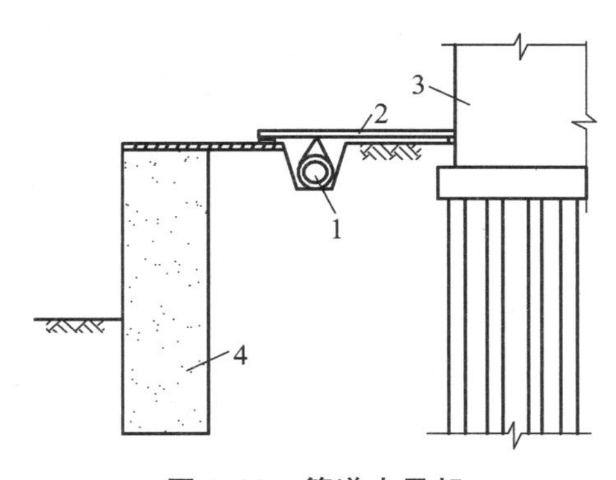

图 2.16　管道支承架

1—管道；2—支撑架；3—邻近高层建筑；4—支护结构

项目 2.6　基坑施工监测

基坑施工期间支护结构和周围环境监测的重要性，正被越来越多的建设和施工单位所认识。通过对支护结构和周围环境的监测，能随时掌握土层和支护结构内力的变化情况，以及邻近建筑物、地下管线和道路的变形情况，将观测值与设计计算值进行对比和分析，随时采取必要的技术措施，以保证在不造成危害的条件下安全地进行施工。

一、支护结构监测

支护结构的设计，虽然根据地质勘探资料和使用要求进行了较详细的计算，但由于土层的复杂性和离散性，勘探提供的数据常难以代表土层的总体情况，土层取样时的扰动和试验误差亦会产生偏差；荷载和设计计算中的假定和简化会造成误差；挖土和支撑装拆等施工条件的改变，突发和偶然情况等随机困难等亦会造成误差。为此，支护结构设计计算的内力值与结构的实际工作状况往往难以准确的一致。所以，在基坑开挖与支护结构使用期间，对较重要的支护结构需要进行监测。

1．支护结构监测项目与监测方法

基坑支护结构的监测项目，根据支护结构的重要程度、周围环境的复杂性和施工的要求而定。要求严格则监测项目增多，否则可减之，表 2.15 所列之监测项目为重要的支护结构所需监测的项目，对其他支护结构可参照之增减。

表 2.15 支护结构监测项目与监测方法

监测对象		监测项目	监测方法	备注
支护结构	围护墙	侧压力、弯曲应力、变形	土压力计、孔隙水压力计、测斜仪、应变计、钢筋计、水准仪等	验证计算的荷载、内力、变形时需监测的项目
	支撑（锚杆）	轴力、弯曲应力	应变计、钢筋计、传感器	验证计算的内力
	腰梁（围檩）	轴力、弯曲应力	应变计、钢筋计、传感器	验证计算的内力
	立柱	沉降、抬起	水准仪	观测坑底隆起的项目之一

2．支护结构监测常用仪器及其应用

支护结构的监测，主要分为应力监测与变形监测。应力监测主要用机械系统和电气系统的仪器；变形监测主要用机械系统、电气系统和光学系统的仪器。

1）变形监测仪器

变形监测仪器除常用的经纬仪、水准仪外，主要是测斜仪。

测斜仪是一种测量仪器轴线与沿垂线之间夹角的变化量，进行测量围护墙或土层各点水平位移的仪器，见图 2.17。使用时，沿挡墙或土层深度方向埋设测斜管（导管），让测斜仪在测斜管内一定位置上滑动，就能测得该位置处的倾角，沿深度各个位置上滑动，就能测得围护墙或土层各高程位置处的水平位移。

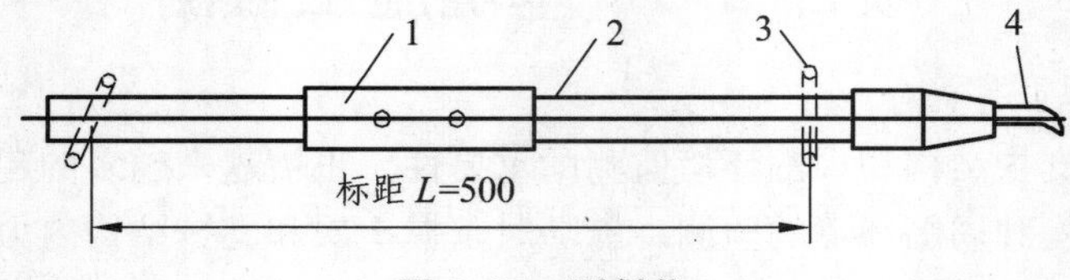

图 2.17 测斜仪

1—敏感部件；2—壳体；3—导向轮；4—引出电缆

测斜仪最常用者为伺服加速度式和电阻应变片式。伺服加速度式测斜仪精度较高，但造价亦高；电阻应变片式测斜仪造价较低，精度亦能满足工程的实际需要。BC 型电阻应变片式测斜仪的性能如表 2.16 所示。

表 2.16　BC 型电阻应变片式测斜仪的性能

规　格		BC-5	BC-10
尺寸参数	连杆直径/mm	36	36
	标距/mm	500	500
	总长/mm	650	650
量程		±5°	±10°
输出灵敏度/（1/μV）		≈ ±1 000	≈ ±1 000
率定常数/（1/με）		≈9″	≈18″
线性误差/FS		≤ ±1%	≤ ±1%
绝缘电阻/mΩ		≥100	≥100

测斜管可用工程塑料、聚乙烯塑料或铝质圆管。内壁有两个对互成 90°的导槽，如图 2.18 所示。

测斜管的埋设视测试目的而定。测试土层位移时，是在土层中预钻ϕ139 的孔，再利用钻机向钻孔内逐节加长测斜管，直至所需深度，然后，在测斜管与钻孔之间的空隙中回填水泥和膨润土拌合的灰浆；测试支护结构挡墙的位移时，则需与围护墙紧贴固定。

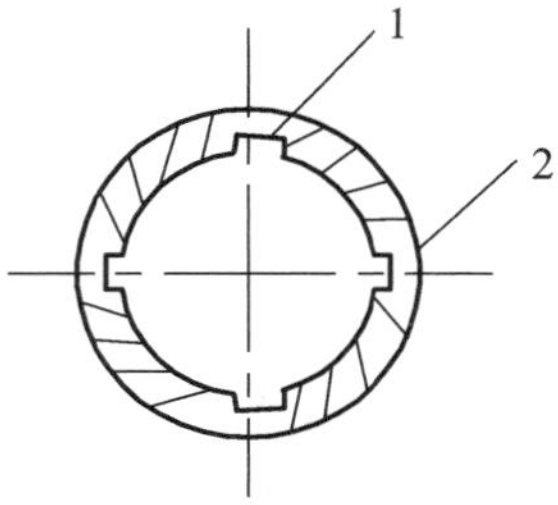

图 2.18　测斜管断面

1—导向槽；2—管壁

2）应力监测仪器

（1）土压力观测仪器。

在支护结构使用阶段，有时需观测随着挖土过程的进行，作用于围护墙上土压力的变化情况，以便了解其与土压力设计值的区别，保证支护结构的安全。

测量土压力主要采用埋设土压力计（亦称土压力盒）的方法。土压力计有液压式、气压平衡式、电气式（有差动电阻式、电阻应变式、电感式等）和钢弦式，其中应用较多的为钢弦式土压力计。

钢弦式土压力计有单膜式、双膜式之分。单膜式受接触介质的影响较大，由于使用前的标定要与实际土壤介质完全一致往往难以做到，故测量误差较大。所以目前使用较多的仍是双膜式的钢弦式土压力计。

钢弦式双膜土压力计的工作原理是：当表面刚性板受到土压力作用后，通过传力轴将作用力传至弹性薄板，使之产生挠曲变形，同时也使嵌固在弹性薄板上的两根钢弦柱偏转、使钢弦应力发生变化，钢弦的自振频率也相应变化，利用钢弦频率仪中的激励装置使钢弦起振并接收其振荡频率，使用预先标定的压力-频率曲线，即可换算出土压力值。钢弦式双膜土压力计的构造如图 2.19 所示。

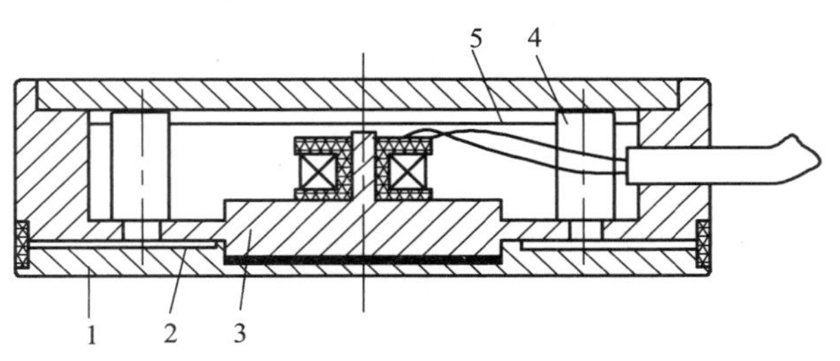

图 2.19　钢弦式双膜土压力计的构造

1—刚性板；2—弹性薄板；3—传力轴；4—弦夹；5—钢弦

钢弦式土压力计的规格如表 2.17 所示。它同时配有 SS-2 型袖珍数字式频率接收仪。

表 2.17 钢弦式土压力计的技术性能

型　号		JXY-2 LXY-2（单膜式）	JXY-4 LXY-4（双膜式）
规格/（N/mm^2）		0.1，0.2，0.3，0.4，0.5，0.6，0.8，1.0，1.5，2.0，2.5，3.0，4.0，5.0，6.0	0.1，0.2，0.3，0.4，0.5，0.6，0.8，1.0，1.5，2.0，2.5，3.0，4.0，5.0，6.0，8.0
主要技术指标	零点漂移	3～5 Hz/3 个月	3～5 Hz/3 个月
	重复性	<0.5%FS	<0.5%FS
	附合误差	<2.5%FS	<2.5%FS
	温度-频率特性	3～4 Hz/10 °C	3～4Hz/10 °C
	使用环境温度	－10～＋50 °C	－10～＋50 °C
	外形尺寸	ϕ114 mm×28 mm	ϕ114 mm×35 mm

（2）孔隙水压力计。

测量孔隙水压力用的孔隙水压力计，其形式、工作原理皆与土压力计相同，使用较多的亦为钢弦式孔隙水压力计。其技术性能如表 2.18 所示。

表 2.18 钢弦式孔隙水压力计的技术性能

型号	JXS-1	JXS-2
量程	0.1～1.0 N/mm^2	
频带	450 Hz	
长期观测零点最大漂移	<±1%FS	
滞后性	<±0.5%FS	
满负荷徐变	<－0.5%FS	
使用环境温度	4～60 °C	
温度-频率特性	0.15 Hz/°C	
封闭性能	在使用量程内不泄漏	
外形尺寸	ϕ60 mm×140 mm	ϕ60 mm×260 mm

孔隙水压力计宜用钻孔埋设，待钻孔至要求深度后，先在孔底填入部分干净的砂，将测头放入，再于测头周围填砂，最后用黏土将上部钻孔封闭。

（3）支撑内力测试。

支撑内力测试方法，常用的有下列几种：

① 压力传感器。压力传感器有油压式、钢弦式、电阻应变片式等多种。多用于型钢或钢管支撑。使用时把压力传感器作为一个部件直接固定在钢支撑上即可。

② 电阻应变片。亦多用于测量钢支撑的内力。选用能耐一定高温、性能良好的箔式应变片，将其贴于钢支撑表面，然后进行防水、防潮处理并做好保护装置，支撑受力后产生应

变，由电阻应变仪测得其应变值进而可求得支撑的内力。应变片的温度补偿宜用单点补偿法。电阻应变仪宜用抗干扰、稳定性好的应变仪，如 YJ-18 型、YJD-17 型等电阻应变仪。

③ 千分表位移量测装置。测量装置如图 2.20 所示。量测原理是：当支撑受力后产生变形，根据千分表测得的一定标距内支撑的变形量和支撑材料的弹性模量等参数，即可算出支撑的内力。

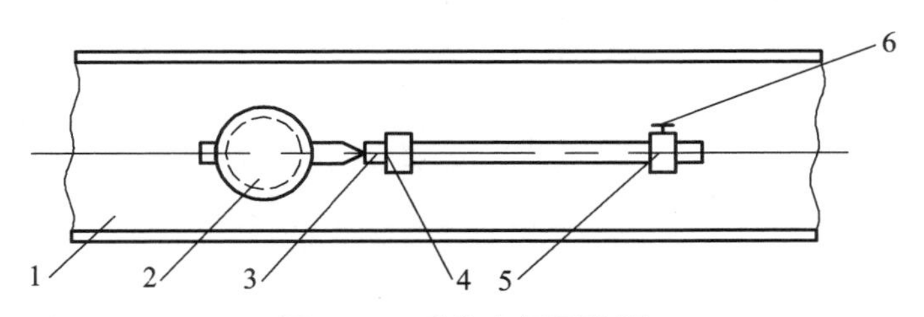

图 2.20　千分表量测装置

1—钢支撑；2—千分表；3—标杆；4、5—支座；6—紧固螺丝

④ 应力、应变传感器。该法用于量测钢筋混凝土支撑系统中的内力。对一般以承受轴力为主的杆件，可在杆件混凝土中埋入混凝土计，以量测杆件的内力。对兼有轴力和弯矩的支撑杆件和围檩等，则需要同时埋入混凝土计和钢筋计，才能获得所需要的内力数据。为便于长期量测，多用钢弦式传感器，其技术性能如表 2.19 和表 2.20 所示。

应力、应变传感器的埋设方法，钢筋计应直接与钢筋固定，可焊接或用接驳器连接。混凝土计则直接埋设在要测试的截面内。

表 2.19　JXG-1 型钢筋计的技术性能

规格	ϕ12	ϕ14	ϕ16	ϕ18	ϕ20	ϕ22	ϕ25	ϕ28	ϕ30	ϕ32	ϕ36
最大外径/mm	ϕ32	ϕ32	ϕ32	ϕ32	ϕ34	ϕ35	ϕ38	ϕ42	ϕ44	ϕ47	ϕ55
总长/mm	783	783	783	785	785	785	785	795	795	795	795
最大拉力/kN	22	30	40	50	60	80	100	120	140	160	200
最大压力/kN	11	15	20	25	30	40	50	60	70	80	100
最大拉应力/MPa	200										
最大压应力/MPa	100										
分辨率/（%FS）	≤0.2										
零漂/（Hz/3 个月）	3～5										
温度漂移/（Hz/10 °C）	3～4										
使用环境温度/°C	−10～+50										

表 2.20 JXH-2 型混凝土应变计的技术性能

规格/MPa	10	20	30	40
等效弹性模量/MPa	1.5×10^4	3.0×10^4	4.5×10^4	6.0×10^4
总应变/με	800～1 000			
分辨率/（%FS）	≤0.2			
零漂/（Hz/3 个月）	3～5			
总长/mm	150			
最大外径/mm	ϕ35.68			
承压面积/mm^2	1000			
温度漂移/（Hz/10 °C）	3～4			
使用环境温度/°C	－10～＋50			

二、周围环境监测

受基坑挖土等施工的影响，基坑周围的地层会发生不同程度的变形。如工程位于中心地区，基坑周围密布有建筑物、各种地下管线以及公共道路等市政设施，尤其是工程处在软弱复杂的地层时，因基坑挖土和地下结构施工而引起的地层变形，会对周围环境（建筑物、地下管线等）产生不利影响。因此在进行基坑支护结构监测的同时，还必须对周围的环境进行监测。监测的内容主要有：坑外地层的变形；邻近建（构）筑物的沉降和倾斜；地下管线的沉降和位移等。

建筑物和地下管线等监测涉及工程外部关系，应由具有测量资质的第三方承担，以使监测数据可靠而公正。测量的技术依据应遵循中华人民共和国现行的《城市测量规范》（GJJT 8—2011）、《建筑变形测量规程》（JGJ 8—2007）、《工程测量规范》（GB 50026—2007）等。

1. 坑外地层变形

基坑工程对周围环境的影响范围大约有 1～2 倍的基坑开挖深度，因此监测测点就考虑在这个范围内进行布置。对地层变形监测的项目有：地表沉降和地下水位变化等。

1）地表沉降

地表沉降监测虽然不是直接对建筑物和地下管线进行测量，但它的测试方法简便，可以根据理论预估的沉降分布规律和经验，较全面地进行测点布置，以全面地了解基坑周围地层的变形情况，有利于建筑物和地下管线等进行监测分析。

监测测点的埋设要求是，测点需穿过路面硬层，伸入原状土 300 mm 左右，测点顶部做好保护，避免外力产生人为沉降。图 2.21 为地表沉降测点埋设示意图。量测仪器采用精密水准仪，以二等水准作为沉降观测的首级控制，高程系可联测城市或地区的高程系，也可以用假设的高程系。基准点应设在通视好，不受施工及其他外界因素影响的地方。基坑开挖前设点，并记录初读数。各测点观测应为闭合或附合路线，水准每站观测高差中误差 M_0 为 0.5 mm，闭合差 F_W 为 $\pm\sqrt{n}$ mm（N 为测站数）。

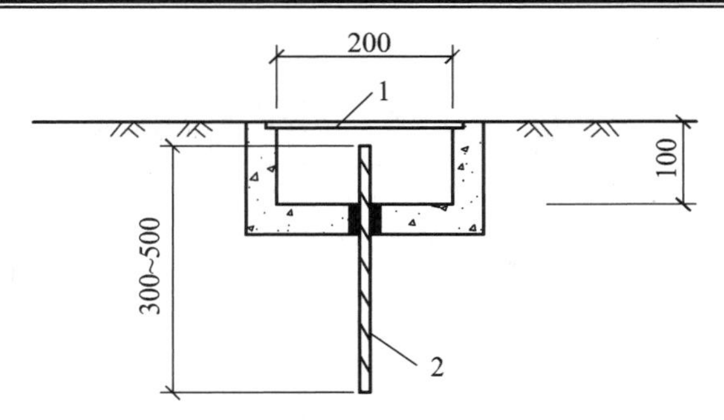

图 2.21　地表沉降测点埋设示意图

1—盖板；2—20 钢筋（打入原状土）

地表沉降测点可以分为纵向和横向。纵向测点是在基坑附近，沿基坑延伸方向布置，测点之间的距离一般为 10～20 m；横向测点可以选在基坑边长的中央，垂直基坑方向布置，各测点布置间距为，离基坑越近，测点越密（取 1 m 左右），远一些的地方测点可取 2～4 m，布置范围约 3 倍的基坑开挖深度。

每次量测提供各测点本次沉降和累计沉降报表，并绘制纵向和横向的沉降曲线，必要时对沉降变化量大而快的测点绘制沉降速率曲线。

2）地下水位监测

如果围护结构的截水帷幕质量没有完全达到止水要求，则在基坑内部降水和基坑挖土施工时，有可能使坑外的地下水渗漏到基坑内。渗水的后果会带走土层的颗粒，造成坑外水、土流失。这种水、土流失对周围环境的沉降危害较大。因此进行地下水位监测就是为了预报由于地下水位不正常下降而引起的地层沉陷。

测点布置在需进行监测的建（构）筑物和地下管线附近。水位管埋设深度和透水头部位依据地质资料和工程需要确定，一般埋深 10～20 m，透水部位放在水位管下部。水位管可采用 PVC 管，在水位管透水头部位用手枪钻钻眼，外绑铝网或塑料滤网。埋设时，用钻机钻孔，钻至设计埋深，逐节放入 PVC 水位管，放完后，回填黄砂至透水头以上 1 m，再用膨润土泥丸封孔至孔口。水位管成孔垂直度要求小于 5/10 000，埋设完成后，应进行 24 h 降水试验，检验成孔的质量。

测试仪器采用电测水位仪，仪器由探头、电缆盘和接收仪组成。仪器的探头沿水位管下放，当碰到水时，上部的接收仪会发生蜂鸣声，通过信号线的尺寸刻度，可直接测得地下水位距管的距离。

2. 邻近建（构）筑物沉降和倾斜监测

建筑物变形监测主要内容有 3 项：即建筑物的沉降监测、建筑物的倾斜监测和建筑物的裂缝监测。在实施监测工作和测点布置前，应先对基坑周围的建筑进行周密调查，再布置测点进行监测。

1）周围建筑物情况调查

对建筑物的调查主要是了解地面建筑物的结构类型、基础形式、建筑层数和层高、平立面形状以及建筑物对不同沉降差的反应。

各类建筑物对差异沉降的承受能力可参阅表 2.21 和表 2.22 的规定，确定相应的控制标准。对重要、特殊的建筑结构应作专门的调研，然后决定允许的变形控制标准。

表 2.21 差异沉降和相应建筑物的反应

建筑结构类型	$\frac{\delta}{L}\begin{pmatrix}L\text{为建筑物长度}\\ \delta\text{为差异沉降}\end{pmatrix}$	建筑物反应
1. 一般砖墙承重结构，包括有内框架的结构：建筑物长高比小于10；有圈梁；天然地基（条形基础）	达 1/150	分隔墙及承重砖墙发生相当多的裂缝可能发生结构性破坏
2. 一般钢筋混凝土框架结构	达 1/150	发生严重变形
	达 1/500	开始出现裂缝
3. 高层刚性建筑（箱形基桩、桩基）	达 1/250	可观察到建筑物倾斜
4. 有桥式行车的单层排架结构的厂房天然地基或桩基	达 1/300	桥式行车运转困难，不调整轨面水平难运行，分隔墙有裂缝
5. 有斜撑的框架结构	达 1/600	处于安全极限状态
6. 对沉降差反应敏感的机器基础	达 1/850	机器使用可能会发生困难，处于可运行的极限状态

注：1. 框架结构有多种基础形式，包括：现浇单独基础，现浇条形基础，现浇片筏基础、现浇箱形基础，装配式单独基础，装配条形基础以及桩基。不同基础形式的框架对沉降差的反应也不同。上表只提出了一般框架结构对差异沉降的反应，因此对重要框架结构在差异沉降下的反应，还要仔细调研其基础形式和使用要求，以确定允许的差异沉降量。

2. 各种基础形式的高耸烟囱、化工塔罐、气柜、高炉、塔桅结构（如电视塔）、剧院、会场空旷结构等特别重要的建筑设施要做专门调研，以明确允许差异沉降值。

3. 内框架（特别是单排内框架）和底层框架（条形或单独基础）的多层砌体建筑结构，对不均匀沉降很敏感，亦应专门调研。

表 2.22 建筑物的基础倾斜允许值

建筑物类别		允许倾斜
多层和高层建筑的整体倾斜	$H\leqslant 24$ m	0.004
	24 m$<H\leqslant$60 m	0.003
	60 m$<H\leqslant$100 m	0.002 5
	$H>$100 m	0.002
高耸结构基础的倾斜	$H\leqslant 20$ m	0.008
	20 m$<H\leqslant$60 m	0.006
	60 m$<H\leqslant$100 m	0.005
	100 m$<H\leqslant$150 m	0.004
	150 m$<H\leqslant$200 m	0.003
	200 m$<H\leqslant$250 m	0.002

在对周围建筑物进行调查时，还应对各个不同时期的建筑物裂缝进行现场踏勘；在基坑施工前，对老的裂缝进行统一编号、测绘、照相，对裂缝变化的日期、部位、长度、宽度等

进行详细记录。

2）建筑物沉降监测

根据周围建筑物的调查情况，确定沉降监测测点布置部位和数量。房屋沉降观测点应布置在墙角、柱身（特别是代表独立基础及条形基础差异沉降的柱身）、外形突出部位和高低相差较多部位的两侧，测点间距的确定，要尽可能充分反映建筑物各部分的不均匀沉降。沉降观测点标志应按以下方式埋设：

① 钢筋混凝土柱或砌体墙用钢凿在柱子 ± 0.000 高程以上 100 ~ 500 mm 处凿洞，将直径 20 mm 以上的钢筋或铆钉，制成弯钩形，平向插入洞内，再以 1∶2 水泥砂浆填实。

② 钢柱将角钢的一端切成使脊背与柱面成 50° ~ 60°的倾斜角，将此端焊在钢柱上；或者将铆钉弯成钩形，将其一端焊在钢柱上。

建筑物沉降观测的技术要求同地表沉降观测要求，使用的观测仪器一般也为精密水准仪，按二等水准标准。

每次量测提交建筑物各测点本次沉降和累计沉降报表；对连在一线的建筑物沉降测点绘制沉降曲线；对沉降量变化大又快的测点，应绘制沉降速率曲线。

3）建筑物倾斜监测

测定建筑物倾斜的方法有两类：一类是直接测定建筑物的倾斜；另一类是通过测量建筑物基础相对沉降的方法来确定建筑物倾斜。下面介绍建筑物倾斜直接观测的方法。

在进行观测之前，首先要在进行倾斜观测的建筑物上设置上、下两点线或上、中、下三点标志，作为观测点，各点应位于同一垂直视准面内。如图 2.22 所示，M、N 为观测点。如果建筑物发生倾斜，MN 将由垂直线变为倾斜线。观测时，经纬仪的位置距离建筑物应大于建筑物的高度，瞄准上部观测点 M，用正倒镜法向下投点得 N'，如 N'与 N 点不重合，则说明建筑物发生倾斜，以 a 表示 N'、N 之间的水平距离，a 即建筑物的倾斜值。若以 H 表示其高度，则倾斜度 $i=a/H$。

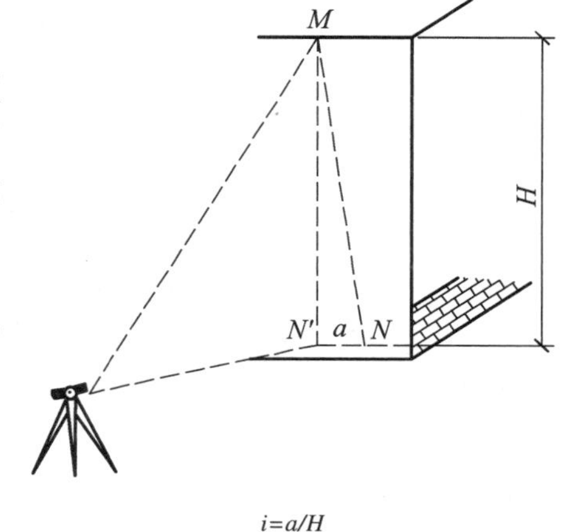

图 2.22　倾斜观测

高层建筑物的倾斜观测，必须分别在互成垂直的两个方向上进行。

通过倾斜观测得到的建筑物倾斜度，同建筑物基础倾斜允许值进行比较，比判别建筑物是否在安全范围内。

4）建筑物裂缝监测

在基坑施工中，对已详细记录的老的裂缝进行追踪观测，及时掌握裂缝的变化情况，并同时注意在基坑施工中，有无新的裂缝产生，如发现新的裂缝，应及时进行编号、测绘、照相。

裂缝观测方法用厚 10 mm，宽约 50 ~ 80 mm 的石膏板（长度视裂缝大小而定），在裂缝两边固定牢固。当裂缝继续发展时，石膏板也随之开裂，从而观察裂缝继续发展的情况。

3. 邻近地下管线沉降与位移监测

城市的地下市政管线主要有：煤气管、上水管、电力电缆、电话电缆、雨水管和污水管等。地下管道根据其材性和接头构造可分为刚性管道和柔性管道。其中煤气管和上水管是刚性压力管道，是监测的重点，但电力电缆和重要的通讯电缆也不可忽视。

1）周围地下管线情况调查

首先向有关部门索取基坑周围地下管线分布图，从中了解基坑周围地下管线的种类、走向和各种管线的管径、壁厚和埋设年代，以及各管线距基坑的距离。然后进行现场踏勘，根据地面的管线露头和必要的探挖，确认管线图提供的管线情况和埋深。必要时还需向有关部门了解管道的详细资料，如管子的材料结构、管节长度和接头构造等。

2）测点布置和埋设

（1）优先考虑煤气管和大口径上水管。它们是刚性压力管，对差异沉降较敏感，接头处是薄弱环节。

（2）根据预估的地表沉降曲线，对影响大的管线加密布点，影响小的管线兼顾。

（3）测点间距一般为 10 ~ 15 m。最好按每节管的长度布点，能真实反映管线（地基）沉降曲线。

（4）测点埋设方式有两种：直接测点和间接测点，直接测点是用抱箍把测点做在管线本身上；间接测点是将测点埋设在管线轴线相对应的地表。直接测点，具有能真实反映管线沉降和位移的优点，但这种测点埋设施工较困难，特别在城市干道下的管线难做直接测点。有时可以采取两种测点相结合的办法，即利用管线在地面的露头作直接测点，再布置一些间接测点。

（5）地下管线测点的编号应遵守有关部门的规定，如上海市管线办公室制定的统一编号为煤气管（M），上水管（S），电力电缆（D），电话电缆（H）等。

3）测试技术要求

（1）沉降观测用精密水准仪，按二等水准要求，基准点与国家水准点定期进行联测；各测点观测为闭合或附合路线，水准每站观测高差误差 M_0 为 ± 5 mm，闭合差 F_w 为 $\pm\sqrt{N}$ mm（N 为测站数）。

（2）水平位移观测用 2″级经纬仪，平面位移最弱点观测中误差 M（平均）为 2.1 mm，平面位移最弱点观测变形量中误差 M（变）为 ± 3.0 mm。

为了保证测量观测精度，平面位移和垂直位移监测应建立监测网，由固定基准点、工作点及监测点组成。

4）监测资料

（1）管线测点沉降、位移观测成果表（本次累计变化量）。

（2）时间-沉降、位移曲线，或时间-合位移曲线。

上述报表必须及时送交业主、监理和施工总包单位，同时函递管线部门。若日变量出现报警，应当场复测，核实后立即汇报业主及监理并电话通知管线部门。

5）报警处理

地下管线是城市的生命线，因此对管线的报警值控制比较严格，如上海地区的要求是：当监测中达到下列数据时应及时报警：

（1）沉降日变量 3 mm，或累计 10 mm。

（2）位移日变量 3 mm，或累计 10 mm。

实际工程中，地下管线的沉降和位移达到此报警值后，并不一定就破坏，但此时业主、监理、设计、施工总包单位应会同管线部门一起进行分析，商定对策。

三、监测方案编制

基坑工程监测方案的编制内容如下：

（1）工程概况。

（2）监测目的及监测项目。

（3）各监测项目的测点布置。

（4）各种监测测点的埋设方法。

（5）测试仪器（测试技术）及精度。

（6）监测进度、频率、人员安排和监测资料。

（7）监测项目的报警值。

编制监测方案时，要根据工程特点、周围环境情况、各地区有关主管部门的要求，对上述内容详细加以阐述，并取得建设单位和监理单位的认可。工程监测多由有资质的专业单位负责进行。有关监测数据要及时交送有关单位和人员，以便及时研究处理监测中发现的问题。

项目 3　模板工程施工安全

随着现代化建设和现代工程技术的蓬勃发展，在土木、建筑工程中居于极其重要地位的现浇混凝土结构工程的施工中，模板工程技术已发生了全新的变化，不仅模板与支架材料的品种和性能有了很大的拓展，其结构和构造更趋合理和可靠，杆、构、配件更加系列、齐全和定型化，配合更加紧密、装拆更加便捷，而且模板工程的方案设计、承载验算、试验监测和施工管理也都有了巨大的进步和发展。

为了保证模板工程设计与施工的安全，安全专职人员应具有相应的基本知识，熟悉相关模板施工标准、规范，合理选用材料、方案和构造措施，这样才能在模板施工过程中进行有效的安全监督和管理

案例导入

案例一：

1．事情经过

2008 年 10 月 7 日下午 15:40 分，某中学体育馆项目部正在浇筑 9 轴～13 轴与 H 轴～G 轴之间的看台混凝土，浇筑过程中从 G 轴开始发现刚浇筑的混凝土看台板出现裂缝，并伴有下移现象，现场管理人员戴某知情后紧急组织施工人员疏散，疏散大约三分钟后，看台处坍塌了约 1 m^2 混凝土板，五分钟后，自 H 轴至 G 轴附近看台中心区全部坍塌，坍塌面积约 100 余 m^2，看台坍塌中心区如图 3.1 所示：发生坍塌后，G 轴～F 轴提前两天浇筑的看台混凝土板也被沿边拉裂，自 13 轴往下六步均出现斜向裂缝，裂缝位置基本处于新旧混凝土板的交界处附近。所幸由于此次事故发生前有明显的征兆，现场管理人员也采取了紧急有效的撤离措施，未造成人员伤亡 。

图 3.1　事故现场

2. 事故原因

（1）从事故现场发现，看台大部分层高均超过 4.5 m，应采用钢管支撑体系，但现场采用的是木模木支撑体系，这是造成此事故发生的主要原因之一。

（2）部分模板支撑立柱没有采用一根整圆木，而是两根圆木对接而成，中间即没有设置中转平台，也没有在对接点设置有效的拉结，是造成模板支撑体系失稳的主要原因之一。

（3）模板支撑体系没有设置足够的水平拉条，从现场情况来看，有些支撑甚至只在中间设置了一道水平拉条，上下均未设置，也未设置扫地杆，更没有设置剪刀撑拉条。

（4）本次施工的系混凝土看台倾斜构件，对模板支撑的水平拉结要求比较高，但现场的拉条设置数量少，且拉条材料明显不符合要求，部分拉条的拉结点甚至只是一些树皮，无法起到拉结的作用。

（5）模板支撑体系中的立柱稍径达不到要求的 100 mm，且立柱间距明显过大，扫地杆等水平拉结明显不够。

（6）直接支承混凝土板的杠木截面尺寸明显偏小，设置间距过大，且设置杂乱无序，导致局部杠木被压断。

案例二：

1. 事情经过

2006 年，某住宅工程结构施工采用大模板（规格：3.0 m × 2.8 m，重约 1 t）。在模板就位后，挂钩工何某登上模板将吊钩摘除，下到地面准备离开时，模板突然倾倒，将其胸部以下砸在模板之下，经抢救无效死亡。

2. 事故原因

（1）挂钩工缺乏安全意识，在模板就位固定不牢固的情况下攀爬模板。

（2）大模板未按规定设置支腿。

案例三：

1. 事情经过

2003 年，某居住小区工程处于结构施工阶段，放线员上作业面，借助模板攀登时，右侧模板突然向左侧发生倾倒，将其头部挤压住，颅脑受伤较重，经抢救无效死亡。

2. 事故原因

（1）作业人员上下作业面违章攀爬大模板。

（2）现场违反大模板使用规定，未与墙体或钢筋连接牢固。

（3）个人安全意识缺乏，事先未检查大模板是否有固定措施。

项目 3.1　模板的构造、分类

一、模板的构造

如图 3.2 和图 3.3 所示。

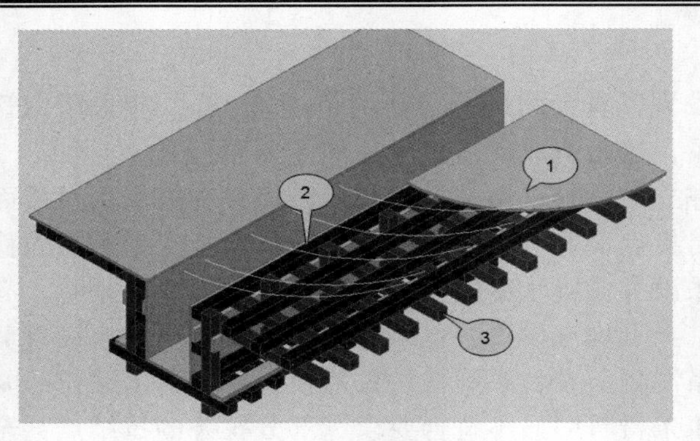

图 3.2 模板构造图一

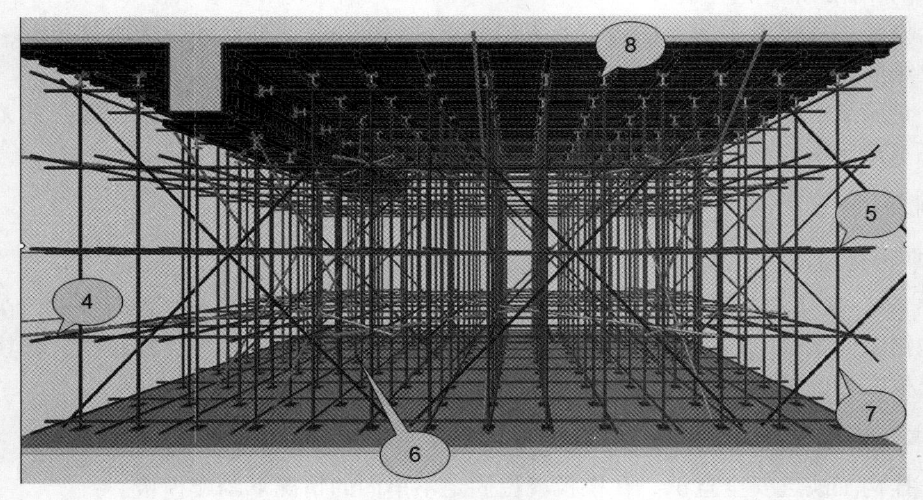

图 3.3 模板构造图二

1—面板；2—小梁；3—主梁；4—支架；5—连接件；6—模板体系；
7—支架立柱；8—早拆模板体系

1. 面 板

直接接触新浇混凝土的承力板，包括拼装的板和加肋楞带板。面板的种类有钢、木、胶合板、塑料板等。

2. 小 梁

直接支承面板的小型楞梁，又称次楞或次梁。

3. 主 梁

直接支承小楞的结构构件，又称主楞。一般采用钢、木梁或钢桁架。

4. 支 架

支撑面板用的楞梁、立柱、连接件、斜撑、剪刀撑和水平拉条等构件的总称。

5. 连接件

面板与楞梁的连接、面板自身的拼接、支架结构自身的连接和其中二者相互间连接所用的零配件。包括卡销、螺栓、扣件、卡具、拉杆等。

6. 模板体系（简称模板）

由面板、支架、连接件三部分系统组成的体系，也可统称为“模板”。

7. 支架立柱

直接支承主楞的受压结构构件，又称支撑柱、立柱。

8. 早拆模板体系

在模板支架立柱的顶端，采用柱头的特殊构造装置来保证国家现行规范所规定的拆模原则下，达到早期拆除部分模板的体系。

二、模板的分类

模板按其材料分类可分为木模板、钢模板、塑料模板、其他模板等。

模板按其施工工艺条件分类可分为现浇混凝土模板、预组装模板、滑动模板、大模板、爬模等。

1. 现浇混凝土模板

现浇混凝土模板是根据混凝土结构形状不同就地形成的模板，如图 3.4 所示，多用于基础、梁、板等现浇混凝土工程。模板支撑多通过支于地面或者基坑侧壁以及对拉的螺栓承受混凝土竖向和侧向压力。这种模板适应性强，但周转较慢。

2. 预组装模板

预组装模板是指由定型模板分段预组成较大面积的模板及支撑体系，用起重设备吊运到混凝土现浇位置，多用于大体积混凝土工程，如图 3.5 所示。

图 3.4　现浇混凝土模板

图 3.5　预组装模板

3. 大模板

大模板是指由固定单元形成的固定标准系列的模板，多用于高层建筑的墙板体系。用于平面楼板的大模板又称为飞模或台模，主要由平台板、支撑系统（包括梁、支架、支撑、支腿等）和其他配件（如升降和行走机构等）组成，由于它可借助起重机械，从已浇好的楼板下吊运转移到上层重复使用，故称飞模，如图 3.6 所示。

4. 爬　模

爬模是以建筑物的钢筋混凝土墙体为支承主体，依靠自升式爬升支架使大模板完成提升、下降、就位、校正和固定等工作，如图 3.7 所示。

图 3.6　大模板

图 3.7　爬模

5. 滑动模板

滑动模板是指将模板一次组装完成，上面设置有施工作业人员的操作平台，并从下而上（或横向）采用液压或其他提升装置沿现浇混凝土表面边浇筑混凝土边进行同步滑动提升和连续作业，直到现浇结构的作业部分或全部完成。其特点是施工速度快、结构整体性能好、操作条件方便和工业化程度较高，如图 3.8 所示。

图 3.8　滑动模板

项目 3.2　模板材料

模板工程所使用的材料，一般有钢材、木材、铝合金和竹（木）胶合模板板材等，以下是这些模板材料规格和性能的一般要求。

一、钢　材

为保证钢模板结构的承载能力，防止在一定条件下出现脆性破坏，应根据模板体系的重要性、荷载特征、连接方法等不同情况，选用适合的钢材型号和材性，且宜采用 Q235 钢和 Q345 钢，对于模板的支架材料宜优先选用钢材。模板的钢材质量应符合下列规定：

（1）钢管应符合现行国家标准《直缝电焊钢管》（GB/T13793）或《低压流体输送用焊接钢管》（GB/T3092）中规定的 Q235 普通钢管的要求，并应符合现行国家标准《碳素结构钢》（GB/T700）中 Q235A 级钢的规定。不得使用有严重锈蚀、弯曲、压扁及裂纹的钢管。

（2）钢管扣件应符合现行国家标准《钢管脚手架扣件》（GB15831）的规定。

（3）下列情况的模板承重结构和构件不应采用 Q235 沸腾钢：

工作温度低于 – 20 °C 承受静力荷载的受弯及受拉的承重结构或构件，工作温度等于或低于 – 30 °C 的所有承重结构或构件除外。

（4）承重结构采用的钢材应具有抗拉强度、伸长率、屈服强度和硫、磷含量的合格保证，对焊接结构尚应具有碳含量的合格保证。焊接的承重结构以及重要的非焊接承重结构采用的钢材还应具有冷弯试验的合格保证。

二、木 材

木模板结构或构件的树种应根据各地区实际情况选择质量好的材料，不得使用有腐朽、霉变、虫蛀、折裂、枯节的木材。

木模板结构设计应根据受力种类或用途按要求选用相应的木材材质等级。木材材质标准（如木材的强度检测标准）应符合现行国家标准《木结构设计规范》（GB50005）的规定，如表 3.1 所示。

表 3.1 木模板结构或构件的木材材质等级

项次	主 要 用 途	材质等级
1	受拉或拉弯构件	Ⅰa
2	受弯或压弯构件	Ⅱa
3	受压构件	Ⅲa

在建筑施工模板工程中使用进口木材时，还应遵守下列规定：

（1）选择天然缺陷和干燥缺陷少、耐腐朽性较好的树种木材。

（2）每根木材上应有经过认可的认证标识，认证等级应附有说明，并应符合商检规定，进口的热带木材，还应附有无活虫虫孔的证书。

（3）进口木材应有中文标识，并应按国别、等级、规格分批堆放，不得混淆，储存期间应防止木材霉变、腐朽和虫蛀。

（4）对首次采用的树种，必须先进行试验，达到要求后方可使用。

三、铝合金材

铝合金建筑模板结构或构件，应采用纯铝加入锰、镁等合金元素构成的铝合金型材。并应符合国家现行标准《铝及铝合金型材》（YB1703）的规定。

铝合金型材的机械性能检验结果应符合表 3.2 中规定值。

表 3.2　铝合金型材的机械性能检验规定值

牌号	材料状态	壁厚/mm	抗拉极限强度 σ_b /（N/mm^2）	屈服强度 $\sigma_{0.2}$ /（N/mm^2）	伸长率 δ /%	弹性模量 E_c /（N/mm^2）
LD_2	C_Z	所有尺寸	≥180	—	≥14	1.83×10^5
	C_S		≥280	≥210	≥12	
LY_{11}	C_Z	≤10.0	≥360	≥220	≥12	
	C_S	10.1～20.0	≥380	≥230	≥12	
LY_{12}	C_Z	<5.0	≥400	≥300	≥10	2.14×10^5
		5.1～10.0	≥420	≥300	≥10	
		10.1～20.0	≥430	≥310	≥10	
LC_4	C_S	≤10.0	≥510	≥440	≥6	2.14×10^5
		10.1～20.0	≥540	≥450	≥6	

注：材料状态代号名称：C_Z—淬火（自然时效）；C_S—淬火（人工时效）。

四、竹（木）胶合模板板材

（1）胶合模板板材表面应平整光滑，具有防水、耐磨、耐酸碱的保护膜，并有保温性能好、易脱模和可以两面使用等特点。板材厚度不应小于 12 mm。并应符合国家现行标准《混凝土模板用胶合板》（ZBB70006）的规定。

（2）各层板的原材含水率不应大于 15%，且同一胶合模板各层原材间的含水率差别不应大于 5%。

（3）胶合模板应采用耐水胶，其胶合强度不应低于木材或竹材顺纹抗剪和横纹抗拉的强度，并应符合环境保护的要求。

（4）进场的胶合模板除应具有出厂质量合格证外，还应保证外观及尺寸合格。

项目 3.3　模板工程设计一般规定

一、模板设计应包括的内容

（1）根据混凝土的施工工艺和季节性施工措施，确定其构造和所承受的荷载；

（2）绘制配板设计图、支撑设计布置图、细部构造和异型模板大样图；

（3）按模板承受荷载的最不利组合对模板进行验算；

（4）制定模板安装及拆除的程序和方法；

（5）编制模板及配件的规格、数量汇总表和周转使用计划；

（6）编制模板施工安全、防火技术措施及设计、施工说明书。

二、模板及其支架的设计应符合的规定

模板及其支架的设计应根据工程结构形式、荷载大小、地基土类别、施工设备和材料等条件进行。

（1）应具有足够的承载能力、刚度和稳定性，应能可靠地承受新浇混凝土的自重、侧压力和施工过程中所产生的荷载及风荷载。

（2）构造应简单，装拆方便，便于钢筋的绑扎、安装和混凝土的浇筑、养护等要求。

（3）混凝土梁的施工应采用从跨中向两端对称进行分层浇筑，每层厚度不得大于400 mm。

（4）当验算模板及其支架在自重和风荷载作用下的抗倾覆稳定性时，应符合相应材质结构设计规范的规定。

（5）模板中的钢构件设计应符合现行国家标准《钢结构设计规范》（GB50017）和《冷弯薄壁型钢结构技术规范》（GB50018）的规定，其截面塑性发展系数应取 1.0。组合钢模板、大模板、滑升模板等的设计尚应符合国家现行标准《组合钢模板技术规范》（GB50214）、《大模板多层住宅结构设计与施工规程》（JGJ20）和《液压滑动模板施工技术规范》（GBJ113）的相应规定。

（6）模板中的木构件设计应符合现行国家标准《木结构设计规范》（GB50005）的规定，其中受压立杆应满足计算要求，且其梢径不得小于 80 mm。

（7）模板结构构件的长细比应符合下列规定：

① 受压构件长细比：支架立柱及桁架不应大于 150；拉条、缀条、斜撑等联系构件不应大于 200。

② 受拉构件长细比：钢杆件不应大于 350；木杆件不应大于 250。

规定长细比的目的是为了消除自重引起过分弯曲，消除振动影响。

（8）遇有下列情况时，水平支承梁的设计应采取防倾倒措施，不得取消或改动销紧装置的作用。

① 水平支承如倾斜或由倾斜的托板支承以及偏心荷载情况存在时。

② 梁由多杆件组成。

同时应符合下列规定：

① 当梁的高宽比大于 2.5 时，水平支承梁的底面严禁支承在 50 mm 宽的单托板面上。

② 水平支承梁的高宽比大于 2.5 时，应避免承受集中荷载。

三、钢管脚手架作立柱时应符合的规定

1．扣件式钢管脚手架作支架立柱

（1）连接扣件和钢管立杆底座应符合现行国家标准《钢管脚手架扣件》（GB15831）的规定。

（2）承重的支架柱，其荷载应直接作用于立杆的轴线上，严禁承受偏心荷载，并应按单立杆轴心受压计算；钢管的初始弯曲率不得大于 1/1 000，其壁厚应按实际检查结果计算。

（3）当露天支架立柱为群柱架时，高宽比不应大于 5；当高宽比大于 5 时，必须加设抛撑或缆风绳，保证宽度方向的稳定。

2. 门式钢管脚手架作支架立柱

（1）几种门架混合使用时，必须取支承力最小的门架作为设计依据。

（2）荷载宜直接作用在门架两边立杆的轴线上，必要时可设横梁将荷载传于两立杆顶端，且应按单榀门架进行承力计算。

（3）门架结构在相邻两榀之间应设工具式交叉支撑，使用的交叉支撑线刚度必须满足下式要求：

$$\frac{I_b}{L_b} \geqslant 0.03\frac{I}{h_0}$$

式中 I_b ——剪刀撑的截面惯性矩；

L_b ——剪刀撑的压曲长度；

I ——门架的截面惯性矩；

h_0 ——门架立杆高度。

（4）当门架使用可调支座时，调节螺杆伸出长度不得大于 150 mm。

（5）当露天门架支架立柱为群柱架时，高宽比不应大于 5；当高宽比大于 5 时，必须使用缆风绳保证宽度方向的稳定。

3. 碗扣式钢管脚手架作支架柱

（1）支架立柱可根据荷载情况组成双立柱梯形支柱和四立柱格构形支柱，重荷载时应组成群柱架，支架立柱间应设工具式交叉支撑，且荷载应直接作用于立杆的轴线上，并应按单立杆轴心受压进行计算；

（2）当露天支柱架为群柱架时，高宽比不应大于 5；当高宽比大于 5 时，必须加设缆风或将下部群柱架扩大保证宽度方向的稳定。

项目 3.4 模板安装与拆除的有关规定

一、模板安装的一般规定

（1）模板安装前安全技术准备工作：

① 应审查模板结构设计与施工说明书中的荷载、计算方法、节点构造和安全措施，设计审批手续应齐全。

② 应进行全面的安全技术交底，操作班组应熟悉设计与施工说明书，并应做好模板安装作业的分工准备。采用爬模、飞模、隧道模等特殊模板施工时，所有参加作业人员必须经过专门技术培训，考核合格后方可上岗。

③ 应对模板和配件进行挑选、检测，不合格者应剔除，并应运至工地指定地点堆放。

④ 备齐操作所需的一切安全防护设施和器具。

（2）模板安装：

① 模板安装应按设计与施工说明书顺序拼装。木杆、钢管、门架及碗扣式等支架立柱不得混用。

② 竖向模板和支架立柱支承部分安装在基土上时，应加设垫板，垫板应有足够强度和支承面积，且应中心承载。基土应坚实，并应有排水措施。对湿陷性黄土应有防水措施；对特别重要的结构工程可采用混凝土、打桩等措施防止支架柱下沉。对冻胀性土应有防冻融措施。

③ 当满堂或共享空间模板支架立柱高度超过 8 m 时，若地基土达不到承载要求，无法防止立柱下沉，则应先施工地面下的工程，再分层回填夯实基土，浇筑地面混凝土垫层，达到强度后方可支模。

④ 模板及其支架在安装过程中，必须设置有效防倾覆的临时固定设施。拼装高度为 2 m 以上的竖向模板，不得站在下层模板上拼装上层模板。

⑤ 现浇钢筋混凝土梁、板，当跨度大于 4 m 时，模板应起拱；当设计无具体要求时，起拱高度宜为全跨长度的 1/1 000 ~ 3/1 000。

⑥ 现浇多层或高层房屋和构筑物，安装上层模板及其支架时，下层楼板应具有承受上层施工荷载的承载能力，否则应加设支撑支架；上层支架立柱应对准下层支架立柱，并应在立柱底铺设垫板；当采用悬臂吊模板、桁架支模方法时，其支撑结构的承载能力和刚度必须符合设计构造要求。

⑦ 当层间高度大于 5 m 时，应选用桁架支模或钢管立柱支模。当层间高度小于或等于 5 m 时，可采用木立柱支模。

⑧ 吊运模板过程中，作业前应检查绳索、卡具、模板上的吊环，必须完整有效，在升降过程中应设专人指挥，统一信号，密切配合。吊运大块或整体模板时，竖向吊运不应少于两个吊点，水平吊运不应少于 4 个吊点。吊运必须使用卡环连接，并应稳起稳落，待模板就位连接牢固后，方可摘除卡环。吊运散装模板时，必须码放整齐，待捆绑牢固后方可起吊。严禁起重机在架空输电线路下面工作。五级风及其以上应停止一切吊运作业。

（3）支撑梁、板的支架立柱安装构造：

① 梁和板的立柱，纵横向间距应相等或成倍数。

② 木立柱底部应设垫木，顶部应设支撑头。钢管立柱底部应设垫木和底座，顶部应设可调支托，U 形支托与楞梁两侧间如有间隙，必须楔紧，其螺杆伸出钢管顶部不得大于 200 mm，螺杆外径与立柱钢管内径的间隙不得大于 3 mm，安装时应保证上下同心。

③ 在立柱底距地面 200 mm 高处，沿纵横水平方向应按纵下横上的程序设扫地杆。可调支托底部的立柱顶端应沿纵横向设置一道水平拉杆。扫地杆与顶部水平拉杆之间的间距，在满足模板设计所确定的水平拉杆步距要求条件下，进行平均分配确定步距后，在每一步距处纵横向应各设一道水平拉杆。当层高在 8 ~ 20 m 时，在最顶步距两水平拉杆中间应加设一道水平拉杆；当层高大于 20 m 时，在最顶两步距水平拉杆中间应分别增加一道水平拉杆。所有水平拉杆的端部均应与四周建筑物顶紧顶牢。无处可顶时，应于水平拉杆端部和中部沿竖向设置连续式剪刀撑。

④ 木立柱的扫地杆、水平拉杆、剪刀撑应采用 40 mm × 50 mm 木条或 25 mm × 80 mm

的木板条与木立柱钉牢。钢管立柱的扫地杆、水平拉杆、剪刀撑应采用ϕ48 mm × 3.5 mm 钢管，用扣件与钢管立柱扣牢。木扫地杆、水平拉杆、剪刀撑应采用搭接，并应用铁钉钉牢。钢管扫地杆、水平拉杆应采用对接，剪刀撑应采用搭接，搭接长度不得小于 500 mm，用两个旋转扣件分别在离杆端不小于 100 mm 处进行固定。

（4）当采用扣件式钢管作立柱支撑时，应符合下列规定：

① 钢管规格、间距、扣件应符合设计要求。每根立柱底部应设置底座及垫板，垫板厚度不得小于 50 mm。

② 当立柱底部不在同一高度时，高处的纵向扫地杆应向低处延长不少于两跨，高低差不得大于 1 m，立柱距边坡上方边缘不得小于 0.5 m。

③ 立柱接长严禁搭接，必须采用对接扣件连接，相邻两立柱的对接接头不得在同步内，且对接接头沿竖向错开的距离不宜小于 500 mm，各接头中心距主节点不宜大于步距的 1/3。严禁将上段的钢管立柱与下段钢管立柱错开固定于水平拉杆上。

④ 当支架立柱高度超过 5 m 时，应在立柱周圈外侧和中间有结构柱的部位，按水平间距 6 ~ 9 m，竖向间距 2 ~ 3 m 与建筑结构设置一个固结点。

⑤ 满堂模板和共享空间模板支架立柱，在外侧周圈应设由下至上的竖向连续式剪刀撑；中间在纵横向应每隔 10 m 左右设由下至上的竖向连续式的剪刀撑，其宽度宜为 4 ~ 6 m，并在剪刀撑部位的顶部、扫地杆处设置水平剪刀撑（见图 3.9）。剪刀撑杆件的底端应与地面顶紧，夹角宜为 45° ~ 60°。当建筑层高在 8 ~ 20 m 时，除应满足上述规定外，还应在纵横向相邻的两竖向连续式剪刀撑之间增加之字斜撑，在有水平剪刀撑的部位，应在每个剪刀撑中间处增加一道水平剪刀撑（见图 3.10）。当建筑层高超过 20 m 时，在满足以上规定的基础上，应将所有之字斜撑全部改为连续式剪刀撑（见图 3.11）。

（5）当采用碗扣式钢管脚手架作立柱支撑时，立杆应采用长 1.8 m 和 3.0 m 的立杆错开布置，严禁将接头布置在同一水平高度。立杆底座应采用大钉固定于垫木上。立杆立一层，即将斜撑对称安装牢固，不得漏加，也不得随意拆除。横向水平杆应双向设置，间距不得超过 1.8 m。当支架立柱高度超过 5 m 时，同扣件式钢管作立柱支撑的规定执行。

（6）当采用标准门架作支撑时，其安装构造应符合下列规定：

① 门架的跨距和间距应按设计规定布置，间距宜小于 1.2 m；支撑架底部垫木上应设固定底座或可调底座。门架、调节架及可调底座，其高度应按其支撑的高度确定。

② 门架支撑可沿梁轴线垂直和平行布置。当垂直布置时，在两门架间的两侧应设置交叉支撑；当平行布置时，在两门架间的两侧亦应设置交叉支撑，交叉支撑应与立杆上的锁销锁牢，上下门架的组装连接必须设置连接棒及锁臂。

③ 当门架支撑宽度为 4 跨及以上或 5 个间距及以上时，应在周边底层、顶层、中间每 5 列、5 排于每门架立杆跟部设ϕ48 mm × 3.5 mm 通长水平加固杆，并应采用扣件与门架立杆扣牢。

④ 门架支撑顶部操作层应采用挂扣式脚手板满铺。支撑高度超过 8 m 时，剪刀撑不应大于 4 个间距，并应采用扣件与门架立杆扣牢。

（7）悬挑结构立柱支撑施工中，多层悬挑结构模板的上下立柱应保持在同一条垂直线上。多层悬挑结构模板的立柱应连续支撑，并不得少于 3 层。

（8）采用工具式立柱支撑的，立柱不得接长使用。

（9）采用木立柱支撑，木立柱宜选用整料，当不能满足要求时，立柱的接头不宜超过 1 个，并应采用对接夹板接头方式。立柱底部可采用垫块垫高，但不得采用单码砖垫高，垫高高度不得超过 300 mm。木立柱底部与垫木之间应设置硬木对角楔调整高程，并应用铁钉将其固定于垫木上。严禁使用板皮替代规定的拉杆。当仅为单排立柱时，应于单排立柱的两边每隔 3 m 加设斜支撑，且每边不得少于两根，斜支撑与地面的夹角应为 60°。

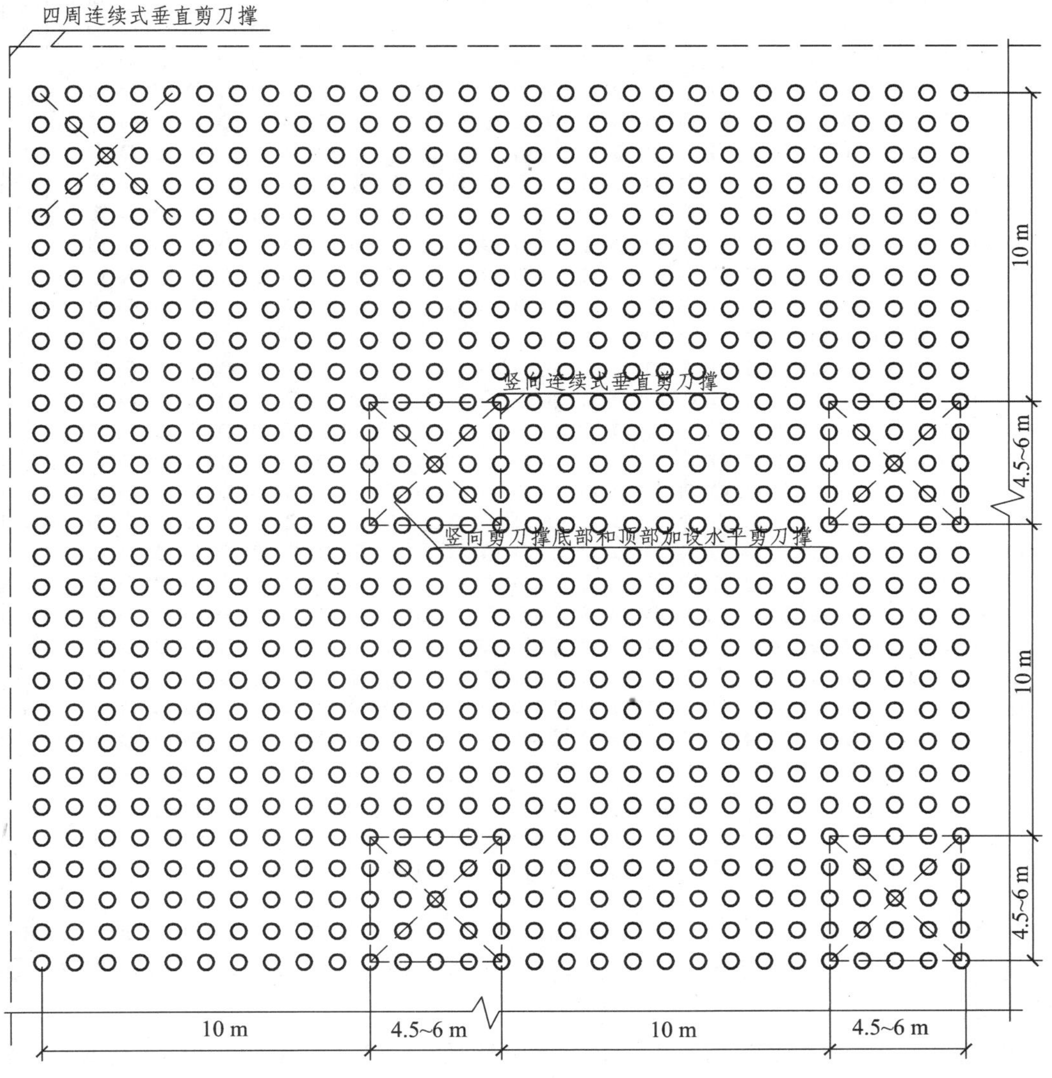

图 3.9 剪刀撑布置图（一）

（10）其他规定：

① 安装模板应保证工程结构和构件各部分形状、尺寸和相互位置的正确，构造应符合模板设计要求。模板应具有足够的承载能力、刚度和稳定性，应能可靠承受新浇混凝土自重和侧压力以及施工过程中所产生的荷载。

② 当承重焊接钢筋骨架和模板一起安装时，梁的侧模、底模必须固定在承重焊接钢筋骨架的节点上，安装钢筋模板组合体过程中，吊索应按模板设计的吊点位置绑扎。

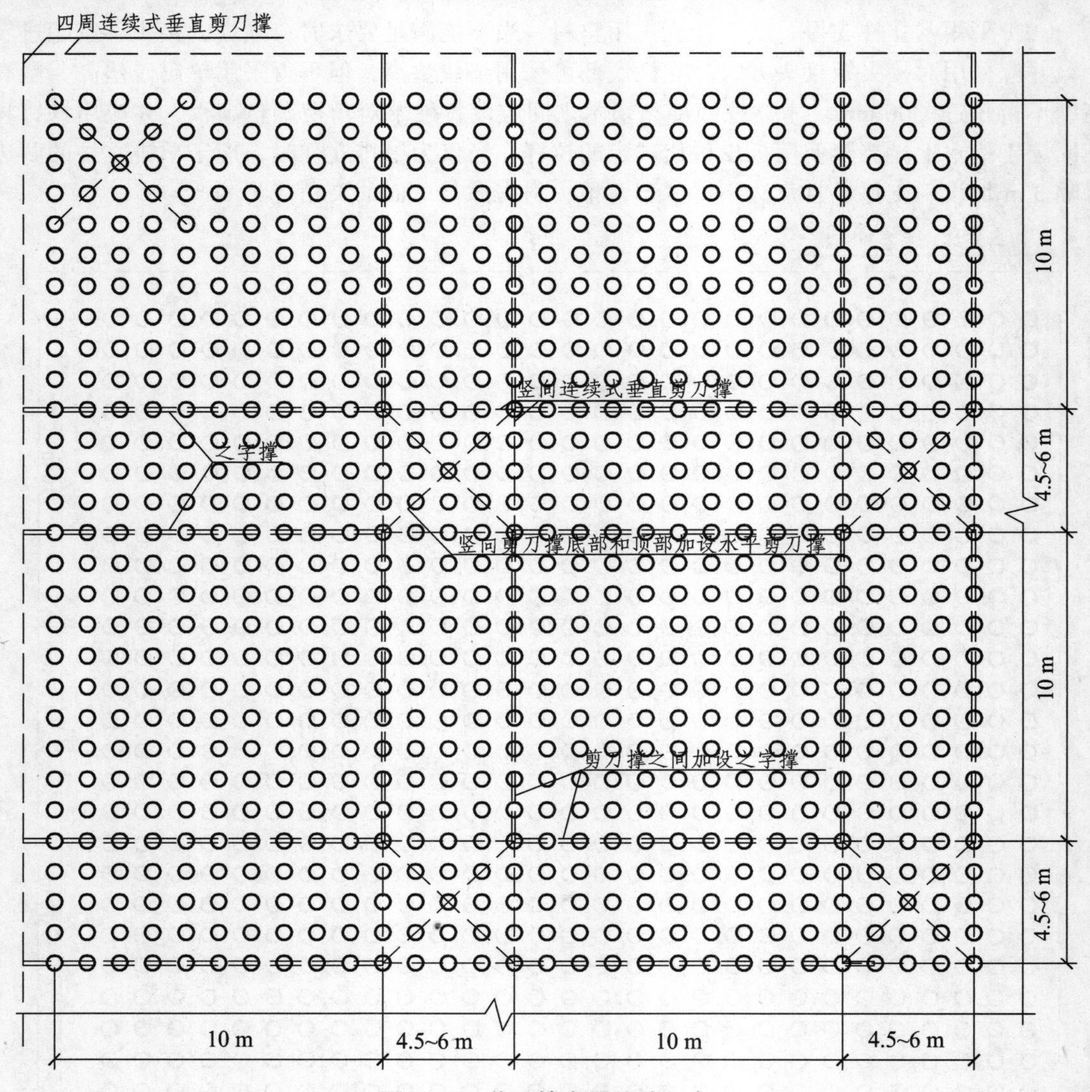

图 3.10　剪刀撑布置图（二）

③ 除设计图另有规定者外，所有垂直支架柱应保证其垂直。当支架立柱成一定角度倾斜，或其支架立柱的顶表面倾斜时，应采取可靠措施确保支点稳定，支撑底脚必须有防滑移的可靠措施。

④ 施工时，在已安装好的模板上的实际荷载不得超过设计值。已承受荷载的支架和附件，不得随意拆除或移动。对梁和板安装二次支撑前，其上不得有施工荷载，支撑的位置必须正确。

⑤ 安装模板时，安装所需各种配件应置于工具箱或工具袋内，严禁散放在模板或脚手板上；安装所用工具应系挂在作业人员身上或置于所佩戴的工具袋中，不得掉落。当模板安装高度超过 3.0 m 时，必须搭设脚手架，除操作人员外，脚手架下不得站其他人。

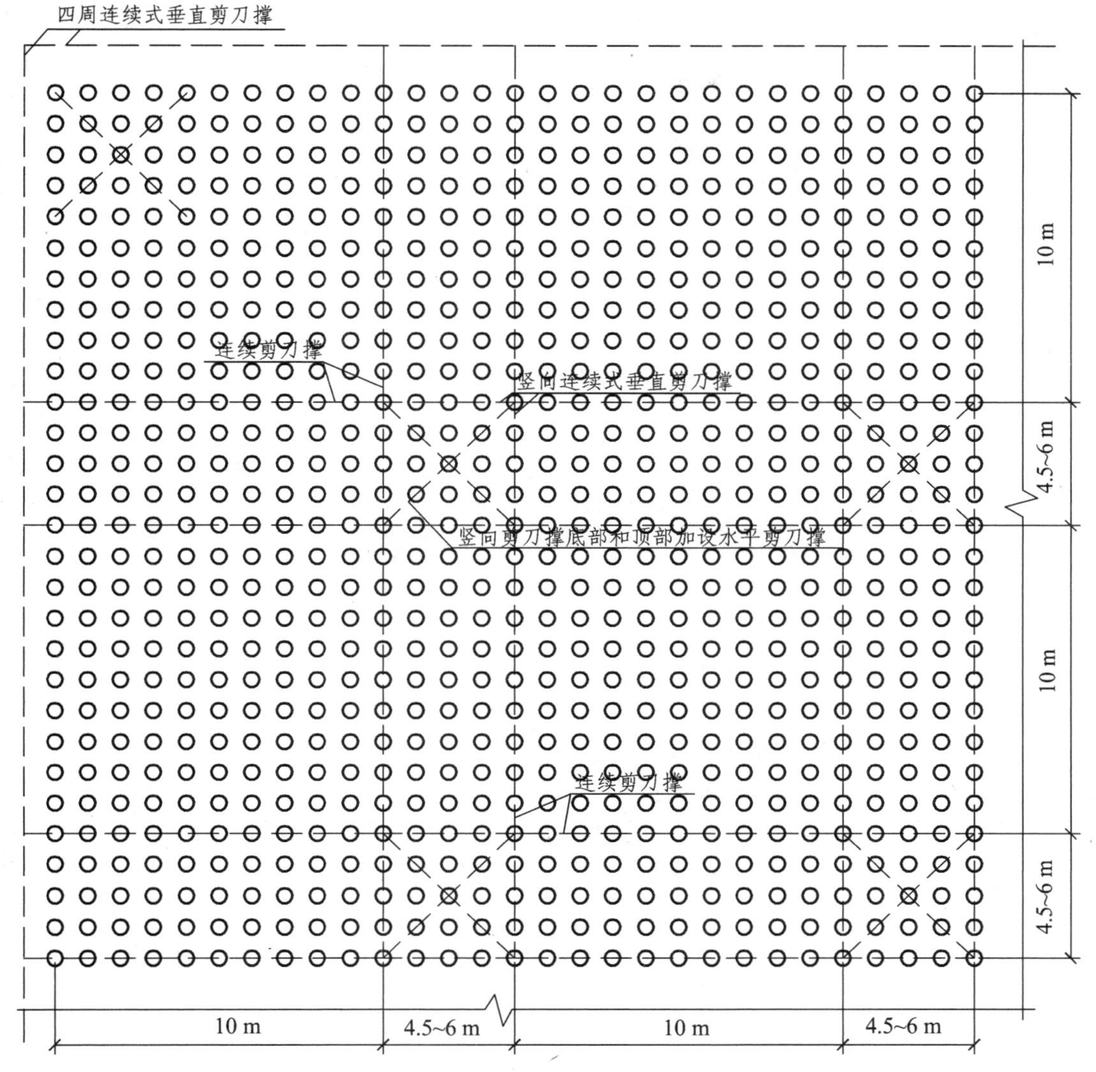

图 3.11　剪刀撑布置图（三）

二、模板拆除的一般规定

（1）模板的拆除措施应经技术主管部门或负责人批准，拆除模板的时间可按现行国家标准《混凝土结构工程施工及验收规范》（GB50010）的有关规定执行。冬期施工的拆模，应遵守专门规定。

（2）当混凝土未达到规定强度时，如需提前拆模或承受部分超设计荷载时，必须经过计算和技术主管确认其强度能足够承受此荷载后，方可拆除。在承重焊接钢筋骨架作配筋的结构中，承受混凝土重量的模板，应在混凝土达到设计强度的 25%后方可拆除承重模板。大体积混凝土的拆模时间除应满足混凝土强度要求外，还应使混凝土内外温差降低到 25°以下时方可拆模，否则应采取有效措施防止产生温度裂缝。后张预应力混凝土结构的侧模宜在施加预应力前拆除，底模应在施加预应力后拆除。

（3）模板的拆除工作应设专人指挥。作业区应设围栏，其内不得有其他工种作业，并应设专人负责监护。多人同时操作时，应明确分工、统一信号或行动，应具有足够的操作面，人员应站于安全处。拆模前应检查所使用的工具应有效和可靠，扳手等工具必须装入工具袋或系挂在身上，并应检查拆模场所范围内的安全措施。拆模的顺序和方法应按模板的设计规定进行。当设计无规定时，可采取先支的后拆、后支的先拆、先拆非承重模板、后拆承重模板，并应从上而下进行拆除。

（4）支架立柱拆除作业：

① 当拆除钢楞、木楞、钢桁架时，应在其下面临时搭设防护支架，使所拆楞梁及桁架先落于临时防护支架上。

② 当立柱的水平拉杆超出 2 层时，应首先拆除 2 层以上的拉杆。当拆除最后一道水平拉杆时，应和拆除立柱同时进行。

③ 当拆除 4 ~ 8 m 跨度的梁下立柱时，应先从跨中开始，对称地分别向两端拆除。拆除时，严禁采用连梁底板向旁侧一片拉倒的拆除方法。

④ 对于多层楼板模板的立柱，当上层及以上楼板正在浇筑混凝土时，下层楼板立柱的拆除，应根据下层楼板结构混凝土强度的实际情况，经过计算确定。

⑤ 拆除平台、楼板下的立柱时，作业人员应站在安全处拉拆。

（5）高处拆除模板时，应遵守有关高处作业的规定。拆下的模板、零配件严禁抛掷，应按指定地点堆放。严禁使用大锤和撬棍，操作层上临时拆下的模板堆放不能超过 3 层。

（6）在提前拆除互相搭连并涉及其他后拆模板的支撑时，应补设临时支撑。拆模时，应逐块拆卸，不得成片撬落或拉倒。已拆除了模板的结构，若在未达到设计强度以前，需在结构上加置施工荷载时，应另行核算，强度不足时，应加设临时支撑。拆模如遇中途停歇，应将已拆松动、悬空、浮吊的模板或支架进行临时支撑牢固或相互连接稳固。对活动部件必须一次拆除。

（7）遇六级或六级以上大风时，应暂停室外的高处作业。雨、雪、霜后应先清扫施工现场，方可进行工作。拆除有洞口模板时，应采取防止操作人员坠落的措施。洞口模板拆除后，应依据有关规定及时进行防护。

三、普通模板安装

1. 基础及地下工程模板安装

（1）地面以下支模应先检查土壁的稳定情况，当有裂纹及塌方危险迹象时，应采取安全防范措施后，方可下入作业。当深度超过 2 m 时，操作人员应设梯上下。

（2）距基槽（坑）上口边缘 1 m 内不得堆放模板。向基槽（坑）内运料应使用起重机、溜槽或绳索；运下的模板严禁立放于基槽（坑）土壁上。

（3）斜支撑与侧模的夹角不应小于 45°，支于土壁的斜支撑应加设垫板，底部的对角楔木应与斜支撑连牢。高大长脖基础若采用分层支模时，其下层模板应经就位校正并支撑稳固后，方可进行上一层模板的安装。

（4）在有斜支撑的位置，应于两侧模间采用水平撑连成整体。

2．柱模板安装

（1）现场拼装柱模时，应适时地按设临时支撑进行固定，斜撑与地面的倾角宜为 60°，严禁将大片模板系于柱子钢筋上。

（2）待四片柱模就位组拼经对角线校正无误后，应立即自下而上安装柱箍。

（3）若为整体预组合柱模，吊装时应采用卡环和柱模连接，不得用钢筋钩代替。

（4）柱模校正（用四根斜支撑或用连接在柱模顶四角带花篮螺丝的揽风绳，底端与楼板钢筋拉环固定进行校正）后，应采用斜撑或水平撑进行四周支撑，以确保整体稳定。当高度超过 4 m 时，应群体或成列同时支模，并应将支撑连成一体，形成整体框架体系。当需单根支模时，柱宽大于 500 mm 应每边在同一高程上设不得少于两根斜撑或水平撑。斜撑与地面的夹角宜为 45° ~ 60°，下端尚应有防滑移的措施。

（5）角柱模板的支撑，除满足上款要求外，还应在里侧设置能承受拉、压力的斜撑。

3．墙模板安装

（1）当用散拼定型模板支模时，应自下而上进行，必须在下一层模板全部紧固后，方可进行上一层安装。当下层不能独立安设支撑件时，应采取临时固定措施。

（2）当采用预拼装的大块墙模板进行支模安装时，严禁同时起吊两块模板，并应边就位、边校正、边连接，固定后方可摘钩。

（3）安装电梯井内墙模前，必须于板底下 200 mm 处牢固地满铺一层脚手板。

（4）模板未安装对拉螺栓前，板面应向后倾一定角度。安装过程应随时拆换支撑或增加支撑。

（5）当钢楞长度需接长时，接头处应增加相同数量和不小于原规格的钢楞，其搭接长度不得小于墙模板宽或高的 15% ~ 20%。

（6）拼接时的 U 形卡应正反交替安装，间距不得大于 300 mm；两块模板对接接缝处的 U 形卡应满装。

（7）对拉螺栓与墙模板应垂直，松紧应一致，墙厚尺寸应正确。

（8）墙模板内外支撑必须坚固、可靠，应确保模板的整体稳定。当墙模板外面无法设置支撑时，应于里面设置能承受拉和压的支撑。多排并列且间距不大的墙模板，当其支撑互成一体时，应有防止灌筑混凝土时引起邻近模板变形的措施。

4．独立梁和整体楼盖梁结构模板安装

（1）安装独立梁模板时应设安全操作平台，并严禁操作人员站在独立梁底模或柱模支架上操作及上下通行。

（2）底模与横楞应拉结好，横楞与支架、立柱应连接牢固。

（3）安装梁侧模时，应边安装边与底模连接，当侧模高度多于两块时，应采取临时固定措施。

（4）起拱应在侧模内外楞连固前进行。

（5）单片预组合梁模，钢楞与板面的拉结应按设计规定制作，并应按设计吊点试吊无误后方可正式吊运安装，侧模与支架支撑稳定后方准摘钩。

5. 楼板或平台板模板安装

（1）当预组合模板采用桁架支模时，桁架与支点的连接应固定牢靠，桁架支承应采用平直通长的型钢或木方。

（2）当预组合模板块较大时，应加钢楞后方可吊运。当组合模板为错缝拼配时，板下横楞应均匀布置，并应在模板端穿插销。

（3）单块模就位安装，必须待支架搭设稳固、板下横楞与支架连接牢固后进行。

（4）U形卡应按设计规定安装。

6. 其他结构模板安装

（1）安装圈梁、阳台、雨篷及挑檐等模板时，其支撑应独立设置，不得支搭在施工脚手架上。

（2）安装悬挑结构模板时，应搭设脚手架或悬挑工作台，并应设置防护栏杆和安全网。作业处的下方不得有人通行或停留。

（3）烟囱、水塔及其他高大构筑物的模板，应编制专项施工设计和安全技术措施，并应详细地向操作人员进行交底后方可安装。

（4）在危险部位进行作业时，操作人员应系好安全带。

四、普通模板拆除

1. 条形基础、杯形基础、独立基础或设备基础的模板拆除

（1）拆除前应先检查基槽（坑）土壁的安全状况，发现有松软、龟裂等不安全因素时，应在采取安全防范措施后，方可进行作业。

（2）模板和支撑杆件等应随拆随运，不得在离槽（坑）上口边缘 1 m 以内堆放。

（3）拆除模板时，施工人员必须站在安全地方。应先拆内外木楞、再拆木面板；钢模板应先拆钩头螺栓和内外钢楞，后拆U形卡和L形插销，拆下的钢模板应妥善传递或用绳钩放置地面，不得抛掷。拆下的小型零配件应装入工具袋内或小型箱笼内，不得随处乱扔。

2. 拆除柱模应遵守的规定

（1）柱模拆除应分别采用分散拆和分片拆两种方法。

其分散拆除的顺序应为：拆除拉杆或斜撑、自上而下拆除柱箍或横楞、拆除竖楞，自上而下拆除配件及模板、运走分类堆放、清理、拔钉、钢模维修、刷防锈油或脱模剂、入库备用。

分片拆除的顺序应为：拆除全部支撑系统、自上而下拆除柱箍及横楞、拆掉柱角U形卡、分二片或四片拆除模板、原地清理、刷防锈油或脱模剂、分片运至新支模地点备用。

（2）柱子拆下的模板及配件不得向地面抛掷。

3. 拆除墙模应遵守的规定

（1）墙模分散拆除顺序应为：拆除斜撑或斜拉杆、自上而下拆除外楞及对拉螺栓、分层自上而下拆除木楞或钢楞及零配件和模板、运走分类堆放、拔钉清理或清理检修后刷防锈油或脱模剂、入库备用。

（2）预组拼大块墙模拆除顺序应为：拆除全部支撑系统、拆卸大块墙模接缝处的连接型钢及零配件、拧去固定埋设件的螺栓及大部分对拉螺栓、挂上吊装绳扣并略拉紧吊绳后，拧下剩余对拉螺栓，用方木均匀敲击大块墙模立楞及钢模板，使其脱离墙体，用撬棍轻轻外撬大块墙模板使全部脱离，指挥起吊、运走、清理、刷防锈油或脱模剂备用。

（3）拆除每一大块墙模的最后两个对拉螺栓后，作业人员应撤离大模板下侧，以后的操作均应在上部进行。个别大块模板拆除后产生局部变形者应及时整修好。

（4）大块模板起吊时，速度要慢，应保持垂直，严禁模板碰撞墙体。

4. 拆除梁、板模板应遵守的规定

（1）梁、板模板应先拆梁侧模，再拆板底模，最后拆除梁底模，并应分段分片进行，严禁成片撬落或成片拉拆。

（2）拆除时，作业人员应站在安全的地方进行操作，严禁站在已拆或松动的模板上进行拆除作业。

（3）拆除模板时，严禁用铁棍或铁锤乱砸，已拆下的模板应妥善传递或用绳钩放至地面。

（4）严禁作业人员站在悬臂结构边缘敲拆下面的底模。

（5）待分片、分段的模板全部拆除后，方允许将模板、支架、零配件等按指定地点运出堆放，并进行拔钉、清理、整修、刷防锈油或脱模剂，入库备用。

五、大模板安装与拆除

1. 大模板安装

（1）大模板的存放应满足自稳角的要求，并采取面对面存放。长期存放模板应将模板连成整体。没有支架或自稳角不足的大模板，要存放在专用的插放架上或平卧堆放，不得放在其他物体上，防止滑移倾倒。在楼层内存放大模板时，必须采取可靠的防倾倒措施。遇有大风天气，应将大模板与建筑物固定。吊装大模板必须采用卡环吊钩。当风力超过 5 级时应停止吊装作业。

（2）大模板组装时，指挥和操作人员必须站在安全可靠的地方，防止意外伤人。大模板必须有操作平台、上人梯道、防护栏杆等附属设施，如有损坏应及时修补。大模板起吊前，应将吊装机械位置调整适当，稳起稳落，就位准确，严禁大幅摆动。

（3）安装外墙外侧模板时，必须确保三角挂架、平台或爬模提升架安装牢固。外侧模板安装后，应立即穿好销杆、紧固螺栓。安装外侧模板、提升架及三角挂架时，墙体混凝土强度必须达到 $7.5\ N/mm^2$ 以上方可安装，操作人员必须挂好安全带。

（4）大模板安装就位后，应及时穿好穿墙螺栓、花篮螺栓，将全部模板连接成整体，防止倾倒；同时应采取防止触电保护措施，将大模板串联起来，并同避雷网接通，防止漏电伤人。

2. 大模板拆除

（1）大模板拆除时，指挥和操作人员必须站在安全可靠的地方，防止意外伤人。提升架及外模板拆除时，必须检查全部附墙连接件是否拆除，操作人员必须系好安全带。

（2）模板拆除起吊前，应检查所有穿墙螺栓是否全部拆除。在确无遗漏，模板与墙体完全脱落后，方准起吊。拆除外墙模板时，应先挂好吊钩，绷紧吊索，门、窗洞口模板拆除后，再行起吊。待起吊高度越过障碍物后，方准行车转臂。

（3）大模板拆除后，要加以临时固定，面对面放置，中间留出 60 cm 宽的人行道，以便清理和涂刷脱模剂。

六、飞模安装与拆除

1. 飞模安装

（1）飞模起吊时，应在吊离地面 0.5 m 后停下，待飞模完全平衡后再起吊。吊装应使用安全卡环，不得使用吊钩。飞模就位后，应立即在外侧设置防护栏，其高度不得小于 1.2 m，外侧应另加设安全网，同时应设置楼层护栏，并应准确、牢固地搭设好出模操作平台。

（2）当飞模转运采用地滚轮推出时，前滚轮应高出后滚轮 10 ~ 20 mm，并应将飞模重心标画于旁侧，严禁外侧吊点在未挂钩前将飞模向外倾斜。

（3）飞模外推时，必须用多根安全绳一端牢固栓于飞模两侧，另一端围绕于飞模两侧建筑物的可靠部位上，并应设专人掌握；缓慢推出飞模，并松放安全绳，飞模外端吊点的钢丝绳亦应逐渐收紧，待内外端吊钩挂牢后再转运起吊。

（4）在飞模上操作的挂钩作业人员应穿防滑鞋，且应系好安全带，并应挂于上层的预埋铁环上。当飞模在不同楼层转运时，上下层的信号人员应分工明确、统一指挥、统一信号，并应采用步话机联络。飞模每运转一次后应检查各部件的损坏情况，同时应对所有的连接螺栓重新进行紧固。吊运时，飞模上不得站人和存放自由物料，操作电动平衡吊具的作业人员应站在楼面上，并不得斜拉歪吊。

2. 飞模拆除

（1）飞模的拆除顺序、行走路线和运到下一个支模地点的位置，均应按照台模设计的有关规定进行。飞模拆除必须有专人统一指挥，飞模尾部应绑安全绳，安全绳的另一端应套在坚固的建筑结构上，且在推运时应徐徐放松。飞模推出后，楼层外边缘应立即绑好护身栏。

（2）梁、板混凝土强度等级不得小于设计强度的 75%时，方准脱模。拆除时应先用千斤顶顶住下部水平连接管，再拆去木楔或砖墩（或拔出钢套管连接螺栓，提起钢套管）。推入可任意转向的四轮台车，松千斤顶使飞模落于台车上，随后推运至主楼板外侧搭设的平台上，用塔吊吊至上层重复使用。若不需重复使用时，应按普通模板的方法拆除。

七、爬升模板安装与拆除

1. 爬模安装

（1）爬升模板安装时，应统一指挥，设置警戒区与通信设施，并检查工程结构上预埋螺栓孔的直径和位置应符合图纸要求。爬升模板的安装顺序应为底座、立柱、爬升设备、大模板、模板外侧吊脚手。

（2）爬模的外附脚手架或悬挂脚手架应满铺脚手板，脚手架外侧应设防护栏杆和安全网。

爬架底部亦应满铺脚手板和设置安全网。脚手架上不应堆放材料，脚手架上的垃圾应及时清除，如需临时堆放少量材料或机具，必须及时取走，且不得超过设计荷载的规定。

（3）每步脚手架间应设置爬梯，作业人员应由爬梯上下，进入爬架应在爬架内上下，严禁攀爬模板、脚手架和爬架外侧。

（4）施工过程中爬升大模板及支架：爬升前，应检查爬升设备的位置、牢固程度、吊钩及连接杆件等，液压设备应由专人操作，确认无误后，拆除相邻大模板及脚手架间的连接杆件，使各个爬升模板单元彻底分开。爬升时，应先收紧千斤钢丝绳，吊住大模板或支架，然后拆卸穿墙螺栓，并检查再无任何连接，卡环和安全钩无问题，调整好大模板或支架的重心，保持垂直，开始爬升。同时作业人员应站在固定件上，不得站在爬升件上爬升，爬升过程中应防止晃动与扭转。大模板爬升时，新浇混凝土的强度不应低于 1.2 N/mm^2。支架爬升时的附墙架穿墙螺栓受力处的新浇混凝土强度应达到 10 N/mm^2 以上。每个单元的爬升不宜中途交接班，不得隔夜再继续爬升。每单元爬升完毕应及时固定。

2. 爬模拆除

（1）拆除时应设专人指挥，严禁交叉作业。遇五级以上大风应停止拆除作业。

（2）拆除时应先清除脚手架上的垃圾杂物，并应设置警戒区由专人监护。拆除顺序应为：悬挂脚手架和模板、爬升设备、爬升支架。已拆除的物件应及时清理、整修和保养，并运至指定地点备用。

八、滑膜及其他特殊模板拆除

（1）滑模装置拆除应遵守《液压滑动模板施工安全技术规程》（JGJ 65—1989）有关规定。滑模拆除前必须组织专业队、组，编制详细的施工方案，明确拆除的内容、方法、程序、使用的机械设备、安全措施及指挥人员的职责；拆除的工作人员必须经过技术培训，合格上岗。当遇到雷、雨、雾、雪或风力达到五级及以上的天气时，不得进行滑模装置的拆除作业。

（2）对于拱、薄壳、圆穹屋顶和跨度大于 8 m 的梁式结构，应按设计规定的程序和方式从中心沿环圈对称向外或从跨中对称向两边均匀放松模板支架立柱。

（3）拆除圆形屋顶、筒仓下漏斗模板时，应从结构中心处的支架立柱开始，按同心圆层次对称地拆向结构的周边。

（4）拆除带有拉杆拱的模板时，应在拆除前先将拉杆拉紧。

项目 3.5　模板工程安全管理的相关规定

（1）从事模板作业的人员，应经常组织安全技术培训。从事高处作业人员，应定期体检，不符合要求的不得从事高处作业。操作人员应配戴安全帽、系安全带、穿防滑鞋。安全帽和安全带应定期检查，不合格者严禁使用。严禁人员攀登模板、斜撑杆、拉条或绳索等，也不得在高处的墙顶、独立梁或在其模板上行走。

（2）多人共同操作或扛抬组合钢模板时，必须密切配合、协调一致、互相呼应。

（3）满堂模板、建筑层高 8 m 及以上和梁跨大于或等于 15 m 的模板，在安装、拆除作业前，工程技术人员应以书面形式向作业班组进行施工操作的安全技术交底，作业班组应对照书面交底进行上、下班的自检和互检。

（4）模板工程应编制施工设计和安全技术措施，并应严格按施工设计与安全技术措施规定施工。模板及配件进场应有出厂合格证或当年的检验报告，安装前应对所用部件（立柱、楞梁、吊环、扣件等）进行认真检查，不符合要求者不得使用。

（5）模板施工中应设专人负责安全检查，发现问题应报告有关人员处理。当遇险情时，应立即停工和采取应急措施；待修复或排除险情后，方可继续施工。

（6）施工过程中应经常对下列项目进行检查：

① 立柱底部基土回填夯实的状况。

② 垫木应满足设计要求。

③ 底座位置应正确，顶托螺杆伸出长度应符合规定。

④ 立杆的规格尺寸和垂直度应符合要求，不得出现偏心荷载。

⑤ 扫地杆、水平拉杆、剪刀撑等的设置应符合规定，固定应可靠。

⑥ 安全网和各种安全设施应符合要求。

（7）安装高度在 2 m 及其以上时，应遵守国家现行标准《建筑施工高处作业安全技术规范》（JGJ 80）的有关规定。在高处安装和拆除模板时，周围应设安全网或搭脚手架，并应加设防护栏杆。在临街面及交通要道地区，尚应设警示牌，派专人看管。

（8）作业时，模板和配件不得随意堆放，模板应放平放稳，严防滑落。脚手架或操作平台上临时堆放的模板不宜超过 3 层，连接件应放在箱盒或工具袋中，不得散放在脚手板上。脚手架或操作平台上的施工总荷载不得超过其设计值。

（9）模板安装时，上下应有人接应，随装随运，严禁抛掷。不得将模板支搭在门窗框上，也不得将脚手板支搭在模板上，并严禁将模板与上料井架及有车辆运行的脚手架或操作平台支成一体。

（10）对负荷面积大和高 4 m 以上的支架立柱采用扣件式钢管、门式和碗扣式钢管脚手架时，除应有合格证外，对所用扣件应用扭矩扳手进行抽检，达到合格后方可承力使用。

（11）施工用的临时照明和行灯的电压不得超过 36 V；若为满堂模板、钢支架及特别潮湿的环境时，不得超过 12 V。照明行灯及机电设备的移动线路应采用绝缘橡胶套电缆线。

（12）施工用的临时照明和动力线应用绝缘线和绝缘电缆线，且不得直接固定在钢模板上。夜间施工时，应有足够的照明，并应制订夜间施工的安全措施。施工用临时照明和机电设备线严禁非电工乱拉乱接。同时还应经常检查线路的完好情况，严防绝缘破损漏电伤人。

（13）寒冷地区冬期施工用钢模板时，不宜采用电热法加热混凝土，否则应采取防触电措施。

（14）当钢模板高度超过 15 m 时，应安设避雷设施，避雷设施的接地电阻不得大于 4 Ω。

（15）支模过程中如遇中途停歇，应将已就位模板或支架连接稳固，不得浮搁或悬空。拆模中途停歇时，应将已松扣或已拆松的模板、支架等拆下运走，防止构件坠落或作业人员扶空坠落伤人。

（16）在大风地区或大风季节施工时，模板应有抗风的临时加固措施。若遇恶劣天气，如大雨、大雾、沙尘、大雪及六级以上大风时，应停止露天高处作业，五级及以上风力时，应停止高空吊运作业。雨雪停止后，应及时清除模板和地面上的冰雪及积水。

（17）使用后的钢模、钢构件应遵守下列规定：

① 使用后的钢模、桁架、钢楞和立柱应将黏结物清理洁净，清理时严禁采用铁锤敲击的方法。

② 清理后的钢模、桁架、钢楞、立柱，应逐块、逐榀、逐根进行检查，发现翘曲、变形、扭曲、开焊等必须修理完善。

③ 清理整修好的钢模、桁架、钢楞、立柱应刷防锈漆，对立即待用钢模板的表面应刷脱模剂，而暂不用的钢模表面可涂防锈油一度。

④ 钢模板及配件，使用后必须进行严格清理检查，已损坏断裂的应剔除，不能修复的应报废。螺栓的螺纹部分应整修上油。然后应分别按规格分类装于箱笼内备用。

⑤ 钢模板及配件等修复后，应进行检查验收。凡检查不合格者应重新整修。待合格后方准应用，其修复后的质量标准应符合表 3.3 的规定。

表 3.3　钢模板及配件修复后的质量标准

<table>
<tr><th colspan="2">项　目</th><th>允许偏差/mm</th><th colspan="2">项　目</th><th>允许偏差/mm</th></tr>
<tr><td rowspan="5">钢结构</td><td>板面局部不平度</td><td>≤2.0</td><td rowspan="2">钢模板</td><td>板面锈皮麻面，背面粘混凝土</td><td>不允许</td></tr>
<tr><td>板面翘曲矢高</td><td>≤2.0</td><td>孔洞破裂</td><td>不允许</td></tr>
<tr><td>板侧凸棱面翘曲矢高</td><td>≤1.0</td><td rowspan="2">零配件</td><td>U 形卡卡口残余变形</td><td>≤1.2</td></tr>
<tr><td>板肋平直度</td><td>≤2.0</td><td>钢楞及支柱长度方向弯曲度</td><td>≤L/1 000</td></tr>
<tr><td>焊点脱焊</td><td>不允许</td><td>桁架</td><td>侧向平直度</td><td>≤2.0</td></tr>
</table>

⑥ 钢模板由拆模现场运至仓库或维修场地时，装车不宜超出车栏杆，少量高出部分必须拴牢，零配件应分类装箱，不得散装运输。

⑦ 经过维修、刷油、整理合格的钢模板及配件，如需运往其他施工现场或入库，必须分类装入集装箱内，杆应成捆、配件应成箱，清点数量，入库或接收单位验收。

⑧ 装车时，应轻搬轻放，不得相互碰撞。卸车时，严禁成捆从车上推下和拆散抛。

⑨ 钢模板及配件应放入室内或敞棚内，若无条件需露天堆放时，则应装入集装箱内，底部垫高 100 mm，顶面应遮盖防水篷布或塑料布，但集装箱堆放高度不宜超过 2 层。

项目 4　脚手架工程施工安全

案例导入

据有关方面统计，作业脚手架或模板支撑架坍塌事故占总坍塌事故的 30%左右，造成人员的伤亡和财产的损失惨重。综合以下事故案例，足以说明脚手架对施工安全的重要性，为有效地防止事故的发生，本部分将对模板支撑脚手架和作业脚手架发生的事故进行剖析。

一、模板支撑脚手架坍塌事故

（一）事故经过

案例一：

2005 年 9 月，某市中心一建筑工程项目，在进行高大厅堂屋顶预应力混凝土空心板现场混凝土浇筑施工时，发生模板支撑体系坍塌事故，造成 8 人死亡，21 人受伤的较大伤亡事故。死亡的 8 个人都是被坍塌下来的混凝土所埋没。图 4.1 为现场抢险清理之后的场面，当时坍塌下来的场景要比这惨烈的多。

图 4.1　事故现场一

坍塌楼面高程 21.8 m，楼板厚 550 mm，顶板浇筑的混凝土总量 423.36 m^3。采用扣件式钢管脚手架和碗扣式钢管脚手架作为顶板混凝土浇筑的模板支架。事发时，处于混凝土浇筑过程中，已浇筑的混凝土总量约为 198.6 m^3。

案例二：

2005 年 8 月，某工程在进行演播大厅屋顶混凝土浇筑施工时（演播厅长 27 m，宽 22.5 m，高 14.5 m），采用的扣件式钢管脚手架模板支撑体系发生坍塌，事故发生时已浇筑混凝土约 310 m^3，总重量约 750 t，因支撑体系安全稳定性不符合规范要求，导致整体坍塌。图 4.2 为现场照片。

图 4.2　事故现场二

案例三：

2007 年 6 月，在建的珠江黄埔大桥工程，对扣件式钢管脚手架支撑体系正在进行荷载试验，调用沙袋试压，突然“哗”的一声，20 多米高的脚手架平台失稳，正在施工的 4 名工人随着 2 万多个沙袋坠落，并被沙袋掩埋，现场在 30 min 内先后将 4 名工人救出，其中两名经抢救无效死亡。图 4.3 为现场照片。

图 4.3　事故现场三

案例四：

2010 年 1 月 21 日中午，沪杭高铁嘉兴大桥段工地发生脚手架倒塌事故。高铁在施工过程中，两个桥墩中间的桥面的钢筋水泥是一段一段浇筑上去的。而在浇筑前，施工单位为了测试钢铁脚手架的承受能力，以防施工过程中桥梁突然坍塌，往往会往脚手架上放置与桥梁同等重量的水泥墩，每块水泥墩重 5 t，专业上叫“试压块”。周某等 3 人 21 日中午就在脚手架上协助吊车放置试压块。当时脚手架上已有几十块“试压块”，重量也有好几百吨，突然，脚手架从中间坍塌，3 人当场被埋。图 4.4 为现场照片。

图 4.4　事故现场四

（二）事故原因分析

1. 脚手架专项方案存在问题

（1）模板支架计算未按照《建筑施工扣件式钢管脚手架安全技术规范》第 5.6 条规定进行模板支架计算，并未按照现场实际钢管壁厚取值。

（2）施工方案中未规定模板支架立杆伸出顶层横向水平杆中心线至模板支撑点的长度（即 a 值）。

模板支架立杆自由端的长度（a 值）与立杆承载力的关系：

试验得出，在其他条件相同的情况下，不同 a 值对应立杆承载力如表 4.1 所示。

表 4.1 不同 a 值对应的立杆承载力

a 值/m	1.8	1.5	1.2	0.8	0.6	0.3
立杆承载力/kN	7.02	9.02	12.0	18.7	24.4	38.2

由此证明模板支架立杆伸出顶层横向水平杆中心线至模板支撑点的长度（a 值）的减小将大大提高立杆的承载力，因此建议模板支撑体系 a 值应小于 0.8 m 为宜，同时根据钢管的壁厚对立杆的承载力予以折减。

2. 脚手架未设置或未按规定设置剪刀撑

（1）设置剪刀撑可将脚手架由不稳定体系变为稳定体系。脚手架必须设置剪刀撑，剪刀撑将平行四边形几何可变体系，变为三角形不变体系，不设剪刀撑的架体为不稳定体系。

（2）设置剪刀撑可大幅提升临界荷载。设置纵向剪刀撑比不设置纵向剪刀撑其临界荷载可提高 12.94%，纵向剪刀撑还可以增强脚手架的空间刚度，起到提高脚手架稳定性的作用；设置横向支撑可大幅提升临界荷载，其提升幅度可达 15%。

（3）相关规范规定。《建筑施工扣件式钢管脚手架安全技术规范》6.8.2 的第一款规定："满堂模板支架四边与中间每隔 4 排支架立杆应设置一道纵向剪刀撑，由底至顶连续设置"。6.8.2 的第二款规定："高于 4 m 的模板支架，其两端与中间每隔 4 排立杆从顶层开始向下每隔 2 步设置一道水平剪刀撑"。

二、作业脚手架坍塌事故

（一）事故经过

案例一：

2005 年 8 月，某体育馆工程，搭设的长 35 m、宽 5.3 m、高 20 m 的屋顶网架施工用扣件式钢管脚手架作业平台，利用汽车吊将约为 70 根总重量约为 13 t 的次桁架弦杆及腹杆，由地面吊运至脚手架上存放，准备安装焊接，此时架体发生整体坍塌，3 名作业人员同时坠落，两人当场死亡，1 人重伤，图 4.5 为现场照片。

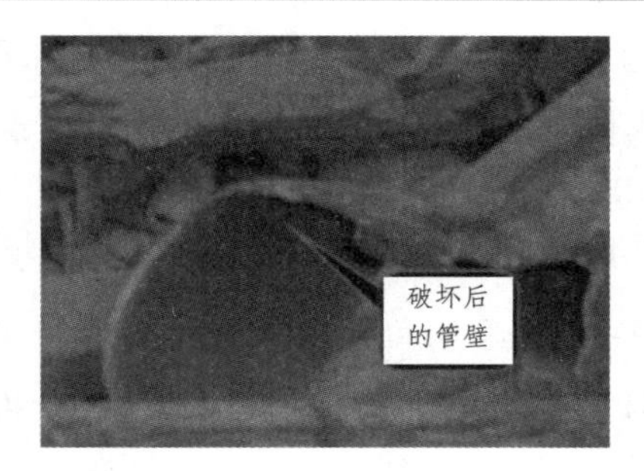

图 4.5　事故现场五

案例二：

2005 年，某重点工程在进行廊桥施工中，使用的双排扣件式钢管脚手架被大风刮倒，幸无人员伤亡，图 4.6 为现场照片。

案例三：

2005 年，某重点工程装修施工采用满堂红脚手架。在搭设过程中突遇大风，将已搭设的脚手架挂到，架体严重变形，图 4.7 为现场照片。

图 4.6　事故现场六

图 4.7　事故现场七

（二）事故原因

1．脚手架钢管质量存在缺陷

钢管的壁厚及截面直接决定立杆的抗压强度，如表 4.2，扣件式钢管脚手架钢管规格应为$\phi48\times3.5$ mm，而现场测量到的钢管壁厚最薄的为 2.1 mm，不符合规定。我国专业脚手架厂很少，许多钢管、扣件生产厂的设备简陋，生产工艺落后，技术水平低，产品质量很难保证。随着扣件式钢管脚手架应用量越来越大，生产厂也越来越多，产品质量也越来越差，许多厂家为了抢占市场，低价竞争，将标准规定的 3.5 mm 钢管壁厚，减薄至 3.0～2.75 mm，扣件的重量也越做越小。目前钢管生产厂基本上都生产壁厚为 3.2 mm 以下的钢管，如果再经多年施工应用，钢管锈蚀使壁厚减薄，这些钢管都将是脚手架安全的隐患。

表 4.2　钢管壁厚及截面与立杆抗压强度的关系

规格/mm	$\phi48\times3.0$	$\phi48\times2.8$	$\phi48\times2.5$	$\phi48\times2.2$
截面面积/ cm^2	4.24	3.98	3.57	3.17
强度降低率	13%	18%	27%	35%

2. 立杆、横杆间距过大且超载使用导致立杆失稳

当其他条件相同时，脚手架的临界荷载随立杆横距加大而降低，如图 4.8 所示，由 1.2 m 增加到 1.5 m 时临界荷载将下降 11.35%（实验值）。

当其他条件相同时，仅步距由 1.2 m 增加到 1.8 m 时临界荷载将下降 26.1%（实验值）。

3. 缺少拉结点和剪刀撑，扣件螺栓紧固力不够

案例二在脚手架使用过程中缺乏安全检查，脚手架与建筑物拉接点严重不足，未按规定要求设置（规定一般建筑物的水平间距≤6 m，垂直间距≤4 m；高层建筑的水平间距≤3 跨，垂直间距≤2 跨）。由实验得知，当其他条件相同，仅拉结点的竖向间距由 3.6 m 扩大为 7.2 m 时，临界荷载会大幅下降，其下降值为 33.88%。

扣件螺栓紧固力矩要求为 40～65 N·m，实际检测绝大部分的扣件螺栓紧固力矩低于 40 N·m，有的更低，甚至于我们用手都可把其拧动。螺栓紧固力检测如图 4.9 所示。

图 4.8 脚手架杆件间距过大

图 4.9 螺栓紧固力检测

4. 脚手架方案设计未考虑风荷载

脚手架除了要考虑竖向荷载之外，对水平荷载也要进行核算，特别是风荷载是水平荷载的主要因素，按规定，采用密目网封闭或彩条布垂直封闭的脚手架，其方案设计须考虑风荷载，但案例二采用彩条布垂直封闭的脚手架，其方案设计却没有考虑风荷载。

综上所述，影响脚手架稳定性的主要因素有以下几个方面：

（1）脚手架基础。

（2）杆件间距及连接方式（立杆必须采用对接，不能用搭接）。

（3）连墙件（拉结点）。

（4）荷载控制。

（5）立杆的垂直偏差（立杆不管多高，其垂直偏差不能超过 10 cm）。

安全生产是社会和谐的基础。我们要吸取血的教训、防范伤亡事故，做到“三不伤害”即：不伤害自己；不伤害他人；不被他人伤害。

项目 4.1 脚手架工程基本术语

脚手架工程基本术语：

（1）脚手架：为建筑施工而搭设的上料、堆料与施工作业用的临时结构架。
（2）单排脚手架（单排架）：只有一排立杆，横向水平杆的一端搁置在墙体上的脚手架。
（3）双排脚手架（双排架）：由内外两排立杆和水平杆等构成的脚手架。
（4）结构脚手架：用于砌筑和结构工程施工作业的脚手架。
（5）装修脚手架：用于装修工程施工作业的脚手架。
（6）敞开式脚手架：仅设有作业层栏杆和挡脚板，无其他遮挡设施的脚手架。
（7）局部封闭脚手架：遮挡面积小于 30%的脚手架。
（8）半封闭脚手架：遮挡面积占 30% ~ 70%的脚手架。
（9）全封闭脚手架：沿脚手架外侧全长和全高封闭的脚手架。
（10）模板支架：用于支撑模板的、采用脚手架材料搭设的架子。
（11）开口型脚手架：沿建筑周边非交圈设置的脚手架。
（12）封圈型脚手架：沿建筑周边交圈设置的脚手架。
（13）扣件：采用螺栓紧固的扣接连接件。
（14）直角扣件：用于垂直交叉杆件间连接的扣件。
（15）旋转扣件：用于平行或斜交杆件间连接的扣件。
（16）对接扣件：用于杆件对接连接的扣件。
（17）防滑扣件：根据抗滑要求增设的非连接用途扣件。
（18）底座：设于立杆底部的垫座。
（19）固定底座：不能调节支垫高度的底座。
（20）可调底座：能够调节支垫高度的底座。
（21）垫板：设于底座下的支承板。
（22）立杆：脚手架中垂直于水平面的竖向杆件。
（23）外立杆：双排脚手架中离开墙体一侧的立杆，或单排架立杆。
（24）内立杆：双排脚手架中贴近墙体一侧的立杆。
（25）角杆：位于脚手架转角处的立杆。
（26）双管立杆：两根并列紧靠的立杆。
（27）主立杆：双管立杆中直接承受顶部荷载的立杆。
（28）副立杆：双管立杆中分担主立杆荷载的立杆。
（29）水平杆：脚手架中的水平杆件。
（30）纵向水平杆：沿脚手架纵向设置的水平杆。
（31）横向水平杆：沿脚手架横向设置的水平杆。
（32）扫地杆：贴近地面，连接立杆根部的水平杆。
（33）纵向扫地杆：沿脚手架纵向设置的扫地杆。
（34）横向扫地杆：沿脚手架横向设置的扫地杆。
（35）连墙件：连接脚手架与建筑物的构件。
（36）刚性连墙件：采用钢管、扣件或预埋件组成的连墙件。
（37）柔性连墙件：采用钢筋作拉筋构成的连墙件。
（38）连墙件间距：脚手架相邻连墙件之间的距离。
（39）连墙件竖距：上下相邻连墙件之间的垂直距离。

（40）连墙件横距：左右相邻连墙件之间的垂直距离。

（41）横向斜撑：与双排脚手架内、外立杆或水平杆斜交呈之字形的斜杆。

（42）剪刀撑：在脚手架外侧面成对设置的交叉斜杆。

（43）抛撑：与脚手架外侧面斜交的杆件。

（44）脚手架高度：自立杆底座下皮至架顶栏杆上皮之间的垂直距离。

（45）脚手架长度：脚手架纵向两端立杆外皮间的水平距离。

（46）脚手架宽度：双排脚手架横向两侧立杆外皮之间的水平距离，单排脚手架为外立杆外皮至墙面的距离。

（47）立杆步距（步）：上下水平杆轴线间的距离。

（48）立杆间距：脚手架相邻立杆之间的轴线距离。

（49）立杆纵距（跨）：脚手架立杆的纵向间距。

（50）立杆横距：脚手架立杆的横向间距，单排脚手架为外立杆轴线至墙面的距离。

（51）主节点：立杆、纵向水平杆、横向水平杆三杆紧靠的扣接点。

（52）作业层：上人作业的脚手架铺板层。

项目 4.2　脚手架对其构配件的要求

脚手架的杆件、构件、连接件、其他配件和脚手板必须符合以下质量要求，不合格者禁止使用：

一、对脚手架杆件的要求

（1）脚手架钢管应采用现行国家标准《直缝电焊钢管》（GB/T 12793）或《低压流体输送用焊接钢管》（GB/T 3092）中规定的 3 号普通钢管，其质量应符合现行国家标准《碳素结构钢》（GB/T 700）中 Q235-A 级钢的规定。

（2）脚手架钢管的尺寸应按表 4.3 采用。每根钢管的最大质量不应大于 25 kg，宜采用ϕ48 × 3.5 钢管。

表 4.3　脚手架钢管尺寸/mm

截面尺寸		最大长度	
外径ϕ，d	壁厚 t	横向水平杆	其他杆
48 51	3.5 3.0	2 200	6 500

（3）钢管的尺寸和表面质量应符合下列规定：

① 钢管的端部切口应平整。禁止使用有明显变形、裂纹和严重锈蚀的钢管。使用普通

焊管时，应内外涂刷防锈层并定期复涂以保持其完好。

② 新、旧钢管的尺寸、表面质量和外形应分别符合构配件检查与验收要求；

③ 钢管上严禁打孔。

二、对脚手架连接件要求

（1）脚手架连接件应使用与钢管管径相配合的、符合我国现行标准的可锻铸铁扣件，其材质应符合现行国家标准《钢管脚手架扣件》（GB 15831）的规定；

（2）使用铸钢和合金钢扣件时，其性能应符合相应可锻铸铁扣件的规定指标要求。严禁使用加工不合格、锈蚀和有裂纹的扣件。

（3）脚手架采用的扣件，在螺栓拧紧扭力矩达 65 N · m 时，不得发生破坏。

三、对脚手板的要求

（1）脚手板可采用钢、木、竹材料制作，每块质量不宜大于 30 kg。

（2）各种定型冲压钢脚手板、焊接钢脚手板、钢框镶板脚手板以及自行加工的各种形式金属脚手板，自重均不宜超过 0.3 kN，性能应符合设计使用要求，且表面应具有防滑、防积水构造。

（3）木脚手板应采用杉木或松木制作，其材质应符合现行国家标准《木结构设计规范》（GBJ 5）中Ⅱ级材质的规定。脚手板厚度不应小于 50 mm，两端应各设直径为 4 mm 的镀锌钢丝箍两道。

（4）竹脚手板宜采用由毛竹或楠竹制作的竹串片板、竹笆板。使用大块铺面板材（如胶合板、竹笆板等）时，应进行设计和验算，确保满足承载和防滑要求。

四、对连墙件的要求

连墙件的材质应符合现行国家标准《碳素结构钢》（GB/T 700）中 Q235-A 级钢的规定。

项目 4.3　脚手架的构造要求

一、常用脚手架设计尺寸

在基本风压等于或小于 0.35 kN/m^2 的地区，对于仅有栏杆和挡脚板的敞开式脚手架，当每个连墙点覆盖的面积不大于 30 m^2，构造符合规范对连墙件的规定时，常用敞开式单、双排脚手架结构的设计尺寸，宜按表 4.4、4.5 采用。

表 4.4 常用敞开式双排脚手架的设计尺寸

连墙件设置	立杆横距 l_b/m	步距 h/m	下列荷载时的立杆纵距 l_a/m				脚手架允许搭设高度[H]/m
			2+4×0.35 /（kN/m²）	2+2+4×0.35 /（kN/m²）	3+4×0.35 /（kN/m²）	3+2+4×0.35 /（kN/m²）	
二步三跨	1.05	1.20～1.35	2.0	1.8	1.5	1.5	50
		1.80	2.0	1.8	1.5	1.5	50
	1.30	1.20～1.35	1.8	1.5	1.5	1.5	50
		1.80	1.8	1.5	1.5	1.2	50
	1.55	1.20～1.35	1.8	1.5	1.5	1.5	50
		1.80	1.8	1.5	1.5	1.2	37
三步三跨	1.05	1.20～1.35	2.0	1.8	1.5	1.5	50
		1.80	2.0	1.5	1.5	1.5	34
	1.30	1.20～1.35	1.8	1.5	1.5	1.5	50
		1.80	1.8	1.5	1.5	1.2	30

注：1. 表中所示 2+2+4×0.35（kN/m²），包括下列荷载：

2+2（kN/m²）是二层装修作业层施工荷载；

4×0.35（kN/m²）包括二层作业层脚手板，另两层脚手板是根据本规范第 7.3.12 条的规定确定。

2. 作业层横向水平杆间距，应按不大于 $l_a/2$ 设置。

表 4.5 常用敞开式单排脚手架的设计尺寸

连墙件设置	立杆横距 l_b/m	步距 h/m	下列荷载时的立杆纵距 l_a/m		脚手架允许搭设高度[H]/m
			2+2×0.35（kN/m²）	3+2×0.35（kN/m²）	
二步三跨 三步三跨	1.20	1.20～1.35	2.0	1.8	24
		1.80	2.0	1.8	24
	1.40	1.20～1.35	1.8	1.5	24
		1.80	1.8	1.5	24

注：同表 4.4。

二、对纵向水平杆、横向水平杆、脚手板的构造要求

1. 纵向水平杆的构造应符合下列规定

（1）纵向水平杆宜设置在立杆内侧，其长度不宜小于 3 跨。

（2）纵向水平杆接长宜采用对接扣件连接，也可采用搭接。对、接、搭接应符合下列规定：

① 纵向不平杆的对接扣件应交错布置：两根相邻纵向水平杆的接头不宜设置在同步或同跨内；不同步或不同跨两个相邻接头在水平方向错开的距离不应小于 500 mm；各接头中心至最近主节点的距离不宜大于纵距的 1/3，如图 4.10 所示。

② 搭接长度不应小于 1 m，应等间距设置 3 个旋转扣件固定，端部扣件盖板边缘至搭接纵向水平杆杆端的距离不应小于 100 mm。

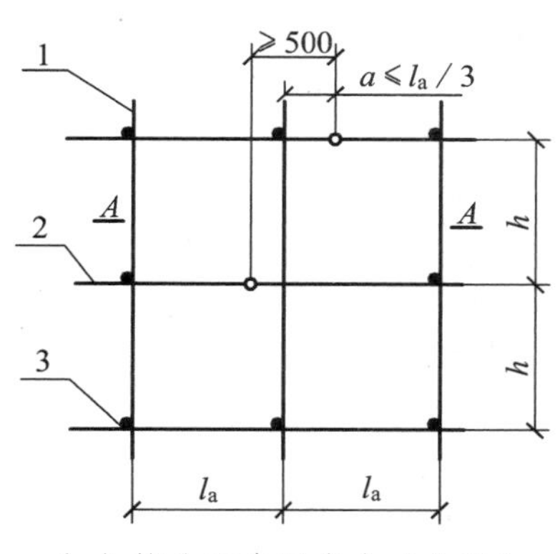

（a）接头不在同步内（立面）

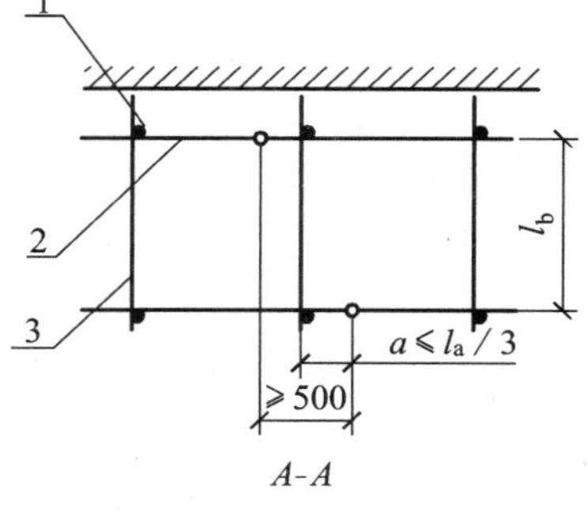

（b）接头不在同跨内（平面）

图 4.10　纵向水平杆对接接头布置

1—立杆；2—纵向水平杆；3—横向水平杆

③ 当使用冲压钢脚手板、木脚手板、竹串片脚手板时，纵向水平杆应作为横向水平杆的支座，用直角扣件固定在立杆上；当使用竹笆脚手板时，纵向水平杆应采用直角扣件固定在横向水平杆上，并应等间距设置，间距不应大于 400 mm，如图 4.11 所示。

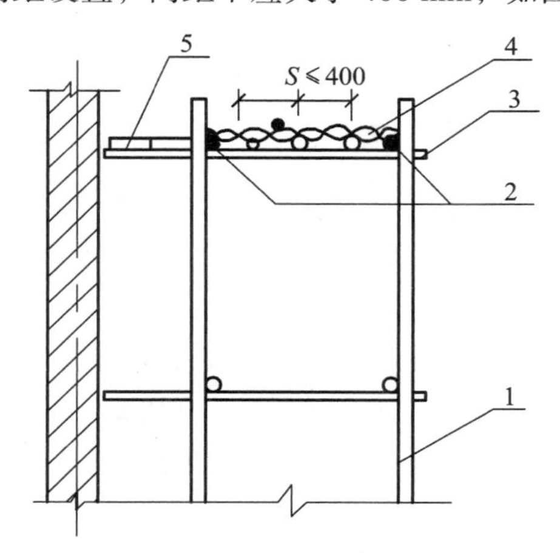

图 4.11　铺竹笆脚手板时纵向水平杆的构造

1—立杆；2—纵向水平杆；3—横向水平杆；4—竹笆脚手板；5—其他脚手板

2. 横向水平杆的构造应符合下列规定

（1）主节点处必须设置一根横向水平杆，用直角扣件扣接且严禁拆除。主节点处两个直角扣件的中心距不应大于 150 mm。在双排脚手架中，靠墙一端的外伸长度 a 不应大于 0.41，且不应大于 500 mm。

（2）作业层上非主节点处的横向不平杆，宜根据支承脚手板的需要等间距设置，最大间距不应大于纵距的 1/2。

（3）当使用冲压钢脚手板、木脚手板、竹串片脚手板时，双排脚手架的横向水平杆两端均应采用直角扣件固定在纵向水平杆上；单排脚手架的横向水平杆的一端，应用直角扣件固定在纵向水平杆上，另一端应插入墙内，插入长度不应小于 180 mm。

（4）使用竹笆脚手板时，双排脚手架的横向水平杆两端。应用直角扣件固定在立杆上；单排脚手架的横向水平杆的一端，应用直角扣件固定在立杆上，另一端应插入墙内，插入长度亦不应小于 180 mm。

3. 脚手板的设置应符合下列规定

（1）作业层脚手板应铺满、铺稳，离开墙面 120～150 mm。

（2）冲压钢脚手板、木脚手板、竹串片脚手板等，应设置在 3 根横向水平杆上。当脚手板长度小于 2 m 时，可采用两根横向水平杆支承，但应将脚手板两端与其可靠固定，严防倾翻。此三种脚手板的铺设可采用对接平铺，亦可采用搭接铺设。脚手板对接平铺时，接头处必须设两根横向水平杆，脚手板外伸长应取 130～150 mm，两块脚手板外伸长度的和不应大于 300 mm，如图 4.12（a）所示；脚手板搭接铺设时，接头必须支在横向水平杆上，搭接长度应大于 200 mm，其伸出横向水平杆的长度不应小于 100 mm，如图 4.12（b）所示。

（3）竹笆脚手板应按其主竹筋垂直于纵向水平杆方向铺设，且采用对接平铺，四个角应用直径 1.2 mm 的镀锌钢丝固定在纵向水平杆上。

（4）作业层端部脚手板探头长度应取 150 mm，其板长两端均应与支承杆可靠地固定。

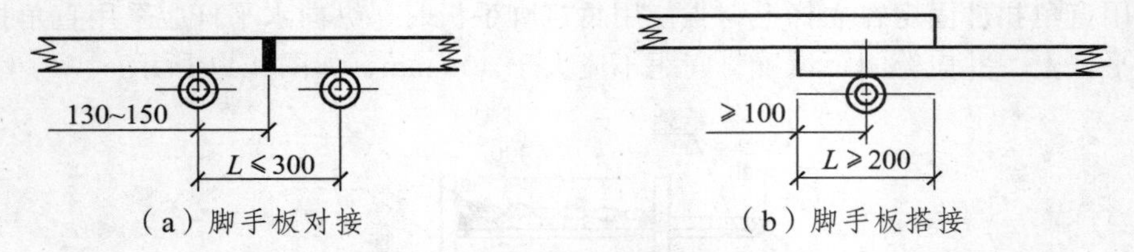

（a）脚手板对接　　（b）脚手板搭接

图 4.12　脚手板对接、搭接构造

4. 立杆的设置应符合下列规定

（1）每根立杆底部应设置底座或垫板。

（2）脚手架必须设置纵、横向扫地杆。纵向扫地杆应采用直角扣件固定在距底座上不大于 200 mm 处的立杆上。横向扫地杆亦应采用直角扣件固定在紧靠纵向扫地杆下方的立杆上。当立杆基础不在同一高度上时，必须将高处的纵向扫地杆向低处延长两跨与立杆固定，高低差不应大于 1 m。靠边坡上方的立杆轴线到边坡的距离不应小于 500 mm，如图 4.13 所示。

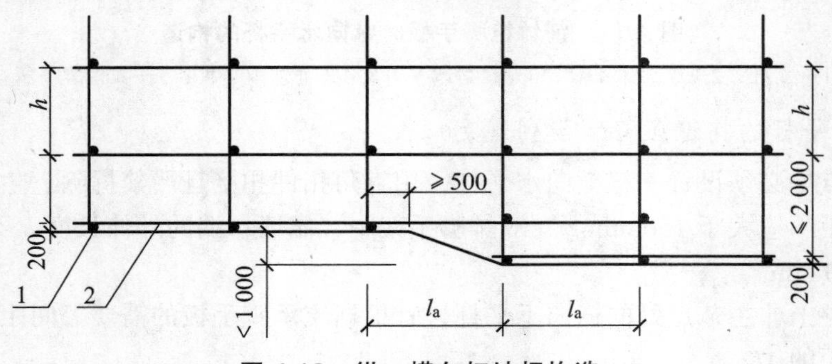

图 4.13　纵、横向扫地杆构造

1—横向扫地杆；2—纵向扫地杆

（3）脚手架底层步距不应大于 2 m，见图 4.13。

（4）立杆必须用连墙件与建筑物可靠连接，连墙件布置间距宜按表 4.6 采用。

（5）立杆接长除顶层顶步可采用搭接外，其余各层各步接头必须采用对接扣件连接。对接、搭接应符合下列规定：

① 立杆上的对接扣件应交错布置：两根相邻立杆的接头不应设置在同步内，同步内隔一根立杆的两个相隔接头在高度方向错开的距离不宜小于 500 mm；各接头中心至主节点的距离不宜大于步距的 1/3。

② 搭接长度不应小于 1 m，应采用不少于 2 个旋转和扣件固定，端部扣件盖板的边缘至杆端距离不应小于 100 mm。

（6）立杆顶端宜高出女儿墙上皮 1 m，高出檐口上皮 1.5 m。

（7）双管立杆中副立杆的高度不应低于 3 步，钢管长度不应小于 6 m。

5. 连墙件的设置应符合下列规定

（1）连墙件数量的设置除应满足规范要求外，尚应符合表 4.6 的规定。

表 4.6　连墙件布置最大间距

脚手架高度/m		竖向间距（h）	水平间距（l_a）	每根连墙件覆盖面积/m^2
双　排	≤50	3 h	3 l_a	≤40
	>50	2 h	3 l_a	≤27
单　排	≤24	3 h	3 l_a	≤40

注：h—步距；l_a—纵距。

（2）连墙件的布置应符合下列规定：

① 宜靠近主节点设置，偏离主节点的距离不应大于 300 mm。

② 应从底层第一步纵向水平杆处开始设置，当该处设置有困难时，应采用其他可靠措施固定。

③ 宜优先采用菱形布置，也可采用方形、矩形布置。

④ 一字形、开口型脚手架的两端必须设置连墙件，连墙件的垂直间距不应大于建筑物的层高，并不应大于 4 m（2 步）。

（3）对高度在 24 m 以下的单、双排脚手架，宜采用刚性连墙件与建筑物可靠连接，亦可采用拉筋和顶撑配合使用的附墙连接方式。严禁使用仅有拉筋的柔性连墙件。

（4）对高度 24 m 以上的双排脚手架，必须采用刚性连墙件与建筑物可靠连接。

（5）连墙件的构造应符合下列规定：

① 连墙件中的连墙杆或拉筋宜呈水平设置，当不能水平设置时，与脚手架连接的一端应下斜连接，不应采用上斜连接。

② 连墙件必须采用可承受拉力和压力的构造。采用拉筋必须配用顶撑，顶撑应可靠地顶在混凝土圈梁、柱等结构部位。拉筋应采用两根以上直径 4 mm 的钢丝拧成一股，使用的不应少于 2 股；亦可采用直径不小于 6 mm 的钢筋。

（6）当脚手架下部暂不能设连墙件时可搭设抛撑。抛撑应采用通长杆件与脚手架可靠连接，与地面的倾角应在 45°～60°；连接点中心至主节点的距离不应大于 300 mm。抛撑应在连墙件搭设后方可拆除。

（7）架高超过 40 m 且有风涡流作用时，应采取抗上升翻流作用的连墙措施。

6. 门洞的设置应符合下列规定

（1）单、双排脚手架门洞宜采用上升斜杆、平行弦杆桁架结构形式，如图 4.14 所示，斜杆与地面的倾角α应在 45° ~ 60°。门洞桁架的形式宜按下列要求确定：

① 当步距（h）小于纵距（l_a）时，应采用 A 型。

② 当步距（h）大于纵距（l_a）时，应采用 B 型，并应符合下列规定：

h = 1.8 m 时，纵距不应大于 1.5 mm；h = 2.0 m 时，纵距不应大于 1.2 mm。

（2）单、双排脚手架门洞桁架的构造应符合下列规定：

① 单排脚手架门洞处，应在平面桁架每一节间设置一根斜腹杆，见图 4.14；双排脚手架门洞处的空间桁架，除下弦平面外，应在其余 5 个平面内的图示节间设置一根斜腹杆，见图 4.14 中 1—1、2—2、3—3 剖面。

② 斜腹杆宜采用旋转扣件固定在与之相交的横向水平杆的伸出墙上，旋转扣件中心线至主节点的距离不宜大于 150 mm。当斜腹杆在 1 跨内跨越 2 个步距时，宜在相交的纵向水平杆处，增设一根横向水平杆，将斜腹杆固定在其伸出端上，见图 4.4 中 A 型。

③ 斜腹杆宜采用通长杆件，当必须接长使用时，宜采用对接扣件连接，也可采用搭接，搭接构造应符合规范的规定。

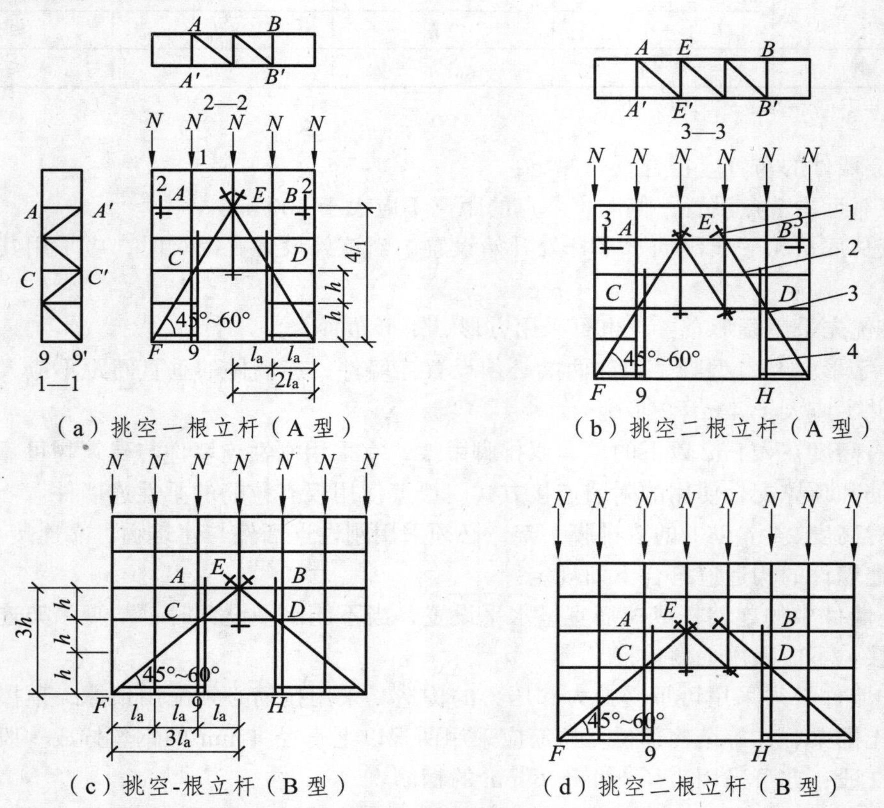

（a）挑空一根立杆（A 型）　（b）挑空二根立杆（A 型）

（c）挑空-根立杆（B 型）　（d）挑空二根立杆（B 型）

图 4.14　门洞处上升斜杆、平行弦杆桁架

1—防滑扣件；2—增设的横向水平杆；3—副立杆；4—主立杆

（3）单排脚手架过窗洞时应增设立杆或增设一根纵向水平杆，如图 4.15 所示。

（4）门洞桁架下的两侧立杆应为双管立杆，副立杆高度应高于门洞口 1 ~ 2 步。

（5）门洞桁架中伸出上下弦杆的杆件端头，均应增设一个防滑扣件，见图 4.14，该扣件宜紧靠主节点处的扣件。

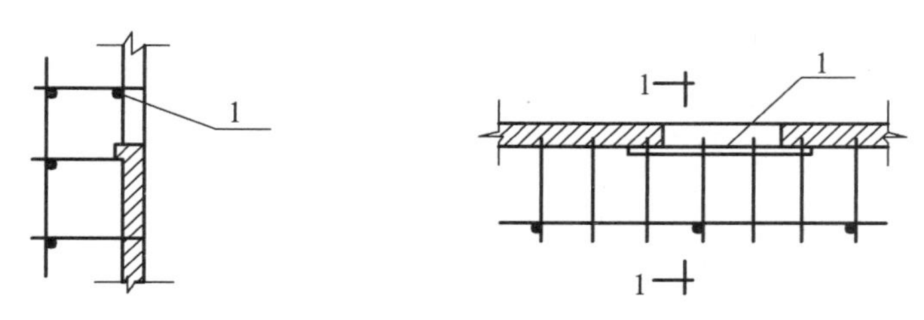

图 4.15　单排脚手架过窗洞构造

1—增设的纵向水平杆

7. 剪刀撑与横向斜撑的设置应符合下列规定

（1）双排脚手架应设剪刀撑与横向斜撑，单排脚手架应设剪刀撑。

（2）剪刀撑的设置应符合下列规定：

① 每道剪刀撑跨越立杆的根数宜按表 4.7 的规定确定。每道剪刀撑宽度不应小于 4 跨，且不应小于 6 m，斜杆与地面的倾角宜在 45° ~ 60°。

表 4.7　剪刀撑跨越立杆的最多根数

剪刀撑斜杆与地面的倾角 α	45°	50°	60°
剪刀撑跨越立杆的最多根数 n	7	6	5

② 高度在 24 m 以下的单、双排脚手架，均必须在外侧立面的两端各设置一道剪刀撑，并应由底至顶连续设置；中间各道剪刀撑之间的净距不应大于 15 m，如图 4.16 所示。

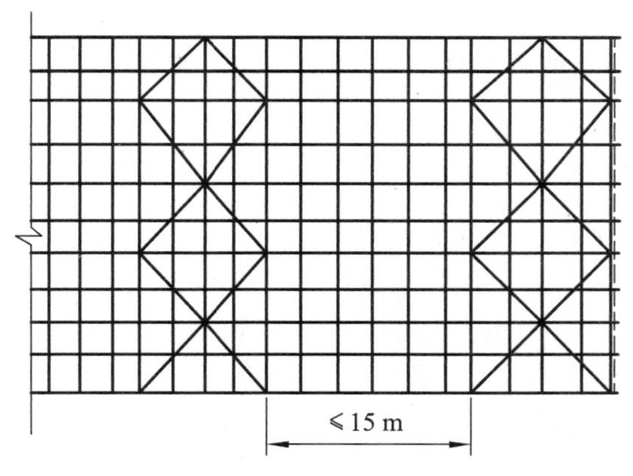

图 4.16　剪刀撑布置

③ 高度在 24 m 以上的双排脚手架应在外侧立面整个长度和高度上连续设置剪刀撑。

④ 剪刀撑斜杆的接长宜采用搭接，搭接应符合规范要求。

⑤ 剪刀撑斜杆应用旋转扣件固定在与之相交的横向水平杆的伸出端或立杆上，旋转扣件中心线至主节点的距离不宜大于 150 mm。

（3）横向斜撑的设置应符合下列规定：

① 横向斜撑应在同一节间，由底至顶层呈之字形连续布置，斜撑的固定应符合规范要求。

② 一字形、开口型双排脚手架的两端均必须设置横向斜撑，中间宜每隔 6 跨设置一道。

③ 高度在 24 m 以下的封闭型双排脚手架可不设横向斜撑，高度在 24 m 以上的封闭型脚手架，除拐角应设置横向斜撑外，中间应每隔 6 跨设置一道。

8. 斜道的设置应符合下列规定

（1）人行并兼作材料运输的斜道的形式宜按下列要求确定：

① 高度不大于 6 m 的脚手架，宜采用一字形斜道。

② 高度大于 6 m 的脚手架，宜采用之字形斜道。

（2）斜道的构造应符合下列规定：

① 斜道宜附着外脚手架或建筑物设置。

② 运料斜道宽度不宜小于 1.5 m，坡度宜采用 1∶6，人行斜道宽度不宜小于 1 m，坡度宜采用 1∶3。

③ 拐弯处应设置平台，其宽度不应小于斜道宽度。

④ 斜道两侧及平台外围均应设置栏杆及挡脚板。栏杆高度应为 1.2m，挡脚板高度不应小于 180 mm。

⑤ 运料斜道两侧、平台外围和端部均应按规范的规定设置连墙件；每两步应加设水平斜杆；应按规范的规定设置剪刀撑和横向斜撑。

（3）斜道脚手板构造应符合下列规定：

① 脚手板横铺时，应在横向水平杆下增设纵向支托杆，纵向支托杆间距不应大于 500 mm。

② 脚手板顺铺时，接头宜采用搭接；下面的板头应压住上面的板头，板头的凸棱外宜采用三角木填顺。

③ 人行斜道和运料斜道的脚手板上应每隔 250 ~ 300 mm 设置一根防滑木条，木条厚度宜为 20 ~ 30 mm。

9. 模板支架的设置应符合下列规定

（1）模板支架立杆的构造应符合下列规定：

① 模板支架立杆的构造应符合规范规定。

② 支架立杆应竖直设置，2 m 高度的垂直允许偏差为 15 mm。

③ 设支架立杆根部的可调底座，当其伸出长度超过 300 mm 时，应采用取可靠措施固定；

④ 当梁模板支架立杆采用单根立杆时，立杆应设在梁模板中心线外，其偏心距不应大于 25 mm。

（2）满堂模板支架的支撑设置应符合下列规定：

① 满堂模板支架四边与中间每隔四排支架立杆应设置一道纵向剪刀撑，由底至顶连续设置。

② 高于 4 m 的模板支架，其两端与中间每隔 4 排立杆从顶层开始向下每隔 2 步设置一

道水平剪刀撑。

③ 剪刀撑的构造应符合相关规定。

项目 4.4　脚手架构架和设置要求的一般规定

脚手架的构架设计应充分考虑工程的使用要求、各种实施条件和因素，并符合以下各项规定：

1. 构架尺寸规定

（1）双排结构脚手架和装修脚手架的立杆纵距和平杆步距应≤2.0 m。

（2）作业层距地（楼）面高度≥2.0 m 的脚手架，作业层铺板的宽度不应小于：外脚手架为 750 mm，里脚手架为 500 mm。铺板边缘与墙面的间隙应≤300 mm、与挡脚板的间隙应≤100 mm。当边侧脚手板不贴靠立杆时，应予可靠固定。

2. 连墙点设置规定

当架高≥6 m 时，必须设置均匀分布的连墙点，其设置应符合以下规定：

（1）门式钢管脚手架：当架高≤20 m 时，不小于 50 m^2 一个连墙点，且连墙点的竖向间距应≤6 m；当架高＞20 m 时，不小于 30 m^2 一个连墙点，且连墙点的竖向间距应≤4 m。

（2）其他落地（或底支托）式脚手架：当架高≤20 m 时，不小于 40 m^2 一个连墙点，且连墙点的竖向间距应≤6 m；当架高＞20 m 时，不小于 30 m^2 一个连墙点，且连墙点的竖向间距应≤4 m。

（3）脚手架上部未设置连墙点的自由高度不得大于 6 m。

（4）当设计位置及其附近不能装设连墙件时，应采取其他可行的刚性拉结措施予以弥补。

3. 整体性拉结杆件设置规定

脚手架应根据确保整体稳定和抵抗侧力作用的要求，按以下规定设置剪刀撑或其他有相应作用的整体性拉结杆件：

（1）周边交圈设置的单、双排木、竹脚手架和扣件式钢管脚手架，当架高为 6～25 m 时，应于外侧面的两端和其间按≤15 m 的中心距并自下而上连续设置剪刀撑；当架高＞25 m 时，应于外侧面满设剪刀撑。

（2）周边交圈设置的碗扣式钢管脚手架，当架高为 9～25 m 时，应按不小于其外侧面框格总数的 1/5 设置斜杆；当架高＞25 m 时，按不小于外侧面框格总数的 1/3 设置斜杆。

（3）门式钢管脚手架的两个侧面均应满设交叉支撑。当架高≤45 m 时，水平框架允许间隔一层设置；当架高＞45 m 时，每层均满设水平框架。此外，架高≥20 m 时，还应每隔 6 层加设一道双面水平加强杆，并与相应的连墙件层同高。

（4）“一”字形单双排脚手架按上述相应要求增加 50%的设置量。

（5）满堂脚手架应按构架稳定要求设置适量的竖向和水平整体拉结杆件。

（6）剪刀撑的斜杆与水平面的交角宜在45°~60°，水平投影宽度应不小于2跨或4 m和不大于4跨或8 m。斜杆应与脚手架基本构架杆件加以可靠连接，且斜杆相邻连接点之间杆段的长细比不得大于60。

（7）在脚手架立杆底端之上100~300 mm处一律遍设纵向和横向扫地杆，并与立杆连接牢固。

4. 杆件连接构造规定

脚手架的杆件连接构造应符合以下规定：

（1）多立杆式脚手架左右相邻立杆和上下相邻平杆的接头应相互错开并置于不同的构架框格内。

（2）搭接杆件接头长度：扣件式钢管脚手架应≥10.8 m；搭接部分的结扎应不少于2道，且结扎点间距应≤0.6 m。

（3）杆件在结扎处的端头伸出长度应不小于0.1 m。

5. 安全防（围）护规定

脚手架必须按以下规定设置安全防护措施，以确保架上作业和作业影响区域内的安全：

（1）作业层距地（楼）面高度≥2.5 m时，在其外侧边缘必须设置挡护高度≥1.1 m的栏杆和挡脚板，且栏杆间的净空高度应≤0.5 m。

（2）临街脚手架，架高≥25 m的外脚手架以及在脚手架高空落物影响范围内同时进行其他施工作业或有行人通过的脚手架，应视需要采用外立面全封闭、半封闭以及搭设通道防护棚等适合的防护措施。封闭围护材料应采用密目安全网、塑料编织布、竹笆或其他板材。

（3）架高9~25 m的外脚手架，除执行（1）规定外，可视需要加设安全立网维护。

（4）挑脚手架、吊篮和悬挂脚手架的外侧面应按防护需要采用立网围护或执行（2）的规定。

（5）遇有下列情况时，应按以下要求加设安全网：

架高≥9 m，未作外侧面封闭、半封闭或立网封护的脚手架，应按以下规定设置首层安全（平）网和层间（平）网：

① 首层网应距地面4 m设置，悬出宽度应≥3.0 m。

② 层间网自首层网每隔3层设一道，悬出高度应≥3.0 m。

外墙施工作业采用栏杆或立网围护的吊篮，架设高度≤6.0 m 的挑脚手架、挂脚手架和附墙升降脚手架时，应于其下4~6 m起设置两道相隔的3.0 m的随层安全网，其距外墙面的支架宽度应≥3.0 m。

（6）上下脚手架的梯道、坡道、栈桥、斜梯、爬梯等均应设置扶手、栏杆或其他安全防（围）护措施并清除通道中的障碍，确保人员上下的安全。

采用定型的脚手架产品时，其安全防护配件的配备和设置应符合以上要求；当无相应安全防护配件时，应按上述要求增配和设置。

6. 搭设高度限制和卸载规定

脚手架的搭设高度一般不应超过表4.8的限值。当需要搭设超过表4.8规定高度的脚手架时，可采取下述方式及其相应的规定解决：

（1）在架高 20 m 以下采用双立杆和在架高 30 m 以上采用部分卸载措施。

（2）架高 50 m 以上采用分段全部卸载措施。

（3）采用挑、挂、吊形式或附着升降脚手架。

表 4.8　脚手架搭设高度的限值

序次	类别	形式	高度限值/m	备注
1	木脚手架	单排	30	架高≥30 m 时，立杆纵距≤1.5 m
		双排	60	
2	竹脚手架	单排	25	
		双排	50	
3	扣件式钢管脚手架	单排	20	
		双排	50	
4	碗扣式钢管脚手架	单排	20	架高≥30 m 时，立杆纵距≤1.5 m
		双排	60	
5	门式钢管脚手架	轻载	60	施工总荷载≤3 kN/m^2
		普通	45	施工总荷载≤5 kN/m^2

7. 脚手架的计算规定

建筑施工脚手架，凡有以下情况之一者，必须进行计算或进行 1∶1 实架段的荷载试验，验算或检验合格后，方可进行搭设和使用：

（1）架高≥20 m，且相应脚手架安全技术规范没有给出不必计算的构架尺寸规定。

（2）实际使用的施工荷载值和作业层数大于以下规定。

① 结构脚手架施工荷载的标准值取 3 kN/m^2，允许不超过 2 层同时作业。

② 装修脚手架施工荷载的标准值取 2 kN/m^2，允许不超过 3 层同时作业。

（3）全部或局部脚手架的形式、尺寸、荷载或受力状态有显著变化。

（4）作支撑和承重用途的脚手架。

（5）吊篮、悬吊脚手架、挑脚手架和挂脚手架。

（6）特种脚手架。

（7）尚未制定规范的新型脚手架。

（8）其他无可靠安全依据搭设的脚手架。

8. 单排脚手架的设置规定

（1）单排脚手架不得用于以下砌体工程中：

① 墙厚小于 180 mm 的砌体。

② 土坯墙、空斗砖墙、轻质墙体、有轻质保温层的复合墙和靠脚手架一侧的实体厚度小于 180 mm 的空心墙。

③ 砌筑砂浆强度等级小于 M1.0 的墙体。

（2）在墙体的以下部位不得留脚手眼：

① 梁和梁垫下及其左右各 240 mm 范围内。

② 宽度小于 480 mm 的砖柱和窗间墙。

③ 墙体转角处每边各 360 mm 范围内。

④ 施工图上规定不允许留洞眼的部位。

（3）在墙体的以下部位不得留尺寸大于 60 mm × 60 mm 的脚手眼：

① 砖过梁以上与梁端成 60°角的三角形范围内。

② 宽度小于 620 mm 的窗间墙。

③ 墙体转角处每边各 620 mm 范围内。

9. 使用其他杆配件进行加强的规定

一般情况下，禁止不同材料和连接方式的脚手架杆配件混用。当所用脚手架杆件的构架能力不能满足施工需要和确保安全、而必须采用其他脚手架杆配件或其他杆件予以加强时，应遵守下列规定：

（1）混用的加强杆件，当其规格和连接方式不同时，均不得取代原脚手架基本构架结构的杆配件。

（2）混用的加强杆件，必须以可靠的连接方式与原脚手架的杆件连接。

（3）大面积采取混用加强立杆时，混用立杆应与原架立杆均匀错开，自基地向上连续搭设，先使用同种类平杆和斜杆形成整体构架并与原脚手架杆件可靠连接，确保起到分担荷载和加强原架整体稳定性的作用。

（4）混用低合金钢和碳钢钢管杆件时，应经过严格的设计和计算，且不得在搭设中设错（见后述）。

项目 4.5 脚手架搭设、使用和拆除的一般规定

1. 脚手架的搭设规定

（1）搭设场地应平整、夯实并设置排水措施。

（2）立于土地面之上的立杆底部应加设宽度≥200 m，厚度≥50 mm 的垫木、垫板或其他刚性垫块，每根立杆的支垫面积应符合设计要求且不得小于 0.15 m²，如图 4.17 所示。

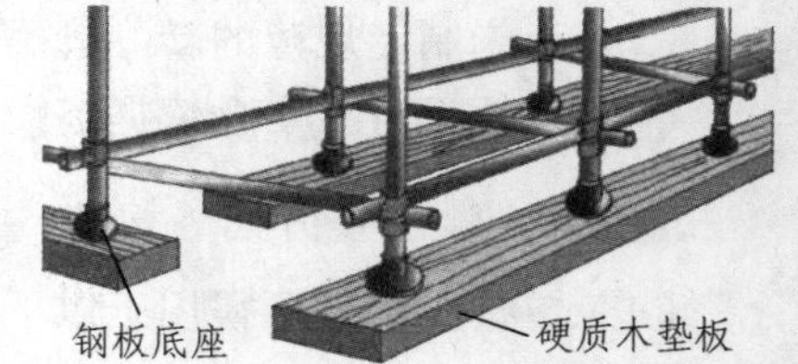

图 4.17 脚手架立杆底部垫板

（3）底端埋入土中的木立杆，其埋置深度不得小于 500 mm，且应在坑底加垫后填土夯实。使用期较长时，埋入部分应作防腐处理。

（4）在搭设之前，必须对进场的脚手架杆配件进行严格的检查，禁止使用规格和质量不合格的杆配件。

（5）脚手架的搭设作业，必须在统一指挥下，严格按照以下规定程序进行：

① 按施工设计放线、铺垫板、设置底座或标定立杆位置。

② 周边脚手架应从一个角部开始并向两边延伸交圈搭设；“一”字形脚手架应从一端开

始并向另一端延伸搭设。

③ 应按定位依次竖起立杆，将立杆与纵、横向扫地杆连接固定，然后装设第 1 步的纵向和横向平杆，随校正立杆垂直之后予以固定，并按此要求继续向上搭设。

④ 在设置第一排连墙件前，“一”字形脚手架应设置必要数量的抛撑；以确保构架稳定和架上作业人员的安全。边长≥20 m 的周边脚手架，亦应适量设置抛撑。

⑤ 剪刀撑、斜杆等整体拉结杆件和连墙件应随搭升的架子一起及时设置。

（6）脚手架处于顶层连墙点之上的自由高度不得大于 6 m。当作业层高出其下连墙件 2 步或 4 m 以上、且其上尚无连墙件时，应采取适当的临时撑拉措施。

（7）脚手板或其他作业层铺板的铺设应符合以下规定：

① 脚手板或其他铺板应铺平铺稳，必要时应予绑扎固定。

② 脚手板采用对接平铺时，在对接处，与其下两侧支承横杆的距离应控制在 100 ~ 200 mm；采用挂扣式定型脚手板时，其两端挂扣必须可靠地接触支承横杆并与其扣紧。

③ 脚手板采用搭设铺放时，其搭接长度不得小于 200 mm，且应在搭接段的中部设有支承横杆。铺板严禁出现端头超出支承横杆 250 mm 以上未作固定的探头板。

④ 长脚手板采用纵向铺设时，其下支承横杆的间距不得大于：竹串片脚手板为 0.75 m；木脚手板为 1.0 m；冲压钢脚手板和钢框组合脚手板为 1.5 m（挂扣式定型脚手板除外）。纵铺脚手板应按以下规定部位与其下支承横杆绑扎固定：脚手架的两端和拐角处；沿板长方向每隔 15 ~ 20 m；坡道的两端；其他可能发生滑动和翘起的部位。

⑤ 采用以下板材铺设架面时，其下支承杆件的间距不得大于：竹笆板为 400 mm，七夹板为 500 mm。

（8）当脚手架下部采用双立杆时，主立杆应沿其竖轴线搭设到顶，辅立杆与主立杆之间的中心距不得大于 200 mm，且主辅立杆必须与相交的全部平杆进行可靠连接。

（9）用于支托挑、吊、挂脚手架的悬挑梁、架必须与支承结构可靠连接。其悬臂端应有适当的架设起拱量，同一层各挑梁、架上表面之间的水平误差应不大于 20 mm，且应视需要在其间设置整体拉结构件，以保持整体稳定。

（10）装设连墙件或其他撑拉杆件时，应注意掌握撑拉的松紧程度，避免引起杆件和架体的显著变形。

（11）工人在架上进行搭设作业时，作业面上宜铺设必要数量的脚手板并予临时固定。工人必须戴安全帽和佩挂安全带。不得单人进行装设较重杆配件和其他易发生失衡、脱手、碰撞、滑跌等不安全的作业。

（12）在搭设中不得随意改变构架设计、减少杆配件设置和对立杆纵距作≥100 mm 的构架尺寸放大。确有实际情况，需要对构架作调整和改变时，应提交或请示技术主管人员解决。

2. 脚手架搭设质量的检查验收规定

（1）脚手架的验收标准规定

① 构架结构符合前述的规定和设计要求，个别部位的尺寸变化应在允许的调整范围之内。

② 节点的连接可靠。其中扣件的拧紧程度应控制在扭力矩达到 40 ~ 60 N·m；碗扣应盖扣牢固（将上碗扣拧紧）；8 号钢丝十字交叉扎点应拧 1.5 ~ 2 圈后箍紧，不得有明显扭伤，

且钢丝在扎点外露的长度应≥80 mm。

③ 钢脚手架立杆的垂直度偏差应≤1/300，且应同时控制其最大垂直偏差值：当架高≤20 m时为不大于50 mm；当架高＞20m时为不大于75 mm。

④ 纵向钢平杆的水平偏差应≤1/250，且全架长的水平偏差值应不大于 50 mm。木、竹脚手架的搭接平杆按全长的上皮走向线（即各杆上皮线的折中位置）检查，其水平偏差应控制在2倍钢平杆的允许范围内。

⑤ 作业层铺板、安全防护措施等均应符合前述要求。

（2）脚手架的验收和日常检查按以下规定进行，检查合格后，方允许投入使用或继续使用：

① 搭设完毕后。

② 连续使用达到6个月。

③ 施工中途停止使用超过15天，在重新使用之前。

④ 在遭受暴风、大雨、大雪、地震等强力因素作用之后。

⑤ 在使用过程中，发现有显著的变形、沉降、拆除杆件和拉结以及安全隐患存在的情况时。

3. 脚手架的使用规定

（1）作业层每1 m^2架面上实际的施工荷载（人员、材料和机具重量）不得超过以下的规定值或施工设计值。

施工荷载（作业层上人员、器具、材料的重量）的标准值，结构脚手架采取3 N/m^2；装修脚手架取2 kN/m^2；吊篮、桥式脚手架等工具式脚手架按实际值取用，但不得低于1 kN/m^2。

（2）在架板上堆放的标准砖不得多于单排立码3层；砂浆和容器总重不得大于1.5 kN；施工设备单重不得大于1 kN，使用人力在架上搬运和安装的构件的自重不得大于2.5 kN。

（3）在架面上设置的材料应码放整齐稳固，不得影响施工操作和人员通行。按通行手推车要求搭设的脚手架应确保车道畅通。严禁上架人员在架面上奔跑、退行或倒退拉车。

（4）作业人员在架上的最大作业高度应以可进行正常操作为度，禁止在架板上加垫器物或单块脚手板以增加操作高度。

（5）在作业中，禁止随意拆除脚手架的基本构架杆件、整体性杆件、连接紧固件和连墙件。确因操作要求需要临时拆除时，必须经主管人员同意，采取相应弥补措施，并在作业完毕后，及时予以恢复。

（6）工人在架上作业中，应注意自我安全保护和他人的安全，避免发生碰撞、闪失和落物。严禁在架上嬉闹和坐在栏杆上等不安全处休息。

（7）人员上下脚手架必须走设安全防护的出入通（梯）道，严禁攀援脚手架上下。

（8）每班工人上架作业时，应先行检查有无影响安全作业的问题存在，在排除和解决后方许开始作业。在作业中发现有不安全的情况和迹象时，应立即停止作业进行检查，解决以后才能恢复正常作业；发现有异常和危险情况时，应立即通知所有架上人员撤离。

（9）在每步架的作业完成之后，必须将架上剩余材料物品移至上（下）步架或室内；每日收工前应清理架面，将架面上的材料物品堆放整齐，垃圾清运出去；在作业期间，应及时清理落入安全网内的材料和物品。在任何情况下，严禁自架上向下抛掷材料物品和倾倒垃圾。

4. 脚手架的拆除规定

脚手架的拆除作业应按确定的拆除程序进行。连墙件应在位于其上的全部可拆杆件都拆除之后才能拆除。在拆除过程中，凡已松开连接的杆配件应及时拆除运走，避免误扶和误靠已松脱连接的杆件。拆下的杆配件应以安全的方式运出和吊下，严禁向下抛掷。在拆除过程中，应作好配合、协调动作，禁止单人进行拆除较重杆件等危险性的作业。

5. 模板支撑架和特种脚手架的规定

（1）模板支撑架。

使用脚手架杆配件搭设模板支撑架和其他重载架时，应遵守以下规定：

① 使用门式钢管脚手架构配件搭设模板支撑架和其他重载架时，数值≥5 kN 集中荷载的作用点应避开门架横梁中部 1/3 架宽范围，或采用加设斜撑、双榀门架重叠交错布置等可靠措施。

② 使用扣件式和碗扣式钢管脚手架杆配件搭设模板支撑架和其他重载架时，作用于跨中的集中荷载应不大于以下规定值：相应于 0.9 m、1.2 m、1.5 m 和 1.8 m 跨度的允许值分别为 4.5 kN、3.5 kN、2.5 kN 和 2 kN。

③ 支撑架的构架必须按确保整体稳定的要求设置整体性拉结杆件和其他撑拉、连墙措施。并根据不同的构架、荷载情况和控制变形的要求，给横杆件以适当的起拱量。

④ 支撑架高度的调节宜采用可调底座或可调顶托解决。当采用搭接立杆时，其旋转扣件应按总抗滑承载力不小于 2 倍设计荷载设置，且不得少于 2 道。

⑤ 配合垂直运输设施设置的多层转运平台架应按实际使用荷载设计，严格控制立杆间距，并单独构架和设置连墙、撑拉措施，禁止与脚手架的杆件共用。

⑥ 当模板支撑架和其他重载架设置上人作业面时，应按前述规定设置安全防护。

（2）特种脚手架。

凡不能按一般要求搭设的高耸、大悬挑、曲线形和提升等特种脚手架，应遵守下列规定：

① 特种脚手架只有在满足以下各项规定要求时，才能按所需高度和形式进行搭设：

a. 按确保承载可靠和使用安全的要求经过严格的设计计算，在设计时必须考虑风荷载的作用；

b. 有确保达到构架要求质量的可靠措施；

c. 脚手架的基础或支撑结构物必须具有足够的承受能力；

d. 有严格确保安全使用的实施措施和规定。

② 在特种脚手架中用于挂扣、张紧、固定、升降的机具和专用加工件，必须完好无损和无故障，且应有适量的备用品，在使用前和使用中应加强检查，以确保其工作安全可靠。

6. 脚手架对基础的要求

良好的脚手架底座和基础、地基，对于脚手架的安全极为重要，在搭设脚手架时，必须加设底座、垫木（板）或基础并作好对地基的处理。

（1）一般要求：

① 脚手架地基应平整夯实。

② 脚手架的钢立柱不能直接立于土地面上，应加设底座和垫板（或垫木），垫板（木）厚度不小于 50 mm。

③ 遇有坑槽时，立杆应下到槽底或在槽上加设底梁（一般可用枕木或型钢梁）。

④ 脚手架地基应有可靠的排水措施，防止积水浸泡地基。

⑤ 脚手架旁有开挖的沟槽时，应控制外立杆距沟槽边的距离：当架高在 30 m 以内时，不小于 1.5 m；架高为 30 ~ 50 m 时，不小于 2.0 m；架高在 50 m 以上时，不小于 2.5 m。当不能满足上述距离时，应核算土坡承受脚手架的能力，不足时可加设挡土墙或其他可靠支护，避免槽壁坍塌危及脚手架安全。

⑥ 位于通道处的脚手架底部垫木（板）应低于其两侧地面，并在其上加设盖板；避免扰动。

（2）一般作法：

① 30 m 以下的脚手架、其内立杆大多处在基坑回填土之上。回填土必须严格分层夯实。垫木宜采用长 2.0 ~ 2.5 m、宽不小于 200 mm、厚 50 ~ 60 mm 的木板，垂直于墙面放置（用长 4.0 m 左右平行于墙放置亦可），在脚手架外侧挖一浅排水沟排除雨水，如图 4.18 所示。

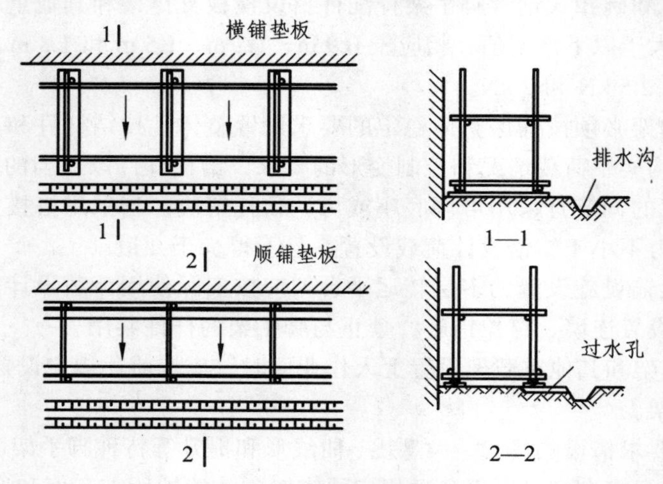

图 4.18 普通脚手架基底作法

② 架高超过 30 m 的高层脚手架的基础作法为：

a. 采用道木支垫；

b. 在地基上加铺 20 cm 厚道砟后铺混凝土预制块或硅酸盐砌块，在其上沿纵向铺放 12 ~ 16 号槽钢，将脚手架立杆坐于槽钢上。

若脚手架地基为回填土，应按规定分层夯实，达到密实度要求；并自地面以下 1m 深改作三七灰土。

高层脚手架基底作法如图 4.19 所示。

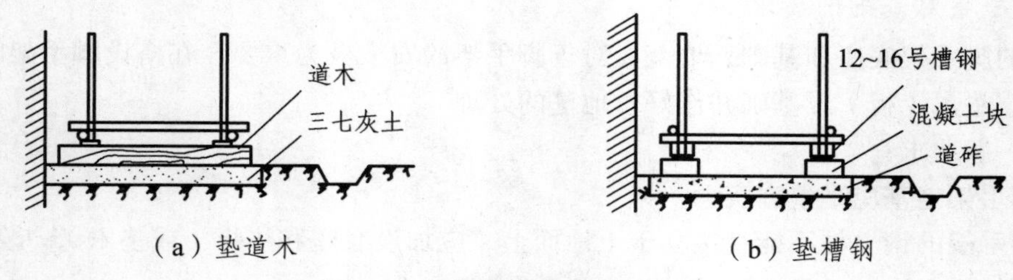

（a）垫道木 （b）垫槽钢

图 4.19 高层脚手架基底作法

项目 5　高处作业安全

案例导入

案例一：

1. 事故经过

某年 1 月 14 日 19 时 40 分，某工程处六工班工人刘某在隧道内整治病害施工中，站在高空平台边沿作业时，既未采取安全防护措施，又未按规定拴安全绳，造成从 4.2 m 高坪台边沿坠落在钢轨外侧道砟上，头部受伤，经抢救无效死亡。

2. 原因分析

安全意识淡薄，没有高空作业的自我安全防护，在高空作业中，没有拴安全绳，又无安全防护措施，没按规定铺设木板。

3. 事故预防

对危险性大的、专业性强的作业都要预先分析施工中可能出现的问题，预先采取有效措施加以防范。

对工作人员进行相关知识的培训和教育后才能上岗。在作业过程中，一旦发现不安全行为，要立即制止和纠正。

案例二：

1. 事故经过

某大桥在主体工程基本完成以后，开始进行南引桥下部板梁支架的拆除工作。某年 10 月 7 日下午 3 时，该项目部领导安排部分作业人员进行拆除作业。杨某（木工）被安排上支架拆除万能杆件，杨某在用割断连接弦杆的钢筋后，就用左手往下推被割断的一根弦杆（弦杆长 1.7 m，质量为 80 kg），弦杆在下落的过程中，其上端的焊刺将杨某的左手套挂住（帆布手套），杨某被下坠的弦杆拉扯着从 18 m 的高处坠落，头部着地，当场死亡。

2. 事故原因

（1）技术方面。

进行高处拆除作业前，没有编制支架拆除方案，也未对作业人员进行安全技术交底，加之人员少，就安排从未进行过拆除作业的木工冒险爬上支架进行拆除工作，是事故发生的重要原因。

作业人员杨某安全意识淡薄，对进行高处拆除作业的自我安全防护漠然置之，不系安全带就爬上支架，擅自用割枪割断连接钢筋后图省事用手往下推扔弦杆，被挂坠地是事故的直接原因。

（2）管理方面。

进行高处拆除作业，必须有人监护，因施工现场却无人进行检查和监护工作，对违章作业无人制止，是事故发生的重要原因。

施工现场管理混乱，违章现象严重，隐患得不到及时整改。

对作业人员未进行培训和教育，不进行安全技术交底，盲目蛮干，管理失控。

3. 事故预防

（1）施工前编制拆除方案，制订安全技术措施。

《建筑法》和《中华人民共和国安全生产法》都有明确规定，对危险性大的、专业性强的作业都要预先编制安全技术措施和方案，分析施工中可能出现的问题，预先采取有效措施加以防范。

（2）先培训后上岗。

项目应对高处拆除作业的人员进行相关知识的培训和教育后才能上岗。施工操作前，一定要进行安全技术交底，讲清危险源及安全注意事项。同时，在作业过程中，安全管理人员一定要进行现场监督检查，一旦发现不安全行为，要立即制止和纠正。

案例三：

1. 事故经过

2006 年某施工项目安装工人唐某在屋面作业时，不慎从采光顶破损的玻璃处直落到室内一层地面（坠落高度 24 m）唐某经医院抢救无效死亡。当时工地采用的是彩条布封盖，严重违反了我们孔洞口安全防护的要求，实际上就是施工现场的陷阱，图 5.1 为现场照片。

图 5.1 事故现场

2. 事故原因

（1）洞口防护不符合规范要求，未使用木板或脚手板封盖。

（2）施工人员安全意识不强。

案例四：

1. 事故经过

2006 年某商务楼工地，作业人员为从 7 层向 4 层倒运砂子，私自将 5 层至 7 层管道井

（1.1 m^2）防护盖板拆除，作业后未及时恢复，一名工人不慎从 7 层管道井口处坠落至 4 层地面（坠落高度 10.1 m），经抢救无效于当日死亡，图 5.2 为现场照片。

2. 事故原因

（1）施工人员违章私自将洞口防护盖板拆除，且作业后未及时恢复。

（2）施工人员安全意识不强。

图 5.2　事故现场

案例五：

1. 事故经过

2006 年 7 月某住宅工程，施工人员在进行 6 层坡屋顶保温施工时，一名施工人员不慎从坡屋顶中央天窗部位（0.8 m × 1.2 m）坠落至室内 6 层地面，坠落高度 4.5 m，颅脑受伤，经抢救无效死亡，图 5.3 为现场照片。

2. 事故原因

（1）坡屋顶的天窗没有安全防护盖板。

（2）施工人员安全意识不强。

（3）安全检查不到位。

图 5.3　事故现场

案例六：

1. 事故经过

某商住楼工程，地下 3 层，地上 13 层，地上 2 层为连体裙房，之上是 4 层塔楼。一名质量检查员进入 1 层，误入电梯井，坠落至地下 3 层。

2. 事故原因

（1）安全防护不到位，架子工作业后未将首层防护门恢复，如图 5.4 所示。

（2）现场安全环境不良，外管线施工时将临时电缆挖断，至楼内停电，光线较差。

（3）个人安全意识差，将电梯口误认为房间门口。

图 5.4 缺乏防护门的电梯井

案例七：

1. 事故经过

2006 年 8 月某公共建设项目进入二次结构施工，一名作业人员在清理二层的连梁和挑檐板上的杂物时，不慎由此坠落至该楼地下室，坠落高度约 12 m，因内脏受伤较重抢救无效死亡。

2. 事故原因

（1）施工作业面的临边安全防护措施不到位，违反临边作业须设两道防护栏杆的规定。由于该处连梁南北两端设置有防护栏杆，东西两侧没有防护栏杆，属临边高处作业，其所在部位没有可靠的临边安全防护措施，如图 5.5 所示。

（2）个人自我保护意识和安全意识不强。

图 5.5 事故现场

案例八：

1. 事故经过

2002 年某商住楼工程在进行室内装饰施工中，一名油工在 3.2 m 高的满堂红脚手架作业平台上作业时，因脚手板间隙过大（约 0.7 m），脚下踩空发生坠落，因未戴安全帽，头部直接触地至颅脑受伤，经抢救无效 3 日后死亡。

2. 事故原因

（1）高处作业未戴安全帽。

（2）未按要求铺设脚手板。

（3）个人安全意识不强。

案例九：

1. 事故经过

2004 年某厂房工程在进行主体结构施工中，一名木工在作业面支设梁底模板，在一飞跳板上行走时，身体重心失稳发生坠落（高度约 3.7 m），腹部担在下方碗扣架体的水平杆上，至肝脏破裂，经抢救无效死亡。

2. 事故原因

（1）现场作业环境不良，未在房心处支设安全平网。

（2）个人安全意识不强，随意搭设飞跳板。

案例十：

1. 事故经过

2005 年 6 月某建筑工程，一名施工人员在该楼 9 层清理楼内垃圾，采用物料提升机（井字架）将垃圾运至首层。当他站在 9 层井字架处，打开平台防护门，探出身体与地面卷扬机机工联系让井字架吊笼上至 9 层时，身体重心失稳，不慎从 9 层坠至地面死亡。

2. 事故原因

（1）安全设施不完善（超高限位装置、安全停靠装置、安全防护装置、信号联络装置），未设置通信设施或派专人指挥。

（2）个人安全意识不强，缺乏自我保护意识。

（3）项目部没有对施工人员进行安全技术交底。

项目 5.1　高处作业的概念及等级划分

一、概　念

所谓高处作业是指人在一定位置为基准的高处进行的作业。国家标准（GB/T 3608—2008）《高处作业分级》规定：“凡在坠落高度基准面 2 m 以上（含 2 m）有可能坠落的高处进行的作业，都称为高处作业。”根据这一规定，在建筑业中涉及高处作业的范围是相当广泛的。在建筑物内作业时，若在 2 m 以上的架子上进行操作，即为高处作业。

为了便于操作过程中做好防范工作，有效地防止人与物从高处坠落的事故，根据建筑行业的特点，在建筑安装工程施工中，对建筑物和构筑物结构范围以内的各种形式的洞口与临边性质的作业、悬空与攀登作业、操作平台与立体交叉作业，以及在结构主体以外的场地上和通道旁的各类洞、坑、沟、槽等工程的施工作业，只要符合上述条件的，均作为高处作业对待，并加以防护。

脚手架、井架、龙门架、施工用电梯和各种吊装机械设备在施工中使用时所形成的高处作业，其安全问题，都是各工程或设备的安全技术部门各自作出规定加以处理。

对操作人员而言，当人员坠落时，地面可能高低不平。上述标准所称坠落高度基准面，是指通过最低的坠落着落点的水平面。而所谓最低的坠落着落点，则是指当在该作业位置上坠落时，有可能坠落到的最低之处。这可以看作是最大的坠落高度。因此，高处作业高度的衡量，以从各作业位置到相应的坠落基准面之间的垂直距离的最大值为准。

二、高处作业的级别

（1）高处作业的级别可分为四级，高处作业在 2 ~ 5 m 时，为一级高处作业；5 ~ 15 m 为二级高处作业，15 ~ 30 m 为三级高处作业，30 m 以上为特级高处作业。

（2）直接引起坠落的客观因素有 11 种：

① 阵风风力 5 级（风速 8.0 m/s）以上。

② GB/T 4200—2008 规定的Ⅱ级或Ⅱ级以上的高温作业。

③ 平均气温≤5 °C 的作业环境。

④ 接触冷水温度≤12 °C 的作业。

⑤ 作业场所有冰、雪、霜、水、油等易滑物。

⑥ 作业场所光线不足，能见度差点。

⑦ 作业活动范围与危险电压带电体的距离小于表 5.1 的规定。

⑧ 摆动，立足处不是平面或只有很小的平面，即任一边小于 500 mm 的矩形平面、直径小于 500 mm 的圆形平面或具有类似尺寸的其他形状的平面，致使作业者无法维持正常姿势。

⑨ GB 3869—1997 规定的Ⅲ级或Ⅲ级以上的风力强度。

⑩ 存在有毒气体或空气中氧含量低于 0.195 的作业环境。

⑪ 可能会引起各种灾害事故的作业环境和抢救发生的各种灾害事故。

表 5.1 作业活动范围与危险电压带电体的距离规定值

危险电压带电体的电压等级/kV	距离/m
≤10	1.7
35	2.0
63 ~ 110	2.5
220	4.0
330	5.0
500	6.0

项目 5.2　临边与洞口作业的安全防护措施

一、施工现场的“四口”防护措施

建筑施工现场的四口包括出入口，孔洞口，电梯口和楼梯口。

1. 出入口

出入口是施工工人出入建筑物的通道，应按规定搭设防护棚。防护棚搭设应宽于出入通道两侧，棚顶应满铺 5 cm 厚脚手板，高度不低于 3 m，一般建筑应搭设单层，长度不小于 3 m；20 ~ 100 m 高层建筑应搭设双层，长度不小于 6 m。

2. 孔洞口

短边尺寸小于 250 mm 的称为孔口，短边尺寸大于 250 mm 的称为洞口。孔洞口短边尺寸小于 1.5 m 的采用木板盖，盖板应固定，短边尺寸大于等于 1.5 m 的，洞口处设水平安全网，周围设两道护栏并用密目网垂直封闭，特别强调，木板一定要固定，一方面防止人员在行走过程当中把木板踢开，另一方面也是防止人员产生误解，如图 5.6 所示。

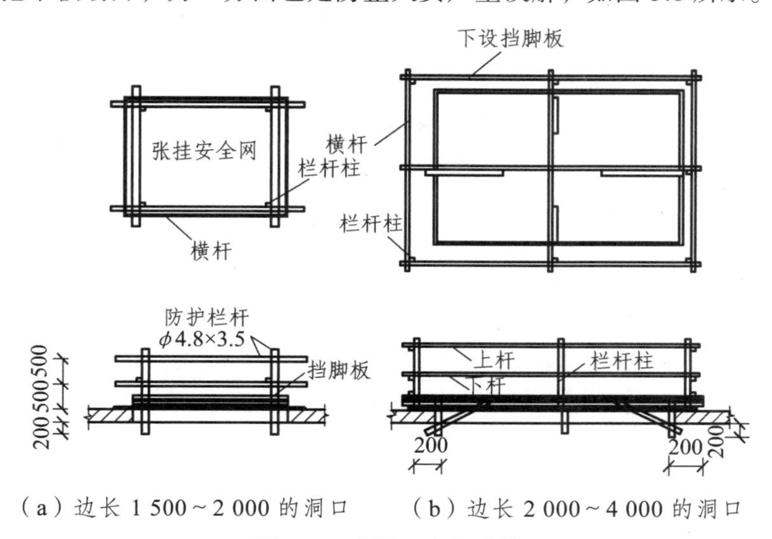

（a）边长 1 500 ~ 2 000 的洞口　（b）边长 2 000 ~ 4 000 的洞口

图 5.6　孔洞口安全防护

3. 楼梯口

搭设两道防护栏杆并用密目网垂直封闭。

4. 电梯井口

每层设 1.2 m 高金属防护门，井内每 10 m 高搭设一道水平安全网，具体做法如图 5.7 所示。

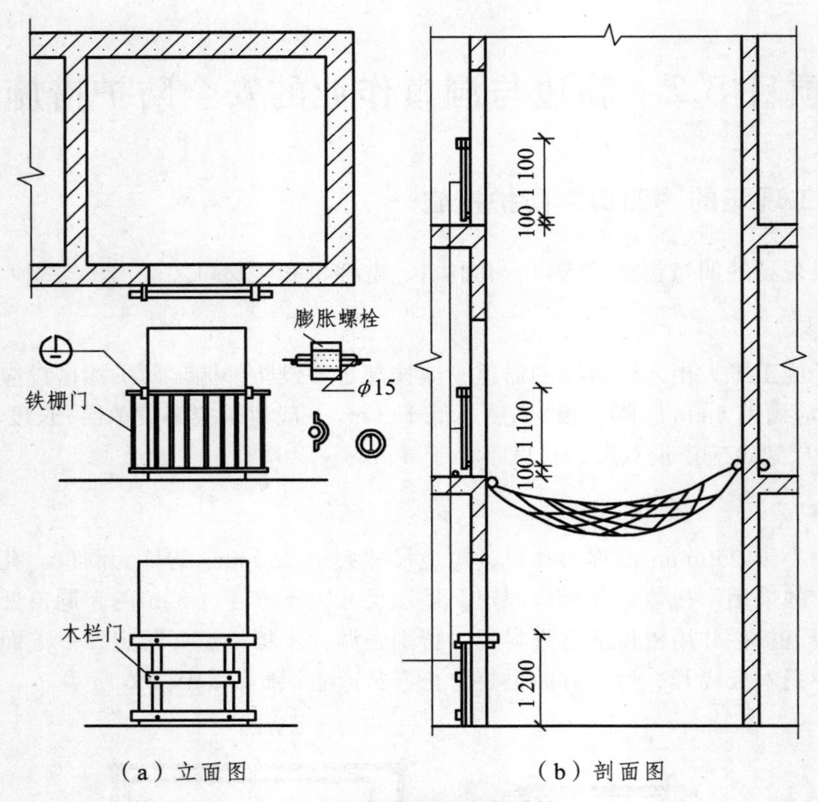

（a）立面图　　（b）剖面图

图 5.7　电梯井口安全防护

二、施工现场五临边防护措施

深度超过 2 m 的槽、坑、沟周边，尚未安装栏杆的阳台或挑平台周边，无外脚手架的屋面和楼面周边，上下跑道及斜道的两侧边，楼梯的梯段边均为“五临边”。

（1）临边防护栏杆杆件的规格及连接要求，应符合下列要求：

钢管横杆及栏杆柱均应采用$\phi 48\times 3.5$的管材，以扣件固定。

（2）搭设临时防护栏杆时，必须符合下列要求：

① 楼层周边、屋面临边及料台临边等重点部位的防护栏杆设置高度为 1.8 m，防护栏杆应由上、中、下 3 道横杆及栏杆柱组成，上杆离地高度为 1.8 m，中杆离地高度为 1.2 m，下杆离地高度为 0.6 m，如图 5.8 所示。

② 在深度超过 2 m 的槽、坑、沟周边搭设接 1.2 m 高的防护栏杆钢管，钢管入土深度不小于 50 cm，竖向钢管间距为 2 m，第一道与第二道间距为 0.6 m。栏杆上刷红白相间的油漆，水平杆油漆的分色间距为 0.5 m，竖向杆的分色间距为 0.4 m，如图 5.9 所示。

③ 栏杆柱的固定：当在基坑四周固定时，可采用钢管打入地面 50 ~ 70 cm 深，钢管离边口的距离，不应小于 50 cm。在混凝土楼面、屋面或墙面固定时，可用预埋件与钢管或钢筋焊牢，见图 5.10。

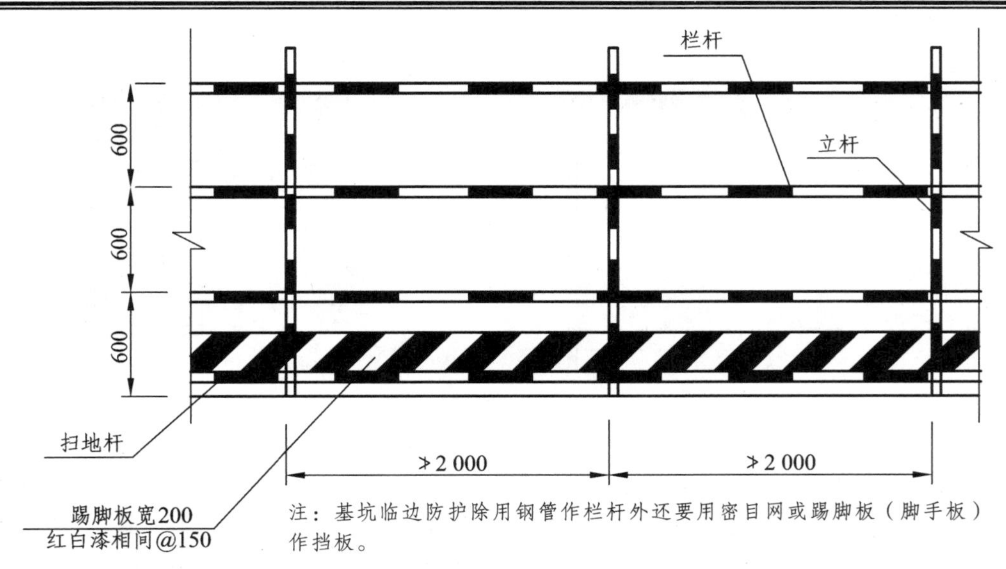

图 5.8　临边防护栏杆

④ 防护栏杆必须由上而下用安全网封闭，或在栏杆下边设置严密固定的高度不低于 18 cm 的挡脚板或 40 cm 的挡脚笆，挡脚板或挡脚笆上如有孔眼不应大于 25 mm，板与笆下边距离地面的空隙不应大于 10 mm。

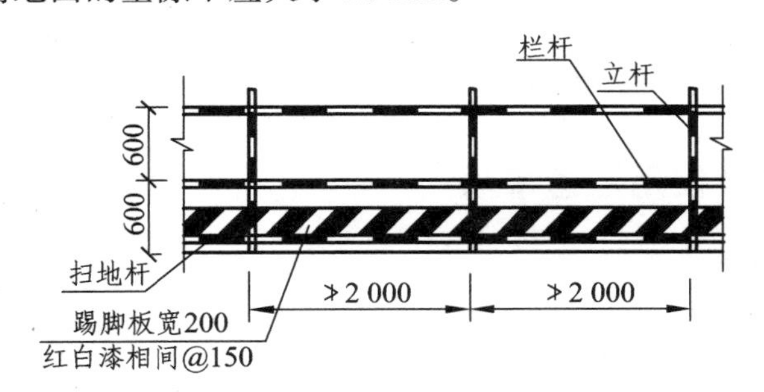

基坑临边防护

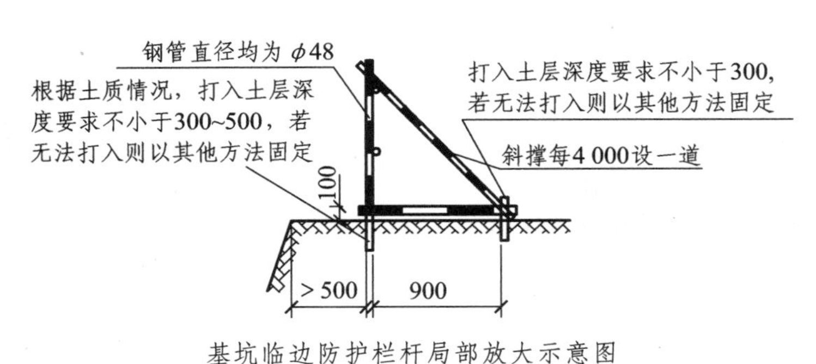

基坑临边防护栏杆局部放大示意图

说明：

1. 基坑防护栏距坑边距离应大于 0.5 m，坑边堆置土方和材料包括沿挖上方边缘移运运输工具和机械，不得离坑槽边过近（计算确定），堆置土方槽边上部边缘不少于 1.2 m，高度不大于 1.6 m。
2. 临时防护栏应设置牢固，不得随意移动。
3. 防护栏应涂红白相间警示色。

图 5.9　基坑临边防护栏杆

（3）临边防护栏杆应在防护区域的作业停止后方可拆除。拆除前必须经项目部安全员同意并对拆除人员进行安全技术交底，拆除时必须有安全员在场进行监督指挥。拆除下来的材料不能乱抛乱扔，必须堆放整齐。

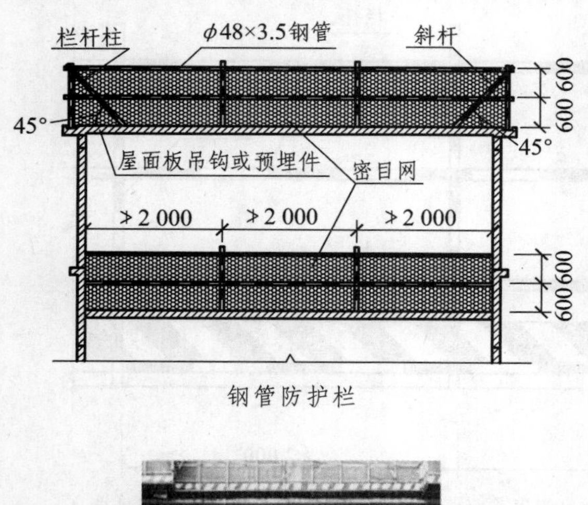

钢管防护栏

金属网状防护栏

铜管防护栏

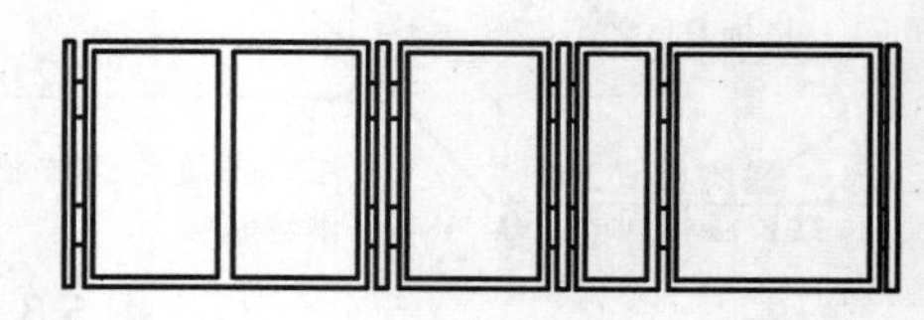

注：
1. 工程临主要干道，临施工人员密集区域应采用此办法。
2. 每片调度固定为1200，单片密度为500、1000、1500、2000四种规格。
3. 可根据现场实际情况进行多片拼装。

图 5.10 楼层临边与层面临边

三、施工安全三宝检验方法及使用注意事项

施工安全三宝包括安全帽、安全带和安全网。

（一）安全帽检验方法及使用注意事项

安全帽是对人体头部受坠落物及其他特定因素引起的伤害起保护作用的防护用品。

1. 安全帽的检验方法

用 5 kg 重的钢锤由 1 m 高处自由坠落，垂直落到安全帽的顶部，依靠帽壳与帽衬之间 40 ~ 50 mm 的间距吸收冲击力，最终传至人头顶的冲击力不大于 5.0 kN，一般不大于 3 kN，这个冲击力对人体是安全的。（注：人在站立状态下最大可接受的冲击力是 5.53 kN）。

2. 安全帽使用注意事项

（1）高空作业人员所戴用的安全帽，要有颏下系带和后帽箍并应经常拴牢，以防帽子滑落与碰掉。

（2）安全帽使用超过规定限值，或者受过较严重的冲击以后，虽然肉眼看不到帽体的裂纹，也应予以更换。

（3）安全帽的使用年限：按材质 2.5 ~ 3.5 年（制造出厂之日起计算使用年限）

塑料安全帽：使用年限不能超过 2.5 年

玻璃钢安全帽：使用年限不能超过 3.5 年

工程塑料安全帽：使用年限不能超过 3.5 年

安全帽在超出使用年限后会发生一种问题，就是非常硬，越硬越不安全，因为它丧失了吸收冲击力的能力，只要发生物体撞击立即就会破裂。

（二）安全带检验方法及使用注意事项

安全带是高处作业人员预防高处坠落伤亡的防护用品。

1. 安全带的检验方法

挂点位置抬高 1 m，采用 100 kg 重物，自由坠落，在这种情况下不发生断裂，所有连接件不发生变形，那么我们就认为该安全带是合格的。

2. 安全带使用注意事项

（1）检查安全带的部件是否完整，有无损伤，金属配件的各种环不得是焊接件，连缘光滑，产品应有合格证。

（2）悬挂安全带应高挂低用。因为低挂高用在坠落时受到的冲击力大，会对人体造成伤害，甚至死亡。如果高挂，可能坠落 1.5 m 就收住了，低挂无形中就增大了坠落行程。人体在地球引力的作用下，坠落行程每增大 1 m，所增加的冲击力就是几千牛顿，会对人的腰部造成拉伤，严重的会致人死亡。

3. 安全带使用年限

安全带使用年限一般为 2～5 年。使用两年后，每年应按购买数量抽验一次，合格后方可使用。

（三）安全网检验方法及使用注意事项

安全网是用来防止人、物坠落或用来避免、减轻坠落及物体打击伤害的网具。分为安全平网和安全立网。

1. 安全平网的强度试验

安全平网网眼≤10 cm×10 cm，也叫大眼网；网长为 6 m、宽 3 m，用 P3 m×6 m 表示。

试验方法：用 100 kg 重的模拟人型，由 10 m 高空坠落网内，安全平网的网绳，边绳，系绳均不发生断裂，则认为是合格安全平网，允许筋绳断裂。（备注：形成网格的叫网绳，四跨称为边绳，在边绳上还有一些与建筑物连接和安全网之间进行连接的绳我们叫作系绳，筋绳是穿在网绳之间呈松弛状态的绳，为增加安全网的强度，筋绳断人不会掉下去，其他 3 根断，人就可能摔到地面上。）

2. 安全立网的强度试验

安全立网网目≥2 000 目/100 cm^2，也称密目立网，高 1.8 m、长 6 m，用 ML1.8 m×6 m 表示。

试验方法：用 100 kg 重模拟人型，由 1.5 m 高坠落网内，安全网的网体不被冲透，边绳，系绳不发生断裂，则认为是合格的安全立网。

3. 安全平网的搭设

（1）建筑物无外脚手架且高度在 3.2 m 以上的楼层周边，首层四周必须支搭 3 m 宽的水平安全网，网底距地面不得小于 3 m。

（2）高层建筑首层支搭 6 m 宽双层网，网底距地面不得小于 5 m。

（3）高层建筑除首层支搭 6 m 宽双层网外，每隔四层还应固定一道 3 m 宽的水平安全网。

（4）安全网接口处必须连接严密。

（5）建筑物外支设的安全网外口应高于里口 60 ~ 120 cm，或按 10° ~ 15°角搭设。

（6）建筑物内安全网的搭设：

电梯井，楼梯井，短边尺寸≥1.5 m 的洞口须每 10 m 高支设一道平网。所有临边处应搭设防护栏杆，采用密目立网垂直封闭。

4. 安全立网的搭设

安全立网用于钢管脚手架的立面防护，对于常用的双排脚手架，安全立网搭设在脚手架的外侧，外排立杆的里侧。

项目 5.3　临边高处作业需满足的安全规定

一、需采取临边防护措施的部位

（1）基坑周边，尚未安装栏杆或栏板的阳台、料台与挑平台周边，雨篷与挑檐边，无外脚手的屋面与楼层周边及水箱与水塔周边等处，都必须设置防护栏杆。

（2）头层墙高度超过 3.2 m 的二层楼面周边，以及无外脚手架的高度超过 3.2 m 的楼层周边，必须在外围架设安全平网一道。

（3）分层施工的楼梯口和梯段边，必须安装临时护栏。顶层楼梯口应随工程结构进度安装正式防护栏杆。

（4）井架与施工用电梯和脚手架等与建筑物通道的两侧边，必须设防护栏杆。地面通道上部应装设安全防护棚。双笼井架通道中间，应予分隔封闭。

（5）各种垂直运输接料平台，除两侧设防护栏杆外，平台口还应设置安全门或活动防护栏杆。

二、临边防护栏杆杆件的规格及连接要求

（1）毛竹横杆小头有效直径不应小于 70 mm，栏杆柱小头直径不应小于 80 mm，并须用不小于 16 号的镀锌钢丝绑扎，不应少于 3 圈，并无泻滑。

（2）原木横杆上杆梢径不应小于 70 mm，下杆梢径不应小于 60 mm，栏杆柱梢径不应小于 75 mm，并须用相应长度的圆钉钉紧，或用不小于 12 号的镀锌钢丝绑扎，要求表面平顺和稳固无动摇。

（3）钢筋横杆上杆直径不应小于 16 mm，下杆直径不应小于 14 mm，钢管横杆及栏杆柱直径不应小于 18 mm，采用电焊或镀锌钢丝绑扎固定。

（4）钢管栏杆及栏杆均采用ϕ48×(2.75 ~ 3.5) mm 的管材，以扣件或电焊固定。

（5）以其他钢材如角钢等作防护栏杆杆件时，应选用强度相当的规格，以电焊固定。

三、搭设临边防护栏杆的有关要求

（1）防护栏杆应由上、下两道横杆及栏杆柱组成，上杆离地高度为 1.0 ~ 1.2 m，下杆离地高度为 0.5 ~ 0.6 m。坡度大于 1 : 2.2 的层面，防护栏杆应高 1.5m，并加挂安全立网。除经设计计算外，横杆长度大于 2 m 时，必须加设栏杆柱。

（2）栏杆柱的固定应符合下列要求：

① 当在基坑四周固定时，可采用钢管并打入地面 50 ~ 70 cm 深。钢管离边口的距离，不应小于 50 cm，当基坑周边采用板桩时，钢管可打在板桩外侧。

② 当在混凝土楼面、屋面或墙面固定时，可用预埋件与钢管或钢筋焊牢。采用竹、木栏杆时，可在预埋件上焊接 30 cm 长的∟50×5 角钢，其上下各钻一孔，然后用 10 mm 螺栓与竹、木杆件拴牢。

③ 当在砖或砌块等砌体上固定时，可预先砌入规格相适应的 80×6 弯转扁钢作预埋铁的混凝土块，然后用上项方法固定。

（3）栏杆柱的固定及其与横杆的连接，其整体构造应使防护栏杆在上杆任何处，能经受任何方向的 1 000 N 外力。当栏杆所处位置有发生人群拥挤、车辆冲击或物件碰撞等可能时，应加大横杆截面或加密柱距。

（4）防护栏杆必须自上而下用安全立网封闭，或在栏杆下边设置严密固定的高度不低于 18 cm 的挡脚板或 40 cm 的挡脚笆。挡脚板与挡脚笆上如有孔眼，不应大于 25 mm，板与笆下边距离底面的空隙不应大于 10 mm。接料平台两侧的栏杆，必须自上而下加挂安全立网或满扎竹笆。

（5）当临边的外侧面临街道时，除防护栏杆外，敞口立面必须采取满挂安全网或其他可靠措施作全封闭处理。

项目 5.4　洞口作业需满足的安全规定

在进行洞口作业以及在因工程和工序需要而产生的使人与物有坠落危险或危及人身安全的其他洞口进行高处作业时，必须按下列规定设置防护设施：

（1）板与墙的洞口，必须设置牢固的盖板、防护栏杆、安全网或其他防坠落的防护设施。

（2）电梯井口必须设防护栏杆或固定栅门；电梯井内应每隔两层并最多隔 10 m 设一道安全网。

（3）钢管桩、钻孔桩等桩孔上口，杯形、条形基础上口，未填土的坑槽，以及人孔、天窗、地板门等处，均应按洞口防护设置稳固的盖件。

（4）施工现场通道附近的各类洞口与坑槽等处，除设置防护设施与安全标志外，夜间还应设红灯示警。

洞口根据具体情况采取设防护栏杆、加盖件、张挂安全网与装栅门等措施时，必须符合下列要求：

（1）楼板、屋面和平台等面上短边尺寸小于 25 cm 但大于 2.5 cm 的孔口，必须用坚实的盖板盖设。盖板应防止挪动移位。

（2）楼板面等处边长为 25 ~ 50 cm 的洞口、安装预制构件时的洞口以及缺件临时形成的洞口，可用竹、木等作盖板、盖住洞口。盖板须能保持四周搁置均衡，并有固定其位置的措施。

（3）边长为 50 ~ 150 cm 的洞口，必须设置以扣件扣接钢管而成的网格，并在其上满铺竹笆或脚手板。也可采用贯穿于混凝土板内的钢筋构成防护网，钢筋网格间距不得大于 20 cm。

（4）边长在 150 cm 以上的洞口，四周设防护栏杆，洞口下张设安全平网。

（5）垃圾井道和烟道，应随楼层的砌筑或安装而消除洞口，或参照预留洞口作防护。管道井施工时，除按上办理外，还应加设明显的标志。如有临时性拆移，需经施工负责人核准，工作完毕后必须恢复防护设施。

（6）位于车辆行驶道旁的洞口、深沟与管道坑、槽，所加盖板应能承受不小于当地额定卡车后轮有效承载力 2 倍的荷载。

（7）墙面等处的竖向洞口，凡落地的洞口应加装开关式、工具式或固定式的防护门，门栅网格的间距不应大于 15 cm，也可采用防护栏杆，下设挡脚板（笆）。

（8）下边沿至楼板或底面低于 80 cm 的窗台等竖向洞口，如侧边落差大于 2 m 时，应加设 1.2 m 高的临时护栏。

（9）对邻近的人与物有坠落危险性的其他竖向的孔、洞口，均应予以盖设或加以防护，并有固定其位置的措施。

项目 5.5　攀登与悬空作业的安全防护

一、攀登作业

（1）在施工组织设计中应确定用于现场施工的登高和攀登设施。现场登高应借助建筑结构或脚手架上的登高设施，也可采用载人的垂直运输设备。进行攀登作业时可使用梯子或采用其他攀登设施。

（2）柱、梁和行车梁等构件吊装所需的直爬梯及其他登高用拉攀件，应在构件施工图或说明内作出规定。

（3）攀登的用具，结构构造上必须牢固可靠。供人上下的踏板其使用荷载不应大于 1 100 N。当梯面上有特殊作业，重量超过上述荷载时，应按实际情况加以验算。

（4）移动式梯子，均应按现行的国家标准验收其质量。

（5）梯脚底部应坚实，不得垫高使用。梯子的上端应有固定措施。立梯工作角度以 75°±5° 为宜，踏板上下间距以 30 cm 为宜，不得有缺档。

（6）梯子如需接长使用，必须有可靠的连接措施，且接头不得超过 1 处。连接后梯梁的强度，不应低于单梯梯梁的强度。

（7）折梯使用时上部夹角以 35° ~ 45°为宜，铰链必须牢固，并应有可靠的拉撑措施。

（8）固定式直爬梯应用金属材料制成。梯宽不应大于 50 cm，支撑应采用不小于∟70×6 的角钢，埋设与焊接均必须牢固。梯子顶端的踏棍应与攀登的顶面齐平，并加设 1 ~ 1.5 m 高的扶手。使用直爬梯进行攀登作业时，攀登高度以 5 m 为宜。超过 2 m 时，宜加设护笼，超过 8 m 时，必须设置梯间平台。

（9）作业人员应从规定的通道上下，不得在阳台之间等非规定通道进行攀登，也不得任意利用吊车臂架等施工设备进行攀登。上下梯子时，必须面向梯子，且不得手持器物。

（10）钢柱安装登高时，应使用钢挂梯或设置在钢柱上的爬梯。挂梯构造，如图 5.11 所示。

钢柱的接柱应使用梯子或操作台。操作台横杆高度。当无电焊防风要求时，其高度不宜小于 1 m，有电焊防风要求时；其高度不宜小于 1.8 m，见图 5.12。

（11）登高安装钢梁时，应视钢梁高度，在两端设置挂梯或搭设钢管脚手架，构造形式，见图 5.13。

梁面上需行走时，其一侧的临时护栏横杆可采用钢索，当改用扶手绳时，绳的自然下垂度不应大于 l/20，并应控制在 10 cm 以内，见图 5.14 中 L 为绳的长度。

（12）钢屋架的安装，应遵守下列规定：

① 在屋架上下弦登高操作时，对于三角形屋架应在屋脊处，梯形屋架应在两端，设置攀登时上下的梯架。材料可选用毛竹或原木，踏步间距不应大于 40 cm，毛竹梢径不应小于 70 mm。

② 屋架吊装以前，应在上弦设置防护栏杆。

③ 屋架吊装以前，应预先在下弦挂设安全网；吊装完毕后，即将安全网铺设固定。

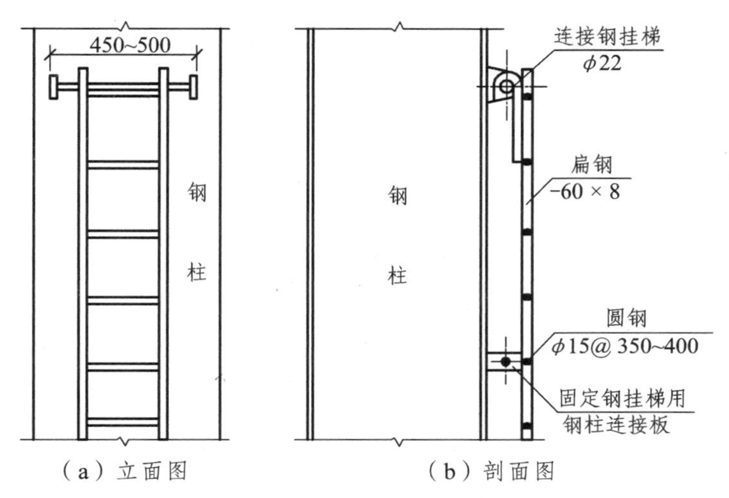

图 5.11　钢柱登高挂梯

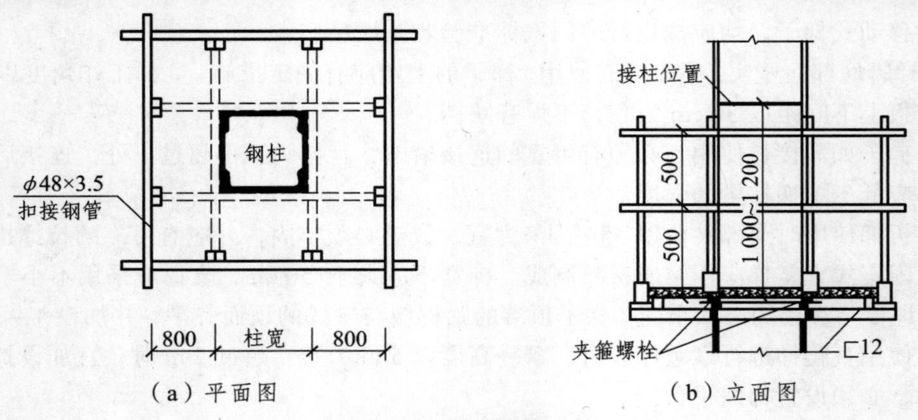

图 5.12 钢柱接柱用操作台

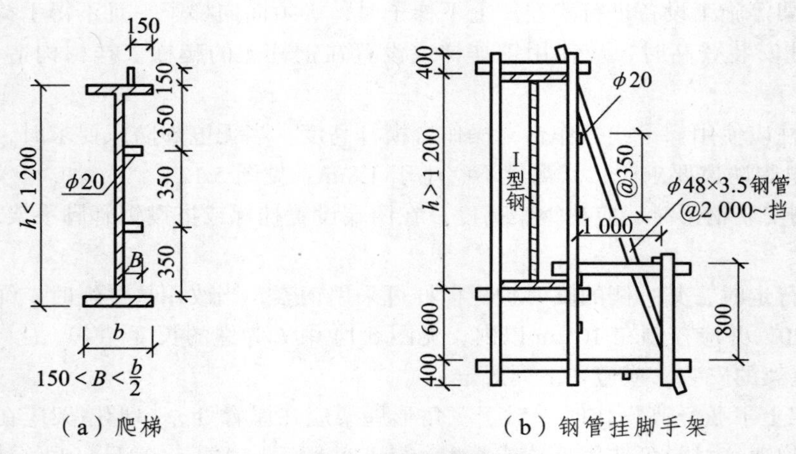

图 5.13 钢梁登高设施

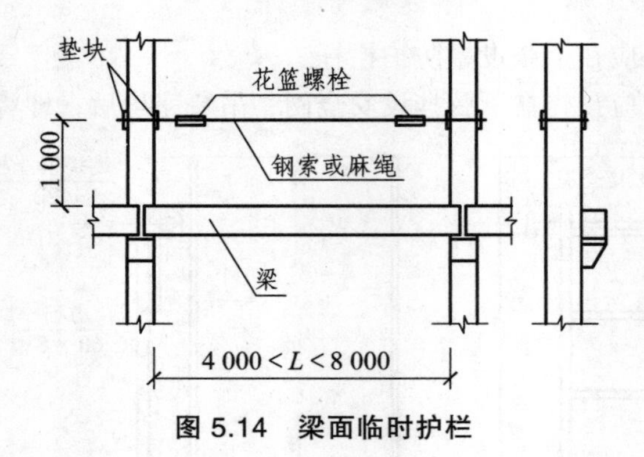

图 5.14 梁面临时护栏

二、悬空作业

（1）悬空作业处应有牢靠的立足处，并必须视具体情况，配置防护栏网、栏杆或其他安全设施。

（2）悬空作业所用的索具、脚手板、吊篮、吊笼、平台等设备，均需经过技术鉴定或检证方可使用。

（3）构件吊装和管道安装时的悬空作业，必须遵守下列规定：

① 钢结构的吊装，构件应尽可能在地面组装，并应搭设进行临时固定、电焊、高强螺栓连接等工序的高空安全设施，随构件同时上吊就位。拆卸时的安全措施，亦应一并考虑和落实。高空吊装预应力钢筋混凝土层架、桁架等大型构件前，也应搭设悬空作业中所需的安全设施。

② 悬空安装大模板、吊装第一块预制构件、吊装单独的大中型预制构件时，必须站在操作平台上操作。吊装中的大模板和预制构件以及石棉水泥板等屋面板上，严禁站人和行走。

③ 安装管道时必须有已完结构或操作平台为立足点，严禁在安装中的管道上站立和行走。

（4）模板支撑和拆卸时的悬空作业，必须遵守下列规定：

① 支模应按规定的作业程序进行，模板未固定前不得进行下一道工序。严禁在连接件和支撑件上攀登上下，并严禁在上下同一垂直面上装、拆模板。结构复杂的模板，装、拆应严格按照施工组织设计的措施进行。

② 支设高度在 3 m 以上的柱模板，四周应设斜撑，并应设立操作平台。低于 3 m 的可使用马凳操作。

③ 支设悬挑形式的模板时，应有稳固的立足点。支设临空构筑物模板时，应搭设支架或脚手架。模板上有预留洞时，应在安装后将洞盖设。混凝土板上拆模后形成的临边或洞口，应按规范要求进行防护。

拆模高处作业，应配置登高用具或搭设支架。

（5）钢筋绑扎时的悬空作业，必须遵守下列规定：

① 绑扎钢筋和安装钢筋骨架时，必须搭设脚手架和马道。

② 绑扎圈梁、挑梁、挑檐、外墙和边柱等钢筋时，应搭设操作台架和张挂安全网。悬空大梁钢筋的绑扎，必须在满铺脚手板的支架或操作平台上操作。

③ 绑扎立柱和墙体钢筋时，不得站在钢筋骨架上或攀登骨架上下。3 m 以内的柱钢筋。可在地面或楼面上绑扎，整体竖立。绑扎 3 m 以上的柱钢筋，必须搭设操作平台。

（6）混凝土浇筑时的悬空作业，必须遵守下列规定：

① 浇筑离地 2 m 以上框架、过梁、雨篷和小平台时，应设操作平台，不得直接站在模板或支撑件上操作。

② 浇筑拱形结构，应自两边拱脚对称地相向进行。浇筑储仓，下口应先行封闭，并搭设脚手架以防人员坠落。

③ 特殊情况下如无可靠的安全设施，必须系好安全带并扣好保险钩，或架设安全网。

（7）进行预应力张拉的悬空作业时，必须遵守下列规定：

① 进行预应力张拉时，应搭设站立操作人员和设置张拉设备的牢固可靠的脚手架或操作平台。雨天张拉时，还应架设防雨棚。

② 预应力张拉区域标示明显的安全标志，禁止非操作人员进入。张拉钢筋的两端必须设置挡板。挡板应距所张拉钢筋的端部 1.5 ~ 2 m，且应高出最上一组张拉钢筋 0.5 m 其宽度应距张拉钢筋两外侧各不小于 1 m。

③ 孔道灌浆应按预应力张拉安全设施的有关规定进行。

（8）悬空进行门窗作业时，必须遵守下列规定：

① 安装门、窗，油漆及安装玻璃时，严禁操作人员站在樘子、阳台栏板上操作。门、窗临时固定，封填材料未达到强度，以及电焊时，严禁手拉门、窗进行攀登。

② 在高处外墙安装门、窗，无外脚手架时，应张挂安全网。无安全网时，操作人员应系好安全带，其保险钩应挂在操作人员上方的可靠物件上。

③ 进行各项窗口作业时，操作人员的重心应位于室内，不得在窗台上站立，必要时应系好安全带进行操作。

项目 5.6 操作平台与交叉作业的安全防护方法

一、操作平台使用安全规定

（1）移动式操作平台，必须符合下列规定：

① 操作平台应由专业技术人员按现行的相应规范进行设计，计算书及图纸应编入施工组织设计。

② 操作平台的面积不应超过 10 m^2，高度不应超过 5 m。还应进行稳定验算，并采用措施减少立柱的长细比。

③ 装设轮子的移动式操作平台，轮子与平台的接合处应牢固可靠，立柱底端离地面不得超过 80 mm。

④ 操作平台可用ϕ(48 ~ 51) ×3.5 mm 钢管以扣件连接，亦可采用门架式或承插式钢管脚手架部件，按产品使用要求进行组装。平台的次梁，间距不应在于 40 cm；台面应满铺 3 cm 厚的木板或竹笆。

⑤ 操作平台四周必须按临边作业要求设置防护栏杆，并应布置登高扶梯。

（2）悬挑式钢平台，必须符合下列规定：

① 悬挑式钢平台应按现行的相应规范进行设计，其结构构造应能防止左右晃动，计算书及图纸应编入施工组织设计。

② 悬挑式钢平台的搁支点与上部拉结点，必须位于建筑物上，不得设置在脚手架等施工设备上。

③ 斜拉杆或钢丝绳，构造上宜两边各设前后两道，两道中的每一道均应作单道受力计算。

④ 应设置 4 个经过验算的吊环。吊运平台时应使用卡环，不得使吊钩直接钩挂吊环。吊环应用甲类 3 号沸腾钢制作。

⑤ 钢平台安装时，钢丝绳应采用专用的挂钩挂牢，采取其他方式时卡头的卡子不得少于 3 个。建筑物锐角利口围系钢丝绳处应加衬软垫物，钢平台外口应略高于内口。

⑥ 钢平台左右两侧必须装置固定的防护栏杆。

⑦ 钢平台吊装，需待横梁支撑点电焊固定，接好钢丝绳，调整完毕，经过检查验收，方可松卸起重吊钩，上下操作。

⑧ 钢平台使用时，应有专人进行检查，发现钢丝绳有锈蚀损坏应及时调换，焊缝脱焊应及时修复。

（3）操作平台上应显著地标明容许荷载值。操作平台上人员和物料的总重量，严禁超过设计的容许荷载。应配备专人加以监督。

二、交叉作业安全注意事项

（1）支模、粉刷、砌墙等各工种进行上下立体交叉作业时，不得在同一垂直方向上操作。下层作业的位置，必须处于依上层高度确定的可能坠落范围半径之外。不符合以上条件时，应设置安全防护层。

（2）钢模板、脚手架等拆除时，下方不得有其他操作人员。

（3）钢模板部件拆除后，临时堆放处离楼层边沿不应小于 1 m，堆放高度不得超过 1 m。楼层边口、通道口、脚手架边缘等处，严禁堆放任何拆下物件。

（4）结构施工自二层起，凡人员进出的通道口（包括井架、施工用电梯的进出通道口），均应搭设安全防护棚。高度超过 24 m 的层次上的交叉作业，应设双层防护。

（5）由于上方施工可能坠落物件或处于起重机把杆回转范围之内的通道，在其受影响的范围内，必须搭设顶部能防止穿透的双层防护廊。

项目 5.7　高处作业安全防护设施

一、基本要求

（1）高处作业的安全技术措施及其所需料具，必须列入工程的施工组织设计。

（2）单位工程施工负责人应对工程的高处作业安全技术负责并建立相应的责任制。施工前，应逐级进行安全技术教育及交底，落实所有安全技术措施和人身防护用品，未经落实时不得进行施工。

（3）高处作业中的安全标志，工具、仪表、电气设施和各种设备，必须在施工前加以检查，确认其完好，方能投入使用。

（4）攀登和悬空高处作业人员以及搭设高处作业安全设施的人员，必须经过专业技术培训及专业考试合格，持证上岗，并必须定期进行体格检查。

（5）施工中对高处作业的安全技术设施，发现有缺陷和隐患时，必须及时解决；危及人身安全时，必须停止作业。

（6）施工作业场所有坠落可能的物件，应一律先行撤除或加以固定。

高处作业中所用的物料，均应堆放平稳，不妨碍通行和装卸。工具应随手放入工具袋；作业中的走道、通道板和登高用具，应随时清扫干净；拆卸下的物件及余料和废料均应及时清理运走，不得任意乱置或向下丢弃。传递物件禁止抛掷。

（7）雨天和雪天进行高处作业时，必须采取可靠的防滑、防寒和防冻措施。凡水、冰、霜、雪均应及时清除。

对进行高处作业的高耸建筑物，应事先设置避雷设施。遇有六级以上强风，浓雾等恶劣气候，不得进行露天攀登与悬空高处作业。暴风雪及台风暴雨后，应对高处作业安全设施逐一加以检查，发现有松动、变形、损坏或脱落等现象，应立即修理完善。

（8）因作业必需，临时拆除或变动安全防护设施时，必须经施工负责人同意，并采取相应的可靠措施，作业后应立即恢复。

（9）防护棚搭设与拆除时，应设警戒区，并应派专人监护。严禁上下同时拆除。

二、高处作业安全防护措施的验收

（1）建筑施工进行高处作业之前，应进行安全防护设施的逐项检查和验收。验收合格后，方可进行高处作业。验收也可分层进行，或分阶段进行。

（2）安全防护设施，应由单位工程负责人验收，并组织有关人员参加。

（3）安全防护设施的验收，应具备下列资料：

① 施工组织设计及有关验算数据；

② 安全防护设施验收记录；

③ 安全防护设施变更记录及签证。

（4）安全防护设施的验收，主要包括以下内容：

① 所有临边、洞口等各类技术措施的设置状况；

② 技术措施所用的配件、材料和工具的规格和材质；

③ 技术措施的节点构造及其与建筑物的固定情况；

④ 扣件和连接件的紧固程度；

⑤ 安全防护设施的用品及设备的性能与质量是否合格的验证。

（5）安全防护设施的验收应按类别逐项查验，并作出验收记录。凡不符合规定者，必须修整合格后再行查验。施工工期内还应定期进行抽查。

项目 6　工程机械与机具施工安全

项目 6.1　土石方机械施工安全

案例导入

案例一：

1. 事故经过

事故发生在江西省弋阳县蛇纹石矿区三工区。当时，1 名土木工在推土机司机停车休息时擅自爬上推土机玩，推土机司机没有拒绝。由于该土木工不懂推土机性能，误将调速机构挂在倒挡上启动，致使推土机后退倾覆翻到 5 m 高的陡坡下，2 人当场死亡，如图 6.1 所示。

图 6.1　推土机翻车事故

2. 事故原因

（1）该土木工违反《安全操作规程》中关于“驾驶人员必须经过专业训练，并经有关部门考核批准，发给合格证件，方准独立操作。严禁无证驾驶。”的规定，擅自驾驶推土机。

（2）推土机驾驶员误将推土机停在陡坡边缘，并听任无证人员驾驶车辆。

3. 同类事故防止措施

（1）严禁无证驾驶。

（2）自己保管、操作的机器、设备、车辆不准他人乱动。

案例二：

1．事故经过

某年 2 月 22 日 12 点 50 分，某钻探建安公司坡东一井工程指挥部技术员周某（死者），施工员陈某、放炮工郭某三人吃完午饭坐在工程指挥部外公路边休息，其余工人陆续上班。13 点，装载机驾驶员苟某（无驾驶证、特种作业操作证）将装载机（系坡东一井租用的柳工 50 C 装载机）开到指挥部门前右边熄火停住，到指挥部内吃饭，下车时没有将发动机钥匙取下，车门未锁。两三分钟后，周某爬到装载机上，违规操作，擅自将装载机开走，上行 230 m 弯道处掉头往回开了 80 m，停下与一辆压路机会车后继续往前开，由于操作不当，开了几米后放至空挡车速加快，13 点 15 分，在距会车处 33 m 的地方连人带装载机驶向右边，翻下 148 m 深的山谷，周某在 88 m 深处被抛出车外，头部撞在石尖上，严重受伤。事故发生后，项目部立即进行抢救，并与附近卫生院联系，组织人员将周某往上抬，抬了 20 m 周某死亡，如图 6.2 所示。

图 6.2　肇事装载机坠入深谷

2．事故原因

技术员周某严重违反国家特种作业许可法规、违反企业严禁溜岗串岗、严禁无证上岗的规定，擅自操作装载机，导致事故，是事故的主要原因。

案例三：

1．事故经过

2012 年 4 月 18 日，某铁矿车间汽车司机王某驾驶一辆 50B 型自卸生产汽车，按调度的指挥行驶到 12 号挖掘机旁装废石，汽车到达 12 号挖掘机旁后，挖掘机给该车装第三铲时，当铲斗旋转到汽车的上方，由于铲斗底门插销未到位脱开，一块重 200 kg 的大石块从铲斗内甩出将汽车驾驶室顶棚砸扁，并将坐在驾驶室内的汽车司机王某头部砸成重伤，急送医院抢救无效死亡。

2．事故原因

（1）操作方法不当。

（2）挖掘机旋转速度太快。

案例四：

1. 事故经过

江西某铁矿挖掘机司机汪某上距地面高度为 10.6 m 的挖掘机大架天轮上换钢丝绳，因未挂安全带不慎坠落在地面上，造成全身多处骨折，身受重伤致残。

2. 事故原因

（1）违反国家关于 2 m 以上高处作业必须佩挂安全带的规定，是造成这次事故的直接原因。

（2）该单位管理不严。

案例五：

1. 事故经过

湖南衡阳一台挖掘机在修筑公路工程挖掘沟槽取土向自卸汽车装车时，因挖掘机司机判断有误，铲斗提升高度不够，碰撞在车厢的边缘上，铲斗底门脱开，一块重 20 kg 的石块打在车帮上，而后反弹飞出 5 m 远的距离，将一名行路人当场打死。

2. 事故原因

（1）操作司机判断失误。

（2）装车时无人指挥。

（3）未设置安全挡墙。

一、推土机施工安全

（一）推土机简介

推土机是土方工程施工的一种主要机械，按行走方式可分为履带式和轮胎式两种。履带式推土机附着牵引力大，接地比压小（0.04 ~ 0.13 MPa），爬坡能力强，但行驶速度低。轮胎式推土机行驶速度较高，机动灵活，作业循环时间短，运输转移方便，但牵引力小，适用于需经常变换工地和野外工作的情况，如图 6.3 所示。

图 6.3　推土机

功率大于 120 kW 的履带式推土机中，常见的有 TY320 型、TY220 型、TY160 型等基本型推土机。为了满足用户各种使用工作状况的需求，我国推土机生产厂家在以上 3 个基本型推土机的基础上，拓展了产品品种，形成了 3 种系列的推土机。TY220 型推土机系列产品包括 TSY220 型湿地推土机、TMY220 型沙漠推土机、TYG220 型高原推土机、TY220F 型森林伐木型推土机、TSY220H 型环卫推土机和 DG45 型吊管机等。TY320 型和 TY160 型系列推土机也在拓展类似的系列产品。

（二）推土机的选用

在施工中，选择推土机主要考虑以下 4 个方面的因素：

1. 土方工程量

当土方量大而且集中，应选用大型推土机；土方量小而且分散，应选中、小型推土机；土质条件允许时，应选用轮胎式推土机。

2. 土的性质

一般推土机均适合于Ⅰ、Ⅱ级土施工或Ⅲ、Ⅳ级土预松后施工。若土质较为密实坚硬或是冬期冻土，应选择重型推土机或带松土器的推土机。若土质为潮湿软泥，最好选用宽履带的湿地推土机。

3. 施工条件

修筑半挖半填的傍山坡道，可选用角铲式推土机；在水下作业，可选用深水下推土机；在市区施工，应选用能够满足当地环保部门要求的低噪声推土机。

4. 作业条件

根据施工作业的多种要求，为减少投入机械台数和扩大机械作业范围，最好选择多功能推土机。

对推土机选型时，还必须考虑经济型，即单位成本最低。单位土方成本决定于机械使用费和机械生产率。在选择机型时，结合施工现场情况，根据有关参数及经验资料，按台班费用定额，计算单方成本，经过分析比较，选择生产率高，单方成本低的合适机型。

（三）推土机的安全使用

（1）进行保养或加油时，发动机必须关闭，推土铲及松土器必须放下，制动锁杆要在锁住位置。

（2）除驾驶室之外，机上其他地方禁止乘人；行驶中任何人不得上下推土机。

（3）推土机上下坡时，其坡度不得大于 30°，在横坡上作业，其横坡度不得大于 10°。在斜坡上不得改变速度，不得横向或对角线行驶。下坡时，宜采用后退下行，严禁空挡滑行或高速行驶，必要时，可放下刀片辅助制动。避免在斜坡上转弯掉头。

（4）在坡地工作时，若发动机熄火，应立即将推土机制动，用三角木将推土机履带楔紧后，将离合器杆置于脱开位置，变速杆置于空挡位置，方可启动发动机，以防推土机溜坡。

（5）在危险或视线受限的地方，一定要下机检视，确认能安全作业后方能继续工作，严禁推土机在倾斜的状态爬过障碍物，爬过障碍物时不得脱开一个离合器。

（6）在陡坡、高坎上作业时，必须由专人指挥，严禁铲刀超出边坡的边缘。松土终了应先换成倒车挡后再提铲倒车。

（7）在垂直边坡的沟槽作业，其沟槽深度，对大型推土机不得超过 2 m，对小型推土机不得超过 1.5 m，推土机刀片不得推坡壁上高于机身的孤石或大石块。

（8）多机在同一作业面作业时，前后两机相距不应小于 8 m，左右相距应大于 1.5 m。两台或两台以上推土机并排推土时，两推土机刀片之间应保持 20 ~ 30 cm 间距。推土机前进前必须以相同速度直线行驶；后退时，应分先后，防止相互碰撞。

（9）清除高过机体的建筑物、残墙断壁、树木和电线杆时，应提高着力点，防止其上部反向倒下，同时，应根据电线杆的结构、埋入深度和土质情况，使其周围保持一定的安全土堆，电压超过 380 V 的高压线，其保留土堆的大小应征得电业部门专业人士的同意。

（10）在爆破现场作业时，爆破前，必须把推土机开到安全地带。进入现场，操纵人员必须了解有无哑炮等情况，确认安全后，方可将推土机开入现场。

（11）履带推土机不得长距离行驶，不准在沥青路面上行驶。通过交叉路口时，应注意来往行人和车辆。

（12）倒车时，应特别注意块石或其他障碍物，防止碰坏油底壳。

二、铲运机施工安全

（一）铲运机简介

铲运机主要用于大规模土方工程中，如铁路、公路、农田水利、机场、港口等工程，是一种理想的生产效率高、经济效益好的土方施工运输机械，可依次连续完成铲土、装土、运土、铺卸和整平等 5 个工序。由于铲运机集铲、运、卸、铺、平整于一体，因而在土方工程的施工中比推土机、装载机、挖掘机、自卸汽车联合作业具有更高的效率与经济性，如图 6.4 所示。

（a）自行式铲运机

（b）拖式铲运机

图 6.4　铲运机

铲运机的经济作业距离一般在 100 ~ 2 500 m，最大运距可以达到几公里。在合理的运距内一个台班完成的土方量，相当于一台斗容量为 1 m^3 的挖掘机配以 4 辆载重 10 t 的自卸车共完成 5 名司机完成的土方量，其技术经济指高程于 5 ~ 8 倍。自行式铲运机的工作速度可以达到 40 km/h 以上，充分显示铲运机在中长距离作业中具有很高的生产效率和良好的经济效益的优越性。

铲运机可以用来直接完成Ⅱ级以下软土体的铲挖，对Ⅲ级以上较硬的土应对其进行预先疏松后的铲挖。铲运机还可以对土进行铺卸平整作业，将土逐层填铺到填方的地点，并对土进行一定的平整与压实。

铲运机主要根据斗容量大小、卸载方式、装载方式、行走机构、动力传递及操纵方式的不同进行分类，详见表6.1。

表6.1 铲运机分类

分类方式	类型			
按斗容量大小分	小型 <5 m^3	中型 5～15 m^3	大型 15～30 m^3	特大型 >30 m^3
按卸载方式分	自由式	半强制式	强制式	
按装载方式分	普通式	升运式		
按行走机构分	轮胎式	履带式		
按动力传递分	机械	液力机械	电力	液压
按操纵方式分	机械	液压		

（二）铲运机的选用

铲运机的选用主要取决于运距、物料特性、道路状况等因素，其中经济适用运距及作业的阻力是选用铲运机的主要依据。

1. 按运距选用

按运距选用是选用铲运机的基本依据，在100～2 500 m的运距范围内，土方工程的最佳装运设备是铲运机，一般是斗容量小运距短，而斗容量大则运距大，目前美国REYNOLDS公司生产的多个型号铲运机，最佳运距达500 m或更长。

2. 按铲运的物料特性选用

一般铲运机适用于Ⅱ级以下土质中使用，若遇Ⅲ、Ⅳ级土质时，应对其进行预先翻松。铲运机最适宜在含水率为25%以下的松散砂土和黏性土中施工，而不适合在干燥的粉砂土和潮湿的黏土中施工，更不适合在潮湿地带、沼泽地带及岩石类地区作业。

3. 按施工地形选用

利用下坡铲装和运输可以提高铲运机的生产率，最佳坡度为7°～8°。纵向运土路应平整，坡度不应小于1∶10～1∶12。

大面积平整场地，铲平大土堆及填挖管道沟槽和装运河道土方等工程最为适用。

4. 按机种选用

主要依据土质、运距、坡度和道路条件选用铲运机的机种，目前在国外升运式铲运机得到广泛的应用，因为升运式铲运机可在不用助铲机顶推下，可装满铲斗；功率负荷在作业时的变化幅度小，仅为15%，而普通铲运机需要40%左右，双发动机升运式铲运机能克服较大的工作阻力，因此装运物料的范围较宽，并能在较大的坡度上作业。

（三）铲运机安全操作规程

（1）操作人员应经过专门的培训，了解本机性能、构造及维护保养方法，并能熟练掌握操作技能和规程，经考试合格取证后方可上岗工作。

（2）铲运机作业时，不应急转弯进行铲土，以免损坏铲运机刀片。

（3）铲运机正在作业时，不准以手触摸该机的回转部件，铲斗的前后斗门未撑牢、垫实、插住以前，不得从事保养检修等工作。

（4）驾驶员要离开设备时，应将铲斗放到地面，将操纵杆放在空挡位置，关闭发动机。

（5）在新填的土堤上作业时，至少应离斜坡边缘 1 m 以上，下坡时不得以空挡滑行。

（6）铲运机在边缘倒土时，离坡边至少不得小于 30 cm，斗底提升不得高过 20 cm。

（7）铲运机在崎岖的道路上行驶转弯时，为防止机身倾倒，铲斗不得提得太高。在检修保养铲斗时，应用防滑垫垫实铲斗。

（8）铲运机运行中，严禁任何人上下机械、传递物件，拖把上、机架上、铲斗内均不得有人坐立。

（9）清除铲斗内积土时，应先将斗门顶牢。

三、装载机施工安全

（一）装载机概述

1. 简　介

装载机主要用来铲、装、卸、运土和石料类等散状物料，也可以对岩石、硬土进行轻度铲掘作业。如果换不同的工作装置，还可以完成推土、起重、装卸其他物料的工作。在铁路、公路施工中主要用于路基工程的填挖，沥青和水泥混凝土料场的集料、装料等作业。由于它具有作业速度快，机动性好，操作轻便等优点，因而发展很快，成为土石方施工中的主要机械，如图 6.5 所示。

（a）轮式装载机　　（b）履带式装载机

图 6.5　装载机

装载机主要部件包括发动机，变矩器，变速箱，前、后驱动桥，简称四大件。

（1）发动机主要作用是为机械提供动力。

（2）变矩器上有 3 个泵，工作泵（供应举升、翻斗压力油）、转向泵（供应转向压力油）、变速泵（也称行走泵，供应变矩器、变速箱压力油），有些机型转向泵上还装有先导泵（供应操纵阀先导压力油）。

（3）变速箱有一体的（行星式）和分体的（定轴式）两种。

（4）前、后驱动桥主要由主传动器、差速器、半轴、轮边减速器及桥壳等部件组成。

2. 分　类

常用的单斗装载机可按发动机功率、传动形式、行走系结构、装载方式的不同进行分类，如表 6.2 所示。

表 6.2　装载机分类

分类方式	类　型	特　性
发动机功率	小型装载机	功率小于 74 kW
	中型装载机	功率在 74～147 kW
	大型装载机	功率在 147～515 kW
	特大型装载机	功率大于 515 kW
传动形式	液力-机械传动	冲击振动小，传动件寿命长，操纵方便，车速与外载间可自动调节，一般在中大型装载机多采用
	液力传动	可无级调速、操纵简便，但启动性较差，一般仅在小型装载机上采用
	电力传动	无级调速、工作可靠、维修简单、费用较高，一般在大型装载机上采用
行走结构	轮胎式	质量轻、速度快、机动灵活、效率高、不易损坏路面、接地比压大、通过性差、但被广泛应用
	履带式	接地比压小，通过性好、重心低、稳定性好、附着力强、牵引力大、比切入力大、速度低、灵活性相对差、成本高、行走时易损坏路面
装卸方式	前卸式	结构简单、工作可靠、视野好，适合于各种作业场地，应用较广
	回转式	工作装置安装在可回转 360°的转台上，侧面卸载不需要调头、作业效率高，但结构复杂、质量大、成本高、侧面稳性较差，适用于较狭小的场地
	后卸式	前端装、后端卸、作业效率高、作业的安全性欠好

3. 工作装置

装载机的铲掘和装卸物料作业是通过其工作装置的运动来实现的。装载机工作装置由铲斗、动臂、连杆、摇臂和转斗油缸、动臂油缸等组成。整个工作装置铰接在车架上。铲斗通过连杆和摇臂与转斗油缸铰接，用以装卸物料。动臂与车架、动臂油缸铰接，用以升降铲斗。铲斗的翻转和动臂的升降采用液压操纵。

装载机作业时工作装置应能保证：当转斗油缸闭锁、动臂油缸举升或降落时，连杆机构使铲斗上下平动或接近平动，以免铲斗倾斜而撒落物料；当动臂处于任何位置、铲斗绕动臂铰点转动进行卸料时，铲斗倾斜角不小于 45°，卸料后动臂下降时又能使铲斗自动放平。

土方工程用装载机铲斗结构，其斗体常用低碳、耐磨、高强度钢板焊接制成，切削刃采用耐磨的中锰合金钢材料，侧切削刃和加强角板都用高强度耐磨钢材料制成。

铲斗切削刀的形状分为 4 种。齿形的选择应考虑插入阻力、耐磨性和易于更换等因素。齿形分尖齿和钝齿，轮胎式装载机多采用尖形齿，而履带式装载机多采用钝形齿。斗齿数目视斗宽而定，斗齿距一般为 150 ~ 300 mm。斗齿结构分整体式和分体式两种，中小型装载机多采用整体式，而大型装载机由于作业条件差、斗齿磨损严重，常采用分体式。分体式斗齿分为基本齿和齿尖两部分，磨损后只需要更换齿尖。

（二）装载机的选用

（1）机型的选择：主要依据作业场合和用途进行选择和确定。一般在采石场和软基地进行作业时，多选用履带式装载机。

（2）动力的选择：一般多采用工程机械用柴油发动机，在特殊地域作业，如海拔高于 3 000 m 的地方，应采用特殊的高原型柴油发动机。

（3）传动形式的选择：一般选用液力-机械传动。其中关键部件是变矩器形式的选择，目前我国生产的装载机多选用双涡轮、单级两相液力变矩器。

此外，在选用装载机时，还要充分考虑装载机的制动性能，包括行车制动、停车制动和紧急制动 3 种。制动器有蹄式、钳盘式和湿式多片式 3 种。制动器的驱动机构一般采用加力装置，其动力源有压缩空气，气顶油和液压式 3 种。目前常用的是气顶油制动系统，一般采用双回路制动系统，以提高行驶的安全性。

（三）装载机安全操作注意事项

1. 一般安全注意事项

（1）驾驶员及有关人员在使用装载机之前，必须认真仔细地阅读制造企业随机提供的使用维护说明书或操作维护保养手册，按资料规定的事项去做。否则会带来严重后果和不必要的损失。

（2）驾驶员的穿戴应符合安全要求，并穿戴必要的防护设施。

（3）在作业区域范围较小或危险区域，则必须在其范围内或危险点显示出警告标志。

（4）绝对严禁驾驶员酒后或过度疲劳驾驶作业。

（5）在中心铰接区内进行维修或检查作业时，要装上“防转动杆”以防止前、后车架相对转动。

（6）要在装载机停稳之后，在有蹬梯扶手的地方上下装载机。切勿在装载机作业或行走时跳上跳下。

（7）维修装载机需要举臂时，必须把举起的动臂垫牢，保证在任何维修情况下，动臂绝对不会落下。

2. 发动机启动前的安全注意事项

（1）检查并确保所有灯具的照明及各显示灯能正常显示。特别要检查转向灯及制动显示灯的正常显示。

（2）检查并确保在启动发动机时，不得有人在车底下或靠近装载机的地方工作，以确保出现意外时不会危及自己或他人的安全。

（3）启动前装载机的变速操纵手柄应扳到空挡位置。

（4）不带紧急制动的制动系统，应将手制动手柄扳到停车位置。

（5）只能在空气流动好的场所启动或运转发动机。如在室内运转时，要把发动机的排气口接到或朝向室外。

3. 发动机启动后及作业时的安全注意事项

（1）发动机启动后，等制动气压达到安全气压时再准备起步，以确保行车时的制动安全性。有紧急制动的把紧急及停车制动阀的按钮按下（只有当气压达到允许起步气压时，按钮才能按下，否则按下去会自动跳起来），使紧急及停车制动释放下，才能挂Ⅰ挡起步。无紧急制动的只需将停车制动手柄放下，驶入停车制动即可起步。

（2）清除装载机在行走道路上的故障物，特别要注意铁块、沟渠之类的障碍物，以免割破轮胎。

（3）将后视镜调整好，使驾驶员入座后能有最好的视野效果。

（4）确保装载机的喇叭、后退信号灯，以及所有的保险装置能正常工作。

（5）在即将起步或在检查转向左右灵活到位时，应先按喇叭，以警告周围人员注意安全。

（6）在起步行走前，应对所有的操纵手柄、踏板、方向盘先试一次，确定已处于正常状态才能开始进入作业。要特别注意检查转向、制动是否完好。确定转向、制动完全正常，方可起步运行。

（7）行进时，将铲斗置于离地 400 mm 左右高度。在山区坡道作业或跨越沟渠等障碍时，应减速、小转角，要注意避免倾翻。当装载面在陡坡上开始滑向一边时，必须立即卸载，防止继续滑下。

（8）作业时尽量避免轮胎过多、过分打滑；尽量避免两轮悬空，不允许只有两轮着地而继续作业。

（9）作牵引车时，只允许与牵引装置挂接，被牵引物与装载机之间不允许站人，且要保持一定的安全距离，防止出现安全事故。

4. 停机时的安全注意事项

（1）装载机应停在平地上，并将铲斗平放地面。当发动机熄火后，需反复多次扳动工作装置操纵手柄，确保各液压缸处于无压休息状态。当装载机只能停在坡道上时，要将轮胎垫牢。

（2）将各种手柄置于空挡或中间位置。

（3）先取走电锁钥匙，然后关闭电源总开关，最后关闭门窗。

（4）不准停在有明火或高温地区，以防轮胎受热爆炸，引起事故。

（5）利用组合阀或储气罐对轮胎进行充气时，人不得站在轮胎的正面，以防爆炸伤人。

四、挖掘机施工安全

（一）挖掘机概述

1. 简　介

挖掘机，又称挖掘机械，是用铲斗挖掘高于或低于承机面的物料，并装入运输车辆或卸至堆料场的土石方机械。挖掘的物料主要是土壤、煤、泥沙以及经过预松后的土壤和岩石。从近几年工程机械的发展来看，挖掘机的发展相对较快，是施工中最主要的工程机械之一。

常见的挖掘机结构包括动力装置、工作装置、回转机构、操纵机构、传动机构、行走机构和辅助设施等，如图 6.6 所示。

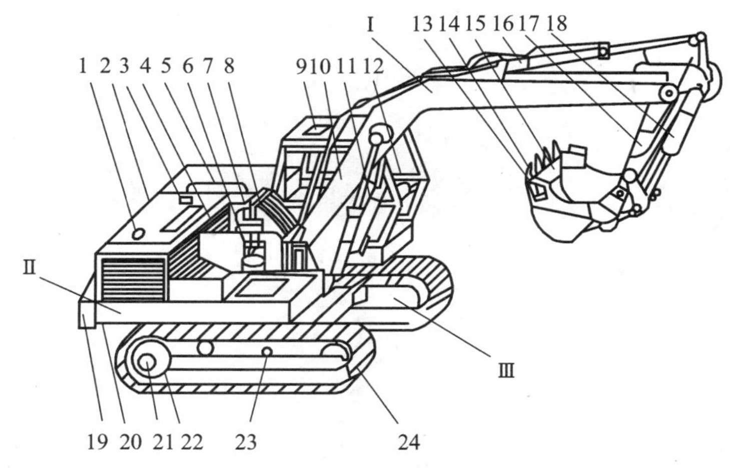

图 6.6　液压挖掘机

1—柴油机；2—机罩；3—油泵；4—多路阀；5—油箱；6—回转减速器；7—回转马达；8—回转接头；9—驾驶室；10—动臂；11—动臂油缸；12—操纵台；13—边齿；14—斗齿；15—铲斗；16—斗杆油缸；17—斗杆；18—铲斗油缸；19—平衡重；20—转台；21—行走减速器；22—行走马达；23—拖链轮；24—履带；Ⅰ—工作装置；Ⅱ—上部转台；Ⅲ—行走机构

2. 分　类

挖掘机的分类如表 6.3 所示。

表 6.3　挖掘机分类

分类方式	类　型	特　性
驱动方式	内燃机驱动挖掘机	
	电力驱动挖掘机	主要应用在高原缺氧与地下矿井和其他一些易燃易爆的场所
行走方式	履带式挖掘机	
	轮式挖掘机	
传动方式	液压挖掘机	
	机械挖掘机	主要用在一些大型矿山上
铲斗	正铲挖掘机	多用于挖掘地表以上的物料
	反铲挖掘机	多用于挖掘地表以下的物料
铲斗容积大小	轻型（$0.25 \sim 0.35\ m^3$）	
	中型（$0.35 \sim 1.5 m^3$）	
	重型（大于 $1.5\ m^3$）	

3. 工作装置

工作装置是直接完成挖掘任务的装置。它由动臂、斗杆、铲斗等 3 部分铰接而成。动臂起落、斗杆伸缩和铲斗转动都用往复式双作用液压缸控制。为了适应各种不同施工作业的需要，挖掘机可以配装多种工作装置，如挖掘、起重、装载、平整、夹钳、推土、冲击锤等多种作业机具，如图 6.7 所示。

（a）蛤壳式抓斗　（b）多功能抓斗　（c）多瓣式抓斗

（d）破拆和分拣抓斗　（e）岩石抓具　（f）木材抓具

（g）隔离吊具　（h）托盘叉具　（i）液压挖土钻

图 6.7　挖掘机可配的常见作业机具

回转与行走装置是液压挖掘机的机体，转台上部设有动力装置和传动系统。发动机是挖掘机的动力源，大多采用柴油发动机，在用电方便的场地也可改用电动机作为动力源。

传动机构通过液压泵将发动机的动力传递给液压马达、液压缸等执行元件，推动工作装置动作，从而完成各种作业。

（二）挖掘机的选用

挖掘机的选型和使用是路基土石方施工生产的重要环节，其选型要依据施工环境和施工现场的配套车辆进行正确选择。

1. 依据施工环境而定

施工环境决定了挖掘机作业效率的高低，因此要依据施工环境的不同选用不同型号、不同配置的挖掘机，避免出现浪费现象。

（1）疏松、低密度的土壤、沙石，大作业量、有限定工期。可选用型号较大的大功率、大斗容的挖掘机进行挖掘、装载作业，最大限度发挥挖掘机的作业效率。如 20 t 级 1.2 m^3 、30 t 级 1.6 m^3 、40 t 级 2.2 m^3 的挖掘机。

（2）疏松、低密度的土壤、沙石，间歇性施工、出租性质。可选用中小型的挖掘机，大大节省施工成本。如 20 t 级 0.85 m^3 、0.93 m^3 、1.1 m^3 的挖掘机。

（3）坚硬的土壤、风化石、沙（土）夹石、冻土、爆炸/粉碎的山石。要选用挖掘力大，斗容略小的挖掘机，以克服恶劣环境对挖掘机的影响，节约施工成本。如 20 t 级 0.9 m^3 、30 t 级 1.2 m^3 、40 t 级 1.6 m^3 的挖掘机。

（4）特殊环境条件下。如高原（3 000 m 以上）、高温（45 °C 以上）、高湿、酸碱盐、极度寒冷（－10 °C 以下）将采用相应的对策克服环境对设备影响，满足施工要求。

2. 依据施工现场的配套车辆而定

一般情况下挖掘机在施工作业中都是与运输车辆配套使用，依据作业量大小、运输距离、车辆运力来选用相应型号的挖掘机是非常必要的。

（1）作业量大、运输较近、运输车辆足够。要选用多台较大型号的挖掘机，充分发挥其作业效率。如 20 t 级 1.2 m^3 、30 t 级 1.6 m^3 、40 t 级 2.2 m^3 的挖掘机。

（2）作业量大、运输距离较远、运输车辆不充足。要选用多台中等型号的挖掘机，使之与运输能力相适应，以节约施工成本。如 20 t 级 1.1 m^3 、1.2 m^3 的挖掘机；或少量 30 t 级的挖掘机加上多台 20 t 级的挖掘机联合作业。

3. 挖掘机在施工中的使用技巧

（1）挖掘岩石。

使用铲斗挖掘岩石会对机器造成较大破坏，应尽避免；必须挖掘时，应根据岩石的裂纹方向来调整机体的位置，使铲斗能够顺利铲入，进行挖掘；把斗齿插入岩石裂缝中，用斗杆和铲斗的挖掘力进行挖掘（应留心斗齿的滑脱）；未被碎裂的岩石，应先破碎再使用铲斗挖掘。

（2）平整作业。

进行平面修整时应将机器平放地面，防止机体摇动，要把握动臂与斗杆的动作协调性，控制两者的速度对于平面修整至关重要。

（3）装载作业。

机体应处于水平稳定位置，否则回转卸载难以准确控制，从而延长作业循环时间；机体与卡车要保持适当距离，防止在做 180°回转时配重与卡车相碰；尽量进行左回转装载，这样做视野开阔、作业效率高，同时要正确掌握旋转角度，以减少用于回转的时间；卡车位置应比挖掘机低，以缩短动臂提升时间，且视线良好；装载时先装砂土、碎石，再放置大石块，可以减少对车箱的撞击。

（4）松软地带或水中作业。

在软土地带作业时，应了解土壤松实程度，并注意限制铲斗的挖掘范围，防止滑坡、塌方等事故发生以及车体沉陷。

在水中作业时，应注意车体容许的水深范围（水面应在托链轮中心以下）；如果水平面较高，回转支承内部将因水的进入导致润滑不良，发动机风扇叶片受水击打导致折损，电器线路元件由于水的侵入发生短路或断路。

（5）吊装作业。

作用液压挖掘机进行吊装操作时，应仔细观察吊装现场周围状况，使用高强度的吊钩和钢丝绳，吊装时要尽量使用专用的吊装装置；作业方式应选择微操作模式，动作要缓慢平衡；吊绳长短应适当，防止吊物摆动幅度大；要正确调整铲斗位置，防止钢线绳滑脱；施工人员尽量不要靠近吊装物，防止因操作不当发生事故。

（6）行走操作。

挖掘机行走时，应尽量收起工作装置并靠近机体，以保持稳定性；把终传动放在后面以保护终传动。尽量避免驶过树桩和岩石等障碍物，防止履带扭曲；若必须驶过障碍物时，应确保履带中心在障碍物上。过土墩时，要始终用工作装置支撑住底盘，以防止车体剧烈晃动甚至倾翻。应避免长时间停在陡坡上怠速运转发动机，否则会因油位的改变而导致润滑不良。

机器长距离行走，会使支重轮及终传动内部因长时间回转产生高温，润滑油黏度下降和润滑不良，因此应经常停机冷却降温，延长下部机体的寿命。

禁止靠行走的驱动力进行挖土作业，过大的负荷会导致终传动、履带等下车部件的早期磨损或损坏。

上坡行走时，驱动轮应在后，以增加触地履带的附着力。下坡行走时，驱动轮应在前，使上部履带绷紧，防止停车时车体在重力作用下向前滑移而引起事故。

在斜坡上行走时，工作装置应置于前方，确保安全；停车后，把铲斗轻轻地插入地面，并在履带下放上挡块。在陡坡上转弯时，应将速度放慢，左转时向后转动左履带，右转时向后转动右履带，这样可以降低在斜坡上转弯时的危险。

（7）破碎作业。

首先要把锤头垂直放在待破碎的物体上。开始破碎作业时，抬起前部车体大约 5 cm，破碎时，破碎头要一直压在破碎物上，物体被破碎后应立即停止操作。破碎时，由于振动会使锤头逐渐改变方向，应随时调整，使锤头方向始终垂直于破碎物体表面。当锤头打不进破碎物时，应改变破碎位置；在同一个地方持续破碎不要超过 1 min，否则不仅会损坏锤头，而且油温会异常升高；对于坚硬的物体，应从边缘开始逐渐向中心破碎。严禁边回转边破碎、锤头插入后扭转液压锤和将液压锤当凿子用。

（8）注意事项。

① 液压缸内部装有缓冲装置，能够在靠近行程末端逐渐释放背压；如果在到达行程末端后受到冲击载荷，活塞将直接碰到缸头或缸底，容易造成事故，因此到行程末端时应尽量留有余隙。

② 利用回转动作进行推土作业将引起铲斗和工作装置的不正常受力，造成扭曲或焊缝开裂，甚至销轴折断，应尽量避免此种操作。

③ 利用机体重量进行挖掘会造成回转支承不正常受力状态，同时会对底盘产生较强的振动和冲击，对液压缸或液压管路产生较大的破坏。

④ 在装卸岩石等较重物料时，应靠近卡车车厢底部卸料，或先装载泥土，然后装载岩石，禁止高空卸载，以减小对卡车的撞击破坏。

履带陷入泥中较深时，在铲斗下垫一块木板，利用铲斗的底端支起履带，然后在履带下垫上木板，将机器驶出。

合理选用和使用挖掘机，加强细节管理，才能提高机器的使用率和完好率，更好的为施工服务。

（三）挖掘机安全操作注意事项

1. 作业前准备的安全注意事项

（1）仔细阅读挖掘机相关的使用说明，熟悉所驾驶车辆的使用和保养状况。

（2）详细了解施工现场任务情况，检查挖掘机停机处土壤坚实性和平稳性。在挖掘基坑、沟槽时，检查路堑和沟槽边坡稳定性。

（3）严禁任何人员在作业区内停留，工作场地应便于自卸车出入。

（4）检查挖掘机液压系统、发动机、传动装置、制动装置、回转装置，以及仪器、仪表，在经试运转并确认正常后才可以工作。

2. 作业与行驶中的安全注意事项

（1）操作开始前应发出信号。

（2）作业时，要注意选择和创造合理的工作面，严禁掏洞挖掘；严禁将挖掘机布置在两个挖掘面内同时作业；严禁在电线等高空架设物下作业。

（3）作业时，禁止随便调节发动机、调速器以及液压系统、电器系统；禁止用铲斗击碎或用回转机械方式破碎坚固物体；禁止用铲斗杆或铲斗油缸顶起挖掘机；禁止用挖掘机动臂拖拉位于侧面重物；禁止工作装置以突然下降的方式进行挖掘。

（4）挖掘机应在汽车停稳后再进行装料，卸料时，在不碰及汽车任何部位的情况下，铲斗应尽量放低，并禁止铲斗从驾驶室上越过。

（5）液压挖掘机正常工作时，液压油温应在 50 °C ~ 80 °C。机械使用前，若低于 20°时，要进行预热运转；达到或超过 80 °C 时，应停机散热。

3. 作业后的安全注意事项

（1）挖掘机行走时，应有专人指挥，且与高压线距离不得少于 5 m。禁止倒退行走。

（2）在下坡行走时应低速、匀速行驶，禁止滑行和变速。

（3）挖掘机停放位置和行走路线应与路面、沟渠、基坑保持安全距离。

（4）挖掘机在斜坡停车，铲斗必须放到地面，所有操作杆置于中位。

（5）工作结束后，应将机身转正，将铲斗放到地面，并将所有操作杆置于空挡位置。各部位制动器制动，关好机械门窗后，驾驶员方可离开。

五、压实机械施工安全

（一）压路机概述

1. 简　介

压路机是利用机械力使土壤、碎石等松散物料密实，提高其承载能力的机械。压路机在工程机械中属于道路设备的范畴，广泛用于公路、铁路、机场跑道、大坝、体育场等大型工程项目的填方压实作业，可以碾压沙性、半黏性及黏性土壤、路基稳定土及沥青混凝土路面层等。

(a) 光轮压路机

(b) 轮胎压路机

(c) 羊足碾压路机

图 6.8 各种常见类型压路机

2. 分类及特点

压实机械按照其工作原理可分为静作用碾压式、振动式、冲击式和复合式压实机械。

(1) 静作用碾压式压实机械利用碾轮重力作用，使被压土壤和碎石层产生永久形变而密实。根据碾轮不同分为光面碾、槽纹碾、羊足碾和轮胎碾等。

(2) 振动式压实机械利用机械的激振力使物料在振动中重新排列而变得密实。振动压实机械具有振动频率高、能耗低、压实效果好，对于黏性低的松散物料效果较好。

(3) 冲击式压实机械是利用机械的冲击力压实物料，其特点是夯实厚度大，适用于狭小面积及基坑的夯实。

(4) 复合式压实机械采用碾压与振动复合、碾压与冲击复合等形式。

3. 碾压技巧

压实作业的基本原则：慢压-快压；轻压-重压；静压-振压。

(1) 无论是上坡碾压还是下坡碾压，压路机的驱动轮均应在后面。这样做的优点是：上坡时，后面的驱动轮可以承受坡道及机器自身所提供的驱动力，同时前轮对路面进行初步压实，以承受驱动轮所产生的较大的剪切力；下坡时，压路机自重所产生的冲击力是靠驱动轮的制动来抵消的，只有经前轮碾压后的混合料才有支承后驱动轮产生剪切力的能力。

(2) 上坡碾压时，压路机起步、停止和加速都要平稳，避免速度过高或过低。下坡碾压应避免突然变速和制动。

(3) 在坡度很陡情况下进行下坡碾压时，应先使用轻型压路机进行预压，而后再用重型压路机或振动压路机进行压实。

(4) 在对沥青混合料进行碾压时，无论是上坡还是下坡，沥青混合料底下一层必须清洁干燥，而且一定要喷洒沥青结合层，以避免混合料在碾压时滑移。上坡碾压前，应使混合料冷却到规定的低限温度，而后进行静力预压，待混合料温度降到下限（120 °C）时，才采用振动压实。

（二）压路机的选用

选择压实机械时应考虑机械的工作特性和使用场合。静碾压路机是依靠自身质量，在相对的铺层厚度上以线载荷、碾压次数和压实速度体现其压实能力的，压实厚度不超过 25 cm，碾压速度为 2～4 km/h，需要碾压 8～10 遍才可达到要求。而振动压路机由于激振力较大，压实厚度可达 50～60 cm，某些 20 t 级以上重型振动压路机的压实厚度甚至可以超过 1 m，在碾压速度为 4～6 km/h 的情况下碾压 4～6 遍就可达到标准要求的密实度，施工效率是静碾压路机的 2～3 倍。为了有效提高施工进度，一些高寒时间较长、施工季节较短的地区应考虑选择振动压路机；而在山区公路或山体土壤疏松的工作场地，振动压路机产生的激振力容易造成山体塌方、滑坡，发生施工事故，宜选用静碾压路机。夯击压实机械是利用夯具多次下落时的冲击作用将材料压实，包括夯锤、夯板及夯实机。夯具对地表产生的冲击力比静压力大得多，并可传至较深处，压实效果也好，适用于各种性质的土质。

路基压实工作大多是由碾压机械（各种路碾）来完成的，夯实机械常用于路碾无法压实的地方。一般来说，重型压实机械压实能力（自重、线压力、落距、振幅和频率等）大，压实效果好，生产率高，单位压实功小，费用亦低；但容易引起土体破坏或对邻近结构物产生危害。因而，压实机械常要配套使用，才能保证工程的质量和充分发挥机械的效力。表 6.4 列出了各种压实机械的使用场合，以供选配参考。

表 6.4　各种压实机械的使用场合

机械名称	土的类别			适合使用的条件
	巨粒土	粗粒土	细粒土	
2～8 t 两轮光面压路机	A	A	A	用于预压整平
12～18 t 三轮光面压路机	B	A	A	常用于路基上层
25～50 t 轮胎碾	A	A	A	压实要求高时最宜使用
羊足（凸块、条式）碾	C	C 或 B	A	粉、黏土质砂可用
振动路碾	A	A	B	压实要求高时最宜使用，巨粒石宜用 12t 以上的重碾
振动凸块碾	A	A	A	最宜使用于含水率较高的细粒土
手扶式振动压路机	C	A	B	用于狭窄地点
振动平板夯	B 或 C	A	B	用于狭窄地点，机械质量 0.8t 以上的可用于巨粒土
手扶式振动夯	B	A	A	用于狭窄地点

注：① 表中符号 A 代表适用，B 代表无适当机械时可用，C 代表不适用；
② 土的类别按《公路土工试验规程》（JTGE 40—2007）的规定划分，其中巨粒石块在内；
③ 自行式路碾（压路机）宜用于一般路堤和路床换填等的压实，并按直线式运行；
④ 羊足（凸块、条式）碾应与光面压路机配合使用。

（三）压路机安全操作规程

（1）作业时，压路机应先起步后才能起振，内燃机应先置于中速，然后再调至高速。

（2）变速与换向时应先停机，变速时应降低内燃机转速。

（3）严禁压路机在坚实的地面上进行振动。

（4）碾压松软路基时，应先在不振动的情况下碾压 1～2 遍，然后再振动碾压。

（5）碾压时，振动频率应保持一致。对可调频率的振动压路机，应先调好振动频率后再作业，不得在没有起振的情况下调整振动频率。

（6）换向离合器、起振离合器和制动器的调整，应在主离合器脱开后进行。

（7）上、下坡时，不得使用快速挡。在急转弯时，包括铰接式振动压路机在小转弯绕圈碾压时，严禁使用快速挡。

（8）压路机在高速行驶时不得接合振动。

（9）停机时应先停振，然后将换向机构置于中间位置，变速器置于空挡，最后拉起手制动操纵杆，内燃机怠速运转数分钟后熄火。

（10）其他作业要求应符合静压压路机的规定。

项目 6.2 混凝土及钢筋机械施工安全

案例导入

案例一：

1. 事故经过

某企业进行原煤系统设备检修，按规定在检修破碎机前须将破碎机内物料清理彻底，破碎机岗位司机李某对破碎机严格执行停电挂牌后，未戴安全帽直接将上半身伸入破碎机内，用铁锹清理积煤。此时赵某将上道工序手选皮带开启，手选皮带上大块煤直接落入破碎机内，将李某头部砸一大口，缝了 8 针，并伴有轻微脑震荡。

2. 事故原因

（1）直接原因：

李某在工作过程中未按规定穿戴好劳动保护用品，未设专人进行监护，现场自主保护意识差，严重违反《选煤厂安全技术操作规程》，手选皮带机司机赵某清理皮带机尾积煤向前带动物料，开机前未发出开车信号直接进行开机，属严重违章，是造成此次事故的直接原因。

（2）间接原因：

① 相邻岗位配合不好，存在各自为战现象，安全自保、互保、联保意识差。

② 企业对职工安全管理、安全教育、技术管理培训力度不够，职工不能严格执行安全技术操作规程，安全意识薄弱，“三乎三惯”（马乎、凑乎、不在乎；看惯了、干惯了、习惯了）思想严重。

③ 管理人员现场安全监督管理不到位，未设专人进行监护。

案例二：

1. 事故经过

2002 年 4 月 24 日，在某中建局总包、广东某建筑公司承包的动力中心及主厂房工程工地上，动力中心厂房正在进行抹灰施工，现场使用一台 JGZ350 型混凝土搅拌机用来拌制抹灰砂浆。上午 9 时 30 分左右，由于从搅拌机出料口到动力中心厂房西北侧现场抹灰施工点约有 200 m 左右的距离，两台翻斗车进行水平运输，加上抹灰工人较多，造成砂浆供应不上，工人在现场停工待料。身为抹灰工长的文某非常着急，到砂浆搅拌机边督促拌料。因文某本人安全意识不强，趁搅拌机操作工去备料而不在搅拌机旁的情况下，私自违章开启搅拌机，且在搅拌机运行过程中，将头伸进料口边查看搅拌机内的情况，被正在爬升的料斗夹到其头部后，人跌落在料斗下，料斗下落后又压在文某的胸部，造成头部大量出血。事故发生后，现场负责人立即将文某急送医院，经抢救无效，于当日上午 10 时左右死亡。

2. 事故原因

（1）直接原因：

身为抹灰工长的文某，安全意识不强，在搅拌机操作工不在场的情况下，违章作业，擅自开启搅拌机，且在搅拌机运行过程中将头伸进料斗内，导致料斗夹到其头部，是造成本次事故的直接原因。

（2）间接原因：

① 总包单位项目部对施工现场的安全管理不严，施工过程中的安全检查督促不力。

② 承包单位对职工的安全教育不到位，安全技术交底未落到实处，导致抹灰工擅自开启搅拌机。

③ 施工现场劳动组织不合理，大量抹灰作业仅安排 3 名工人和一台搅拌机进行砂浆搅拌，造成抹灰工在现场停工待料。

④ 搅拌机操作工为备料而不在搅拌机旁，给无操作证人员违章作业创造条件。

⑤ 施工作业人员安全意识淡薄，缺乏施工现场的安全知识和自我保护意识。

案例三：

1. 事故经过

山西河津市某安装公司对某氧化铝厂 3 号熟料烧成窑进行大修，临时工何某无特种作业资格证，却从事窑尾钩钉焊接，且未戴安全手套和鞋袜，不慎触电，送往医院抢救无效死亡。

2. 事故原因

电焊工在进行电焊操作作业时，应严格执行《电业生产安全规程》的有关规定，并戴好安全手套、鞋袜等绝缘保护用品，没有特种作业资格证的其他人员，或不懂电气知识的人不能擅自操作电焊机，以免造成人身事故。何某无特种作业资格证，属于违章作业。

一、破碎机械施工安全

（一）破碎机械简介

破碎作业常按给料和排料粒度的大小分为粗碎、中碎和细碎，详见表 6.5。常用的砂石破碎设备有颚式破碎机、反击式破碎机、冲击式破碎机、复合式破碎机、单段锤式破碎机、立式破碎机、旋回破碎机、圆锥式破碎机、辊式破碎机、双辊式破碎机、二合一破碎机、一次成型破碎机等几种。

表 6.5 物料破碎过程分段

项目	粗碎	中碎	细碎
物料粒度/mm	1 200 ~ 300	300 ~ 100	100 ~ 30
产品粒度/mm	300 ~ 100	100 ~ 30	10 ~ 3

在物料破碎过程中，还有一个重要指标——破碎比，如下式：

$$f = D/d$$

式中 f——总破碎比；

D——毛料中最大粒径，mm；

d——破碎后产品中最大粒径，mm。

常用破碎机的破碎比如表 6.6 所示。

表 6.6 常用破碎机的破碎比

破碎机类型	破碎比数值	破碎机类型	破碎比数值
颚式破碎机	3 ~ 6	旋盘式破碎机	6 ~ 10
圆锥破碎机	3 ~ 6	立式破碎机	4 ~ 8
旋回破碎机	3 ~ 5	反击式破碎机	8 ~ 26

（二）破碎机械的选用

破碎设备类型和规格的选择必须适应矿石的物理性质，满足处理能力和产品粒度的要求，并应考虑设备配置方面的因素。与矿石破碎性能有关的物理性质主要是矿石硬度、密度、黏性、水分及给矿中最大粒度等。给矿最大粒度与破碎机给矿口宽度的关系是选择破碎机规格的主要因素之一。对于粗破碎机，给矿最大粒度一般不应大于给矿口宽度的 0.8 ~ 0.85；对于中、细碎破碎机不应大于 0.85 ~ 0.90。

1. 粗碎设备的选择

硬或中硬矿石，适于选用颚式破碎机或旋回破碎机；当处理中硬或较软矿石时，亦可采用反击式破碎机。颚式破碎机应用范围较广，主要优点是：构造简单、质量轻、价格低廉、便于维修和运输、外形高度小、需要厂房高度较小；在工艺方面，其工作可靠、调节排矿口方便、破碎潮湿矿石及含黏土较多的矿石时不易堵塞。主要缺点是：衬板易磨损，处理量比旋回破碎机低，产品粒度不均匀且过大块较多，并要求均匀给矿，需设置给矿设备。旋回破碎机破碎能力较高，与颚式破碎机相比，主要优点是：处理量大，在同样给矿口和排矿口宽度下，处理量是颚式破碎机的 2.5 ~ 3.0 倍，电耗较少，破碎腔内衬板磨损均匀，产品粒度均匀。主要缺点是：设备构造较复杂、设备重量大、要求有坚固的基础、机体高、需要较高的厂房。

在确定采用颚式破碎机或旋回破碎机之前，一般应从设备总质量、安装功率、基建投资、经营费用、设备配置及工艺操作优缺点等方面进行技术经济比较，择优选用。

2. 中、细碎设备的选择

破碎硬矿石和中硬矿石的中、细碎设备一般选用圆锥破碎机。中碎选用标准型；细碎选用短头型；中小型选矿厂采用两段破碎流程时，第二段可选用中型旋回破碎机。为与小型粗碎颚式破碎机能力配套，可选用复摆细碎型颚式破碎机。易碎性矿石可选对辊式、反击式或锤式破碎机。

圆锥破碎机生产可靠、破碎力大、处理量大，因此在选矿厂得到广泛应用。圆锥破碎机有弹簧圆锥破碎机和液压圆锥破碎机两大类。与弹簧圆锥破碎机相比，液压圆锥破碎机易于实现过载保护和自动调节，外形尺寸较小，但液压和动锥支撑结构的制造和检修较复杂。由于两种破碎机各有特点，因此在国内外均得到广泛应用和发展。

辊式破碎机构造简单、产品粒度可达 1 ~ 2 mm，均匀，但生产能力低、占地面积大、辊筒磨损快且不均匀，一般仅用于处理脆性矿石或要求减少过粉碎的中小型选矿厂，例如在选别钨锡矿石的重选厂，用于破碎中间产物。

反击式和锤式破碎机适用于中硬或易碎性矿石，例如石灰石、黄铁矿、石棉、焦炭及煤等。它的优点是体积小、构造简单、破碎比大、耗电少、处理量大、产品粒度均匀而且具有选择性破碎作用；缺点是板锤和反击板易磨损，需经常更换，并且噪声较大。反击式破碎机的破碎比一般为 15 ~ 25，可一次完成中、细破碎两段作业的任务，在非金属矿及煤炭工业应用较多。

（三）破碎机械安全操作规程

（1）破碎机司机必须经过培训，达到“三懂”（懂结构、懂性能、懂原理）、“四会”（会使用、会维护、会保养、会处理故障），经培训考试合格，取得合格证后，方准上岗操作。

（2）与工作面刮板输送司机、运输巷带式输送机司机密切配合，统一信号联系，按顺序开、停开。有大块物料在破碎机的进料口堆积外溢时，应停止工作面刮板输送机运转。若大块物料不能进入破碎机或有金属物件时，必须停机处理。

（3）合上磁力启动器手把送电，手按按钮点开 2 ~ 3 次，启动并空转 1 ~ 2 周，检查无异常、发出开机信号。

（4）运行中机械和电动机要无振动，声音和湿度要正常，各轴承温度不超过 75 °C，电动机温度不得超过厂家规定。

（5）链条松紧必须一致，在满负荷情况下，链条松紧量不允许超过两个链环长度，不得有卡链、跳链现象。

（6）破碎机的保护网安全装置应保持完好，在工作过程中要经常检查，如有损坏应立即停机处理。

二、混凝土拌和设备施工安全

（一）混凝土拌和设备简介

混凝土搅拌机是把水泥、砂石骨料和水混合并拌制成混凝土混合料的机械。主要由拌筒、加料和卸料机构、供水系统、原动机、传动机构、机架和支承装置等组成。

混凝土搅拌机按照工作性质分，可以分为周期性工作搅拌机和连续性工作搅拌机；按照搅拌原理可分为自落式搅拌机和强制式搅拌机，如图 6.9 所示；按照搅拌筒形状分，可分为鼓筒式、锥式和圆盘式等。

自落式搅拌机有较长的历史，拌筒内壁上有径向布置的搅拌叶片。工作时，拌筒绕其水平轴线回转，加入拌筒内的物料，被叶片提升至一定高度后，借自重下落，这样周而复始的运动，达到均匀搅拌的效果。自落式混凝土搅拌机的结构简单，一般以搅拌塑性混凝土为主。

强制式搅拌机分为涡桨式和行星式两种。19 世纪 70 年代后，随着轻骨料的应用，出现了圆槽卧轴式强制搅拌机，它又分单卧轴式和双卧轴式两种，兼有自落和强制两种搅拌的特点。其搅拌叶片的线速度小，耐磨性好和耗能少，发展较快。强制式混凝土搅拌机拌筒内的转轴臂架上装有搅拌叶片，加入拌筒内的物料，在搅拌叶片的强力搅动下，形成交叉的物流。这种搅拌方式远比自落搅拌方式作用强烈，主要适于搅拌干硬性混凝土。

（a）自落式搅拌机

（b）强制式搅拌机

图 6.9 混凝土搅拌机

（二）混凝土拌和设备安全操作规程

（1）固定式搅拌机应安装在牢固的台座上。当长期固定时，应埋置地脚螺栓；在短期使用时，应在机座上铺设木枕并找平放稳。

（2）固定式搅拌机的操纵台，应使操作人员能看到各部工作情况。电动搅拌机的操纵台，应垫上橡胶板或干燥木板。

（3）移动式搅拌机的停放位置应选择平整坚实的场地，周围应有良好的排水沟渠。就位后，应放下支腿将机架顶起达到水平位置，使轮胎离地。当使用期较长时，应将轮胎卸下妥善保管，轮轴端部用油布包扎好，并用枕木将机架垫起支座。

（4）对需设置上料斗地坑的搅拌机，其坑口周围应垫高夯实，应防止地面水流入坑内。上料轨道架的底端支承面应夯实或铺砖，轨道架的后面应采用木料加以支承，应防止作业时轨道变形。

（5）料斗放到最低位置时，在料斗与地面之间，应加一层缓冲垫木。

（6）作业前重点检查项目应符合下列要求：

① 电源电压升降幅度不超过额定值的 5%。

② 电动机和电器元件的接线牢固，保护接零或接地电阻符合规定。

③ 各传动机构、工作装置、制动器等均紧固可靠，开式齿轮、皮带轮等均有防护罩。

④ 齿轮箱的油质、油量符合规定。

（7）作业前，应先启动搅拌机空载运转。应确认搅拌筒或叶片旋转方向与筒体上箭头所示方向一致。对反转出料的搅拌机，应使搅拌筒正、反转运转数分钟，并应无冲击抖动现象和异常噪声。

（8）作业前，应进行料斗提升试验，应观察并确认离合器、制动器灵活可靠。

（9）应检查并校正供水系统的指示水量与实际水量的一致性；当误差超过 2%时，应检查管路的漏水点，或应校正节流阀。

（10）应检查骨料规格并应与搅拌机性能相符，超出许可范围的不得使用。

（11）搅拌机启动后，应使搅拌筒达到正常转速后进行上料。上料时应及时加水，每次加入的拌合料不得超过搅拌机的额定容量并应减少物料黏罐现象，加料的次序应为石子—水泥—砂子或砂子—水泥—石子。

（12）进料时，严禁将头或手伸入料斗与机架之间。运转中，严禁用手或工具伸入搅拌筒内扒料、出料。

（13）搅拌机作业中，当料斗升起时，严禁任何人在料斗下停留或通过；当需要在料斗下检修或清理料坑时，应将料斗提升后用铁链或插入销锁住。

（14）向搅拌筒内加料应在运转中进行，添加新料应先将搅拌筒内原有的混凝土全部卸出后方可进行。

（15）作业中，应观察机械运转情况，当有异常或轴承温升过高等现象时，应停机检查；当需检修时，应将搅拌筒内的混凝土清除干净，然后再进行检修。

（16）加入强制式搅拌机的骨料最大粒径不得超过允许值，并应防止卡料。每次搅拌时，加入搅拌筒的物料不应超过规定的进料容量。

（17）强制式搅拌机的搅拌叶片与搅拌筒底及侧壁的间隙，应经常检查并确认符合规定，当间隙超过标准时，应及时调整。当搅拌叶片磨损超过标准时，应及时修补或更换。

（18）作业后，应对搅拌机进行全面清理；当操作人员需进入筒内时，必须切断电源或卸下熔断器，锁好开关箱，挂上“禁止合闸”标牌，并应有专人在外监护。

（19）作业后，应将料斗降落到坑底，当需升起时，应用链条或插销扣牢。

（20）冬季作业后，应将水泵、放水开关、量水器中的积水排尽。

（21）搅拌机在场内移动或远距离运输时，应将进料斗提升到上止点，用保险铁链或插销锁住。

三、混凝土运输设备施工安全

（一）混凝土运输设备概述

混凝土运输包含两个过程，即水平运输和垂直运输。水平运输是指从拌和机到浇筑仓前的运输，又称供料运输，常用的运输方式有人工、机动翻斗车、混凝土搅拌运输车、自卸汽车、混凝土泵、皮带机、机车等，主要根据工程规模、施工场地和设备供应情况来选用；垂直运输是指从浇筑仓前到浇筑仓内的运输。

目前混凝土的水平运输主要用混凝土搅拌运输车和混凝土泵等设备。

1. 混凝土搅拌运输车

混凝土搅拌运输车由汽车底盘和混凝土搅拌运输专用装置组成，如图 6.10 所示。我国生产的混凝土搅拌运输车的底盘多采用整车生产厂家提供的二类通用底盘。其专用机构主要包括取力器、搅拌筒前后支架、减速机、液压系统、搅拌筒、操纵机构、清洗系统等。其工作原理是：通过取力装置将汽车底盘的动力取出，并驱动液压系统的变量泵，把机械能转化为液压能传给定量马达，马达再驱动减速机，由减速机驱动搅拌装置，对混凝土进行搅拌。

图 6.10 混凝土搅拌运输车

混凝土搅拌运输车的特点是在运量大、运距远的情况下，能保证混凝土的质量均匀，一般用于混凝土制备点（商品混凝土站）与浇筑点距离较远时使用。它的运输方式有两种：一是在 10 km 范围内作短距离运送时，制作运输工具使用，即将拌和好的混凝土接送至浇筑点，在运输途中防止混凝土分离、凝固；二是在运距较长时，搅拌运输两者兼顾，即先在混凝土拌和站将干料按比例装入搅拌鼓筒内，并将水注入配水箱，开始只做干料运送，然后在到达距使用点 10 ~ 15 min 路程时，启动搅拌筒回转，并向搅拌筒注入定量的水，这样在运输途中边运输边搅拌成混凝土拌和物，送至浇筑点卸出。

2. 混凝土泵

混凝土输送泵，又称混凝土泵，由泵体和输送管组成，分拖式泵和自行式汽车泵两种，如图 6.11 所示。是一种利用压力，将混凝土沿管道连续输送的机械，主要应用于房建、桥梁及隧道施工。目前主要分为闸板阀混凝土输送泵和 S 阀混凝土输送泵。还有一种就是将泵体装在汽车底盘上，再装备可伸缩或可屈折的布料杆而组成的泵车。混凝土泵具有如下特点：

（1）采用三泵系统、液压回路互不干扰，系统运行。

（2）具有反泵功能，利于及时排除堵管故障，并可短时间的停机待料。

（3）采用先进的 S 管分配阀，可自动补偿磨损间隙，密封性能好。

（4）采用耐磨合金眼镜板和浮动切割环，使用寿命长。

（5）长行程的料缸，延长了料缸和活塞的使用寿命。

（6）优化设计的料斗，便于清洗，吸料性能更好。

（7）自动集中润滑系统，保证机器运行中得到有效润滑。

（8）具有远程遥控作用，操作更加安全方便。

（9）所有零部件全部采用国标，互换性较好。

（a）拖式混凝土泵

（b）自行式汽车泵

图 6.11　混凝土泵

（二）混凝土运输设备的安全操作规程

1. 混凝土搅拌运输车安全操作规程

（1）作业前必须进行检查，确认转向、制动、灯光、信号系统灵敏有效，滚筒和溜槽无裂纹和严重损伤，搅拌叶片磨损在正常范围内，底盘和副车架之间的 U 形螺栓连接良好。

（2）了解施工要求和现场情况，选择行车路线和停车地点。

（3）在社会道路上行驶必须遵守交通规则，转弯半径应符合使用说明书的要求，时速不大于 15 km，进站时速不大于 5 km。

（4）作业时，严禁用手触摸旋转的滚筒和滚轮。

（5）倒车卸料时，必须服从指挥，注意周围人员，发现异常立即停车。

（6）严禁在高压线下进行清洗作业。

2. 混凝土泵安全操作规程

（1）拖式混凝土输送泵可使用机动车辆牵引拖行，但不得运载任何货物，拖行速度不得超过 8 km/h。

（2）混凝土泵液压系统各安全阀的压力应符合说明书要求，用户不得调整变更。

（3）在寒冷季节施工混凝土输送泵要有防冻措施。

（4）在炎热季节施工，混凝土输送泵要防止油温过高。当温度达 70 °C 时，应停止运转或采取其他措施降温。

（5）泵送混凝土完毕，要及时把料斗、S 阀、混凝土缸、输送管路清洗干净，泵机清洗后，应将蓄能器压力释放，切断电源，各开关在停止或断开位置。

（6）工作人员不得攀登或骑在输送管道上，在高空作业时更应绝对避免。

（7）泵送混凝土完毕清洗以前，要反泵数个行程以降低输送管内压力，避免造成事故。

（8）施工现场应设安全和预防事故装置。如：指示及警告标志、栅栏、金属挡板等，在泵机周围设置必需的工作区域（不小于 1 m），非操作人员未经许可不得擅入。定期更换距司机三米内的输送管路，须紧固并用木板或金属隔板屏护。

（9）真空表读数大于 0.04 MPa 时严禁作业，否则可能损坏主油泵。

（10）电气控制箱使用、安装、接线须由专业人员进行。

（11）料斗中的混凝土必须高于搅拌轴，避免由于吸入空气而造成混凝土喷溅。

（12）泵送作业结束转移泵机收支腿时，先收后支腿，放下支地轮，再收前支腿。

（13）操作人员（混凝土输送泵的泵工）应按要求记录混凝土泵的工作情况。

（14）混凝土泵在使用前要切实固定好，支起 4 个支脚使轮胎脱离地面，或者卸掉轮胎。要检查泵上部的料斗及溜槽的支撑情况，保证稳定可靠。特别注意泵机倾覆引起伤亡。

（15）泵送时注意混凝土飞溅或其他物品进入眼内引起眼伤。

（16）混凝土泵电源接线必须有漏电保护开关，应经常检查电器原件是否工作正常，电缆线是否破损，防止触电造成伤亡。

（17）要保证管道联结可靠，定期检修，防止管卡、管道爆裂或堵塞冲开造成人员伤害。

（18）严禁在液压系统没有卸荷时就打开液压管接头或松开液压法兰螺栓，高压液压油喷射可造成很大伤害。

（19）泵机工作时，严禁手伸入料斗、水箱、换向油缸等有运动部件的区域，需要检查时应停机操作。

四、钢筋加工机械施工安全

（一）钢筋加工机械概述

常见的钢筋加工机械主要有钢筋除锈机械、钢筋调直机械、钢筋切断机械、钢筋弯曲成型机械、钢筋焊接机械、钢筋机械连接机械、钢筋冷拉机械等，如图 6.12 所示。

（a）钢筋调直机

（b）钢筋切断机

（c）钢筋弯曲机

（d）电焊机

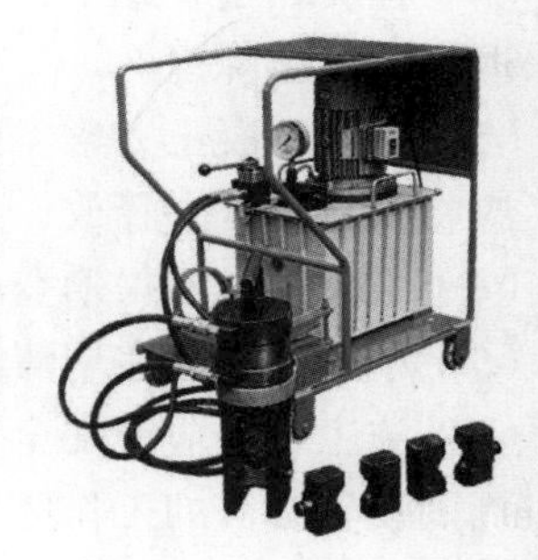

（e）冷挤压连接机

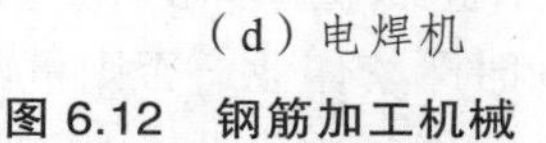

图 6.12　钢筋加工机械

1. 钢筋除锈机械

钢筋除锈机以小功率电机作为动力，带动圆盘钢丝刷的转动来清除钢筋上的铁锈。钢丝刷可单向或双向转动。钢丝刷为直径约 25 ~ 35 cm 的圆盘，厚度约 5 ~ 15 cm，所用转速一般为 1 000 r/min。

2. 钢筋调直机械

钢筋调直机用于圆钢筋的调直和切断，并可清除其表面的氧化皮和污迹。它是由电动机通过皮带传动增速，使调直筒高速旋转，穿过调直筒的钢筋被调直，并由调直模清除钢筋表面的锈皮；由电动机通过另一对减速皮带传动和齿轮减速箱，一方面驱动两个传送压辊，牵引钢筋向前运动；另一方面带动曲柄轮，使锤头上下运动。当钢筋调直到预定长度，锤头锤击上刀架，将钢筋切断，切断的钢筋落入受料架时，由于弹簧作用，刀台又回到原位，完成一个循环。其特点是易拆解，搬运安装方便，设有数控装置，可根据客户不同要求、数量、长短定位。调直速度快，切断无误，无噪音，无连切，适用于各种建筑工地与钢筋加工。

3. 钢筋切断机械

钢筋切断机是一种剪切钢筋所使用的一种工具，钢筋切断机的主要类型有机械式、液压式和手持式 3 种。它是钢筋加工必不可少的设备之一，它主要用于房屋建筑、桥梁、隧道、电站、大型水利等工程中对钢筋的定长切断。钢筋切断机与其他切断设备相比，具有质量轻、耗能少、工作可靠、效率高等特点，因此近年来逐步被机械加工和小型轧钢厂等广泛采用，在国民经济建设的各个领域发挥了重要的作用。

4. 钢筋弯曲机

钢筋弯曲机有机械钢筋弯曲机、液压钢筋弯曲机和钢筋弯箍机等几种形式。机械式钢筋弯曲机按工作原理分为齿轮式和蜗轮蜗杆式钢筋弯曲机。机械式弯曲机由电动机、工作盘、插入座、减速机构（蜗轮蜗杆或齿轮减速箱）、皮带轮、齿轮和滚轴等组成。也可在底部装设行走轮，便于移动。在弯曲过程中，通过改变中心轴的直径，可保证不同直径的钢筋所需的不同弯曲半径，当钢筋被弯曲到预先确定的角度时，限位销触到行程开关，电动机自动停机、反转、回位，完成一个工作过程。

5. 钢筋焊接机械

钢筋焊接方式有闪光对焊、电阻点焊、电弧焊、电渣压力焊、埋弧压力焊、气压筋等。

点焊用于焊接钢筋网，钢筋点焊机是利用电流通过焊件时产生的电阻热作为热源，并施加一定的压力，使交叉连接的钢筋接触处形成一个牢固的焊点，将钢筋焊合起来。主要由点焊变压器、时间调节器、电极和加压机构等部分组成。点焊时将表面清理好的钢筋叠合在一起，放在两个电极之间预压加紧，使两钢筋交接点紧密接触。当踏下脚踏板时，带动压紧机构使上电极压紧钢筋，同时断路器也接通电路，电流经变压器次级线圈引导电极，接触点处在极短的时间内产生大量的电阻热，使钢筋加热到熔化状态，在压力作用下两根钢筋交叉焊接在一起。当放松脚踏板时，电极松开，断路器随着杠杆下降，断开电路，点焊结束。

对焊用于接长钢筋，闪光对焊是利用电流通过对接的钢筋时，产生的电阻热作为热源使金属熔化，产生强烈飞溅，并施加一定压力而使之焊合在一起的焊接方式。对焊不仅能提高工效，节约钢材，还能充分保证焊接质量。分为手动对焊机和自动对焊机。

钢筋电弧焊是是以焊条作为一极，利用焊接电流通过产生的电弧热进行焊接的一种熔焊方法。具有设备简单、操作灵活、成本低、焊接性能好的特点，但工作条件差、效率低。适用于构件厂内和施工现场焊接碳素钢、低合金结构钢、不锈钢、耐热钢和对铸铁的补焊，可在各种条件下进行各种位置的焊接。

6. 钢筋连接机械

钢筋机械连接技术是一项新型钢筋连接工艺，被称为继绑扎、电焊之后的“第三代钢筋接头”，具有接头强度高于钢筋母材、速度比电焊快5倍、无污染、节省钢材20%等优点。

目前，市场上常用的钢筋机械连接接头类型有套筒挤压连接接头、锥螺纹连接接头、直螺纹连接接头。

（二）钢筋加工机械安全操作规程

1. 钢筋除锈机安全操作规程

（1）操作人员工作时应戴口罩和手套。

（2）带钩的钢筋严禁上机除锈；除锈应在基本调直后进行。

（3）操作时应放平握紧，人员站在钢丝刷的侧面。

（4）工作完毕后，认真做好清理工作。

2. 钢筋调直机械安全操作规程

（1）机械上不得堆放物件。

（2）钢筋送入压滚时，手与滚筒应保持一定距离。

（3）调整滚筒须在停机后进行，严禁戴手套操作。

（4）钢筋调直到末端时，操作人员必须躲开，严防钢筋甩动伤人。

（5）短于2 m或直径大于9 mm的钢筋调直应低速进行。

（6）工作完毕后，认真做好清理工作。

3. 钢筋切断机械安全操作规程

（1）机械运转正常后方可断料，断料时手与刀口的距离不得小于 15 cm，活动刀片前进时严禁送料。

（2）切断钢筋禁止超过机械的负载能力，切低合金钢等特种钢筋时，应使用高硬度刀片。

（3）切断长钢筋时，应有人扶抬，操作时应动作一致，切短钢筋应用套管或钳子夹料，不得用手直接送料。

（4）机械运转中严禁用手直接清除刀口附近的短头和杂物，在钢筋摆动范围内及刀口附近，非操作人员不得停留。

（5）工作完毕，认真做好清理工作。

4. 钢筋弯曲机安全操作规程

（1）钢筋应贴紧挡板，并注意放入插头的位置和回转方向。

（2）弯曲长钢筋时应有专人扶抬，并站在钢筋弯曲方向的外侧。

（3）钢筋调头时防止碰撞伤人。

（4）维修保养，更换插头，加油及清理等工作必须在停机后进行。

（5）材料堆放整齐，做好清理工作。

5. 钢筋焊接机械安全操作规程

（1）电焊机应放在干燥的机棚内，留出安全通道，配好消防设施。

（2）焊接人员须持证作业，正确穿戴劳防用品。

（3）焊接前须对焊机和工具，如焊钳和焊接电缆的绝缘，焊机的外壳接地和焊机的各接线点进行检查，在确认良好后方可合闸操作。

（4）改变焊机接头、转移地点或发生故障及工作完毕时必须切断电源。

（5）焊接地点与易燃易爆品之间须留足够安全距离或采取可靠的隔离防护设施。

（6）在容器内焊接时，照明设备电压不得超过 12 V，须设专人进行监护。工作场所须具备良好的通风条件。

（7）严禁在有易燃易爆物品的容器、管道和受力构件上进行焊接。

6. 钢筋连接机械安全操作规程

（1）机械的安装应坚实稳固，保持水平位置。固定式机械应有可靠的基础；移动式机械作业时应楔紧行走轮。

（2）室外作业应设置机棚，机旁应有堆放原料、半成品的场地。

（3）加工较长的钢筋时，应由专人帮扶，并听从操作人员指挥，不得任意推拉。

（4）有下列情况之一时，应对挤压机的挤压力进行标定：

① 新挤压设备使用前。

② 旧挤压设备大修后。

③ 油压表受损或强烈振动后。

④ 套筒压痕异常且查不出其他原因时。

⑤ 挤压设备使用超过 1 年。

⑥ 挤压的接头数超过 5 000 个。

（5）设备使用前后的拆装过程中，超高压油管两端的接头及压接钳、换向阀的进出油接头，应保持清洁，并应及时用专用防尘帽封好。超高压油管的曲半径不得小于 250 mm，扣压接头处不得扭转，且不得有死弯。

（6）挤压机液压系统的使用，应符合 JGJ 33—2001 附录 C 的有关规程；高压胶管不得荷重拖拉、弯折和受到尖利物刻划。

（7）压模、套管与钢管应相互配套使用，压模上应有相对应的连接钢筋规格标记。

（8）挤压前的准备工作应符合下列要求：

① 钢筋端头的锈、泥沙、油污等杂物清理干净。

② 钢筋与套筒应先进行试套，当钢筋有马蹄、弯折或纵肋尺寸过大时，应预先进行矫正或用砂轮打磨；不同直径钢筋的套筒不得串用。

③ 钢筋端部应划出定位标记与检查标记，定位标记与钢筋端头的距离就为套筒长度的一半，检查标记与定位标记的距离宜为 20 mm。

④ 检查挤压设备情况，应进行试压，符合要求方可作业。

（9）挤压操作应符合下列要求：

① 钢筋挤压连接宜先在地面上挤压一端套筒，在施工作业区插入待接钢筋后再挤压另一端套筒。

② 压接钳就位时，应对准套筒压痕位置的标记，并应与钢筋轴线保持垂直。

③ 挤压顺序宜从套筒中部开始，并逐渐向端部挤压。

④ 挤压作业人员不得随意改变挤压力、压接道数或挤压顺序。

（10）作业后，应收拾好成品、套筒和压模，清理场地，切断电源，锁好开关箱，最后将挤压机和挤压钳放到指定地点。

项目 6.3　起重机械施工安全

案例导入

案例一：

1. 事故经过

2001 年 4 月 3 日 10 时，威海乳山市王家口采石场的起重机倒塌，造成 2 人死亡，1 人重伤，1 人轻伤。当时，采石场使用桅杆式起重机吊约 6t 左右的石料时，吊杆朝西南方向，吊杆角度约 45°，当石料起升约 2 m 高时，起重机慢慢朝西南方向倒塌，设备报废。

2. 原因分析

（1）直接原因是 3 号锚固不牢。在起吊过程中，3 号锚突然受力破坏抽出，导致 2 号、4 号风缆鼻断裂，5 号锚抽出，1 号风缆鼻单面断裂，起重机朝西南方向倒塌。

（2）起重机风缆鼻使用材质不符合设计要求，使用中碳钢，且焊接成形差，易产生裂纹。

案例二：

1. 事故经过

某年 8 月 19 日下午，嘉定制梁场安排拆卸铁路 T 型梁钢模板任务，在 10 t 门式起重机吊运完第二块钢模板时，突遇强对流天气，拆卸钢模板的工人撤离现场，而此时由上海铃木公司准备安装另一 80 t 门式起重机的 8 名安装人员，则进入等待安装的 80 t 门式起重机驾驶室内避雨。王某关闭起重机电源后走下扶梯操作轨道夹轨钳时，由于未经培训，无法正确进行操作，轨道夹轨钳无法夹紧，致使起重机被大风吹动，在轨道上运行 50 余米后整机倾覆，其一侧支腿砸在置于地面等待安装的 80 t 门式起重机驾驶室，造成在此避雨的 8 名安装人员 4 人死亡 3 人受伤的重大恶性事故。

2. 事故原因

事故起重机在作业过程中，突遇强对流天气，起重机作业人员未能进行正确处置，导致起重机在风力作用下，沿轨道加速运行 50 m 后脱轨倾覆。调查组认定：这是一起因遇强对流天气、现场安全管理混乱，以及无证使用、无证操作起重机引发的特种设备责任事故。

案例三：

1. 事故经过

2004 年 9 月，南京某工地正在安装一台刚购买的塔机，在采用液压装置自行顶升安装塔身标准节的过程中，塔机顶升外套架上面的横梁节点焊接缝撕脱，外套架及转台以上的结构向平衡臂方向倾倒，起重臂在空中翻转 180°后坠落至平衡臂方向，塔机上安装操作工人坠落地面，造成多名工人受伤，新买的塔机报废，工程停工，给施工现场造成重大损失。

2. 事故原因

通过对事故现场的调查分析，这是一起由“违章操作”和“质量缺陷”造成了塔机事故。

操作人员并没有严格按照有关规定和《使用说明书》的要求，使塔机处于最佳平衡状态，也没有在吊运标准节之前安装好塔身高强螺栓，致使在顶升工况下，塔身上部向平衡臂方向的偏心矩由 6.17 t·m 增加到 29.63 t·m，偏心荷载加大了 4.8 倍，并作用在顶升外套架的上、下导向滚轮之上。这是此类塔机在装拆过程中，只要违反上述安全操作规程，就会造成的最常见的事故隐患。

生产厂家违反规定修改了两处结构尺寸，减少了节点处的加强板，致使横梁与外套架主肢杆的连接焊缝的承载力至少下降了 70%；在事故发生的工况下，节点焊缝的计算剪切应力超过了塔机结构设计的许用应力，导致焊缝破坏，塔机倾倒。

案例四：

1. 事故经过

某厂使用一台非标准 10 t 门座式起重机为搅拌机上料。司机陆某在观察徒弟唐某吊完两抓斗石子后，接替徒弟亲自登机操作。在抓斗起升过程中，陆某发现有异常声响，在未停机、抓斗继续提升的状态下，竟然擅离操作台到左侧平台去观察异响情况，查找原因。不料此时臂架却突然仰起，幅度变小且向后倾转，进而使臂架扭曲最终折断坠落，断臂正砸在陆某的头部，经抢救无效死亡。

2. 事故原因

（1）发现起重机有异常声响，应立即检查，查找故障原因是对的，但必须在断电停机后进行。陆某在不停机的状态下检查故障本身就违反安全规程中所规定的：“在作业中不准调车、检修和加油润滑”条例，特别是离开操作位置，是严重违规行为，失去了控制异常变态的机会，以致在幅度发生急变时无法控制，最后发生臂断被砸的悲剧，是此次事故的主要原因。

（2）该机属于“带病”工作，安全装置不齐全，缺少松绳停止器、上升限位器和防绳脱槽等安全装置，属于不准使用的“病车”。正是因为没有这些安全装置，才会出现起升绳出槽，与起重臂端面板摩擦并嵌入长达 50 mm 的沟痕内，楔死且拉动起重臂仰起并向后倾，导致臂架折断砸人事故的发生。

（3）平时缺乏检查和健全的维护保养制度，像这种钢丝绳出槽、端板磨成深沟早应发现并消除隐患。

一、桅杆式起重机施工安全

（一）桅杆式起重机概述

桅杆式起重机是一种固定安装的起重机，又称为拔杆或把杆，一般用木材或钢材制作，是最简单的起重设备，一般用于港口码头。如图 6.13 所示。这类起重机具有制作简单、装拆方便，起重量大，受施工场地限制小的特点。特别是吊装大型构件而又缺少大型起重机械时，这类起重设备更显它的优越性。但这类起重机需设较多的缆风绳，移动困难。另外，其起重半径小，灵活性差。因此，桅杆式起重机一般多用于构件较重、吊装工程比较集中、施工场地狭窄，而又缺乏其他合适的大型起重机械时。桅杆式起重机分为独脚拔杆、人字拔杆、悬臂拔杆、龙门拔杆等。

图 6.13 桅杆式起重机

1. 独脚拔杆

独脚拔杆是由拔杆、起重滑轮组、卷扬机、缆风绳及锚碇等组成。其中缆风绳数量一般为 6 ~ 12 根，最少不得少于 4 根。起重时拔杆保持不大于 10°的倾角。独脚拔杆的移动靠其底部的拖撬进行。

独脚拔杆分为木独脚拔杆、钢管独脚拔杆和格构式独脚拔杆等 3 种。木独脚拔杆起重量在 100 kN 以内，起重高度一般为 8 ~ 15 m；钢管独脚拔杆起重量可达 300 kN，起重高度在 20 m 以内；格构式独脚拔杆起重量可达 1 000 kN，起重高度可达 70 m。

2. 人字拔杆

人字拔杆一般是由两根圆木或两根钢管用钢丝绳绑扎或铁件铰接而成。其优点是侧向稳定性比独脚拔杆好，所用缆风绳数量少，但构件起吊后活动范围小。人字拔杆底部设有拉杆或拉绳以平衡水平推力，两杆夹角一般为 30°左右。人字拔杆起重时拔杆向前倾斜，在后面有两根缆风绳。为保证起重时拔杆底部的稳固，在一根拔杆底部装一导向滑轮，起重索通过它连到卷扬机上，再用另一根钢丝绳连接到锚碇上。

圆木人字拔杆，起重量 40 ~ 140 kN，拔杆长 6 ~ 13 m，圆木小头直径 200 ~ 340 mm；钢管人字拔杆，起重量 100 kN，拔杆长 20 m，钢管外径 273 mm，壁厚 10 mm；起重量 200 kN，拔杆长 16.7 m，钢管外径 325 mm，壁厚 10 mm。

3. 悬臂拔杆

悬臂拔杆是在独脚拔杆中部或 2/3 高度处装一根起重臂而成。它的特点是起重高度和起重半径较大，起重臂摆动角度也大。但这种起重机的起重量较小，多用于轻型构件的吊装。起重臂亦可装在井架上，成为井架拔杆。

（二）桅杆式起重机安全操作规程

（1）安装起重机前，应先做好坚固基础，对起重机的转动部分的磨损情况，钢丝绳是否符合要求，电气装置是否符合安全规范等进行全面检查。

（2）缆风绳与地面夹角应在 30°～45°，跨越公路或街道时，架空高度≥7 m，与输电线的安全距离应符合相关规定。

（3）缆风绳数目不得少于 3 根，且在水平面上投影的夹角不得大于 120°。主桅杆长度大于起重桅杆时，按 360°等分布置；起重桅杆长度大于主桅杆长度时，按 240°等分布置。

（4）各缆风绳应受力均匀、直径应相同。缆风绳与桅杆、锚桩的连接应牢固可靠，不同的连接方法应符合相应的要求。严禁借用承压管道及附属设施，输电线路及附属设施等可能发生重大危害的设施作地锚连接。

（5）地锚埋设地点应平整、无积水。地锚引出线前面和两侧 2 m 范围内不应有沟洞、地下管道和地下电缆。埋设好的地锚，在使用前必须进行拨出力试验。

（6）地锚拉鼻钢筋应不小于ϕ16 mm 的光圆钢筋。但不得用经过冷拉的钢筋、螺纹钢和不明钢号的钢筋冷弯成地锚拉鼻。

（7）长期使用的地锚引出线应做防腐处理。锚桩的钢丝绳引出端与地面夹角不得大于 45°。长期不用的锚桩再次使用前必须进行拔出力试验，合格后方可使用。

（8）桅杆式起重机所有使用的卷扬机应布置在一个场地内，并安装牢固。卷筒上的钢丝绳应水平引出。必须倾斜引出时，应保证其倾斜角$\alpha < 50°$。钢丝绳在卷筒上的连接不少于 2 个压板，楔套式连接引出绳至卷筒面应平滑过渡，不得成 90°过渡。

（9）卷扬机卷筒与导向滑轮中心线对正，应保证钢丝绳在水平面内与卷筒的中垂线之间的偏斜角$\beta<1.5°$。卷筒轴心线与导向滑轮轴心线的距离：光卷筒不应小于卷筒长的 20 倍；有槽卷筒不应小于卷筒长的 15 倍。

（10）对钢丝绳、卷筒、吊钩、滑轮、制动器的有关规定应参阅相关条款。

（11）金属桅杆主杆件不得有开焊、裂纹等现象，否则必须进行修补；格构式杆体主弦杆腐蚀超过原厚度 10%应报废。

（12）新桅杆组装时，中心线偏差不应大于总支承长度的 1/1 000；多次使用过的桅杆，在重新组装时，每 5 m 长度内中心线偏差和局部塑性变形均不得大于 40 mm；在桅杆全长内，中心线偏差不得大于总支承长度的 1/200。

（13）卷扬机电气部分应有接地线，总电源设回路短路保护；设总电源开关，零线应重复接地。

（14）吊装作业前，必须特别仔细检查吊杆、起重杆、风缆绳、滑轮组、吊钩、吊索、地锚、卷扬机等的安全状况，安全合格后方可进行起重作业。

二、轮式起重机施工安全

（一）轮式起重机概述

汽车式起重机和轮胎式起重机统称为轮式起重机，如图 6.14 所示。近来开发出的全路面起重机，兼有汽车和轮胎起重的优点。汽车起重机与轮胎起重机的区别详如表 6.7 所示。

图 6.14　轮式起重机

表 6.7　汽车起重机与轮胎起重机的区别

项　目	汽车起重机	轮胎起重机
底　盘	通用或加强专用汽车底盘	专用底盘
行驶速度	汽车速度，可与汽车编队行驶	≤30 km/h
发动机	中小型使用汽车发动机，大型设专用发动机	设在回转平台或底盘上
驾驶室	在回转平台上增设一操纵室	一般只有一个设在回转平台上的操纵室
外　形	轴距长，重心低，适用于公路运输	轴距短，重心高
起重性能	吊重使用支腿，支腿在侧、后方	全周作业并能吊重行驶
行驶性能	转弯半径大，越野性能差	转弯半径小，越野性能好
支腿位置	前支腿位于前桥后面	支腿一般位于前后桥外侧
使用特点	经常远距离转移	工作地点比较固定

轮式起重机的型号代号的意义详见图 6.15，例如 QY25，Q 表示起重机，Y 表示液压式，起重量为 25 t。

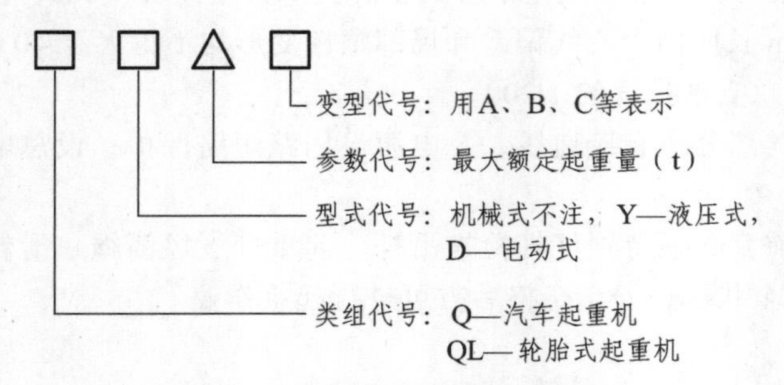

图 6.15　国产轮式起重机的型号

在起重机选用过程中主要考虑的参数有：

（1）起重量：它是起重机安全工作时所允许的最大起吊质量，单位为 t。

（2）起重力矩：臂长允许的最大起重量与相应工作幅度的乘积，单位为 kN · m。铭牌起重力矩是指最大额定起重量和最小工作幅度的乘积。

（3）工作幅度：回转中心轴线至吊钩中心的水平距离，单位为 m。

（4）起升高度：吊钩在最高位置时钩口中心到地面的距离，单位为 m。

（二）轮式起重机安全操作规程

（1）起重机启动前应检查：

① 各安全保护装置和指示仪表齐全完好。

② 钢丝绳及连接部件符合规定。

③ 燃油、润滑油、液压油及冷却水添加充足。

④ 各连接件无松动。

⑤ 轮胎气压符合规定。

（2）启动前，应将各操纵杆放在空挡位置，手制动器锁死，启动后，应怠速运转，检查各仪表指示值，运转正常后接合液压泵，待压力达到规定值，油温超过 30°时，方可开始作业。

（3）起重机的变幅指示器、力矩限制器、起重量限制器以及各种行程限位器开关等安全保护装置，应完好齐全、灵敏可靠，不得随意调整或拆除。严禁利用限制器和限位装置代替操纵机构。作业中严禁扳动支腿操纵阀。

（4）起重机作业时，起重臂和重物下方严禁有人停留、工作或通过。重物吊运时，严禁从人上方通过。严禁用起重机载运人员。

（5）严禁使用起重机进行斜拉、斜吊和起吊地下埋设或凝固在地面上的重物以及其他不明重量的物体。每班作业前，应检查钢丝绳及钢丝绳的连接部位。

（6）作业中发现起重机倾斜、支腿不稳等异常现象时，应立即使重物下落在安全的地方，下降中严禁制动。

（7）重物在空中需要较长时间停留时，应将起升卷筒制动锁住，操作人员不得离开操作室。

（8）起重重物达到额定起重量的 90%以上时，严禁同时进行两种及以上的操作动作。

（9）起重机带载回转时，操作应平稳，避免急剧回转或停止，换向应在停稳后进行。

（10）行驶时，严禁人员在底盘走台上站立或蹲坐，并不得堆放物件。

三、履带式起重机施工安全

（一）履带式起重机概述

履带式起重机是一种施工用的自行式起重机，是一种利用履带行走的动臂旋转起重机，如图 6.16 所示。履带接地面积大，通过性好，适应性强，可带载行走，适用于建筑工地的吊装作业。

履带式起重机由动力装置、工作机构以及动臂、转台、底盘等组成。

履带式起重机的主要技术参数有起重量或起重力矩。选用时主要取决于起重量、工作半径和起吊高度，常称“起重三要素”，起重三要素之间，存在着相互制约的关系。其技术性能的表达方式，通常采用起重性能曲线图或起重性能对应数字表。

图 6.16 履带式起重机

履带式起重机的特点是操纵灵活，本身能回转 360°，在平坦坚实的地面上能负荷行驶。由于履带的作用，可在松软、泥泞的地面上作业，且可以在崎岖不平的场地行驶。目前，在装配式结构施工中，特别是单层工业厂房结构安装中，履带式起重机得到广泛的使用。履带式起重机的缺点是稳定性较差，不应超负荷吊装，行驶速度慢且履带易损坏路面，因而，转移时多用平板拖车装运。

履带行走装置容易损坏，须经常加油检查，清除夹在履带中的杂物。因起重机在负载时对地面的单位压力较大，一般应在较坚实的和较平整的地面上工作。必要时，铺设石料、枕木、钢板或特制的钢木路基箱等，提高地面承载能力。

为了能确保施工安全，履带式起重机通常配备有以下安全装置：

1. 起重量指示器（角度盘，也叫重量限位器）

装在臂杆根部接近驾驶位置的角度指示，它随着臂杆仰角而变化，反映出臂杆对地面的夹角，知道了臂杆不同位置的仰角，根据起重机的性能表和性能曲线，就可知在某仰角时的幅度值、起重量、起升高度等各项参考数值。

2. 过卷扬限制器（也称超高限位器）

装在臂杆端部滑轮组上限制钩头起升高度，防止发生过卷扬事故的安全装置。它保证吊钩起升到极限位置时，能自动发出报警信号或切断动力源停止起升，以防过卷。

3. 力矩限制器

力矩限制器是当荷载力矩达到额定起重力矩时就自动切断起升或变幅动力源，并发出禁止性报警信号的安全装置，是防止超载造成起重机失稳的限制器。

4. 防臂杆后仰装置和防背杆支架

防臂杆后仰装置和防背杆支架，是当臂杆起升到最大额定仰角时，不再提升的安全装置，它防止臂杆仰角过大时造成后倾。

（二）履带起重机安全操作规程

（1）履带起重机司机必须经过专业培训，并经有关部门考核合格后，取得起重机械作业特种作业证，方可操作履带起重机。严禁酒后或身体有不适应症时进行操作。严禁无证人员动用履带起重机。

（2）履带起重机司机应按履带起重机厂家的规定，及时对起重机进行维护和保养，定期检验，保证车辆始终处于完好状态。

（3）履带起重机在无冰雪路面行走时，纵坡上坡坡度不得超过 10%（5.71°），纵坡下坡坡度不得超过 20%（11.3°），横坡坡度不得超过 1%（0.57°）。应避免在松软或不能承受重压的管、沟、地面上行驶。如果必须通过，应采取切实可行措施。

（4）起重机需带载荷行走时，载荷不得超过额定起重量的 70%，地面应坚实平坦，吊物应在起重机行走正前方向，离地高度不得超过 50 cm，回转机构、吊钩的制动器必须刹住，行驶速度应缓慢。严禁带载荷长距离行驶。

（5）履带起重机冬季行走时，路面冰雪应清除干净，在道路有坡度不能保证履带起重机安全行驶的情况下，应拆卸履带起重机装运到指定位置。在有微小坡度容易造成起重机履带打滑的路段应铺设石块，以防履带起重机上下坡时溜车。

（6）履带起重机不得在斜坡上横向运动，更不允许朝坡的下方转动起重臂。如果必须运动或转动时，必须将机身先垫平。

（7）履带起重机工作前，必须检查起重机各部件是否齐全完好并符合安全规定，起重机启动后应空载运转，检查各操作装置、制动器、液压装置和安全装置等各部件工作是否正常和灵敏可靠。严禁机件带病运行。作业前应注意在起重机回转范围内有无障碍物。

（8）起重机在工作前，履带板下地面必须垫平、压实。保证机身达到水平要求，在松软地面上工作的，必须进行试吊（吊重离地高不大于 30 cm），在保证履带无下陷的情况下，方可继续起吊。在深坑边工作时，机身与坑边应根据土质情况保持必要的安全距离，以防塌方。

（9）必须按起重特性表所规定起重量及作业半径进行操作，严禁超负荷作业。起吊物件时不能超过厂家规定的风速。

（10）在起吊较重物件时，应先将重物吊离地面 10 cm 左右，检查起重机的稳定性和制动器等是否灵活和有效，在确认正常的情况下方可继续起吊。

（11）起重机在进行满负荷或接近满负荷起吊时，禁止同时进行两种或两种以上的操作动作。起重臂的左右旋转角度都不能超过 45°，并严禁斜吊、拉吊和快速起落。不准吊拔埋入地面的物体。

（12）两台起重机同时起吊一件重物时，必须有专人统一指挥；两车的升降速度要保持相等，其物件的重量不得超过两车所允许的起重量总和的 75%；绑扎吊索时要注意负荷的分配，每车分担的负荷不能超过所允许的最大起重量的 80%。

（13）起重机操作正常需缓慢匀速进行，只有特殊情况下，方可进行紧急操作。

（14）起重机在工作时，作业区域、起重臂下，吊钩和被吊物下面严禁任何人站立、工作或通行。负荷在空中，司机不准离开驾驶室。

（15）起重机在带电线路附近工作时，应与带电线路保持一定的安全距离。在最大回转半径范围内，其允许与输电线路的最近距离如表 6.8 所示。在雾天工作时安全距离还应适当放大。

表 6.8 起重机与输电线路的安全距离

输电线路电压	1 kV 以下	1 ~ 20 kV	35 ~ 100 kV	154 kV	220 kV
允许与输电线路的最近距离/m	1.5 m	2 m	4 m	5 m	6 m

（16）起重机工作时，吊钩与滑轮之间应保持一定的距离，防止卷扬过限把钢丝绳拉断或起重臂后翻。起重机卷筒上的钢丝绳在工作时不可全部放尽，卷扬筒上的钢丝绳至少保留 3 圈以上。

（17）起重机在工作时，不准进行检修和调整机件。严禁无关人员进入驾驶室。

（18）司机与起重工必须密切配合，听从指挥人员的信号指挥。操作前，必须先鸣喇叭，如发现指挥手势不清或错误时，司机有权拒绝执行。工作中，司机对任何人发出的紧急停车信号必须立即停车，待消除不安全因素后方可继续工作。

（19）严禁作业人员搭乘吊物上下升降，工作中禁止用手触摸钢丝绳和滑轮。

（20）无论在停工或休息时，不得将吊物悬挂在空中，夜间工作要有足够的照明。

（21）严格遵守起重作业"十不吊"安全规定。指挥信号不明不吊；超负荷或物体重量不明不吊；斜拉重物不吊；光线不足、看不清重物不吊；重物下站人不吊；雨雪大风天气不吊；重物紧固不牢，绳打结、绳不齐不吊；棱刃物体没有衬垫措施不吊；重物越人头不吊；安全装置失灵不吊。

（22）工作完毕，吊钩和起重臂应放在规定的稳妥位置，将所有控制手柄放至零位，切断电源，并将驾驶室门窗锁住。

（23）作业难度较大的吊装作业，必须由有关人员先做好施工方案，在作业过程中派专人观察起重机安全。

四、塔式起重机施工安全

（一）塔式起重机概述

塔式起重机简称塔机，亦称塔吊，起源于西欧，如图 6.17 所示。1941 年，有关塔机的德国工业标准 DIN8770 公布，该标准规定以吊载（t）和幅度（m）的乘积（t·m）（重力矩）表示塔机的起重能力。

图 6.17 塔式起重机

塔机分为上回转塔机和下回转塔机两大类。其中前者的承载力要高于后者，在许多施工现场我们所见到的就是上回转式上顶升加节接高的塔机。按能否移动又分为行走式和固定式。固定式塔机塔身固定不转，安装在整块混凝土基础上，或装设在条形式 X 形混凝土基础上。在房屋的施工中一般采用固定式。

塔式起重机的动臂形式分水平式和压杆式两种。动臂为水平式时，载重小车沿水平动臂运行变幅，变幅运动平衡，其动臂较长，但动臂自重较大。动臂为压杆式时，变幅机构可以带动动臂仰俯变幅，变幅运动不如水平式平稳，但其自重较小。

塔式起重机的起重量随幅度而变化。起重量与幅度的乘积称为载荷力矩，是这种起重机的主要技术参数。通过回转机构和回转支承，塔式起重机的起升高度大，回转和行走的惯性质量大，故需要有良好的调速性能，特别对于起升机构要求能轻载快速、重载慢速、安装就位微动。一般除采用电阻调速外，还常采用涡流制动器、调频、可控硅和机电联合等方式调速。

为了确保安全，塔式起重机具有良好的安全装置，如起重量限位器、幅度限位器、高度限位器和载荷力矩限位器等限位装置，以及行程限位开关、塔顶信号灯、测风仪、防风夹轨器、爬梯护身圈、走道护栏等。司机室要求舒适、操作方便、视野好和有完善的通信设备。

塔机的拆装是事故的多发阶段。因拆装不当和安装质量不合格而引起的安全事故占有很大的比重。塔机拆装必须由具有资质的拆装单位进行作业，而且要在资质范围内从事安装拆卸。拆装人员要经过专门的业务培训，有一定的拆装经验并持证上岗，同时要求各工种人员齐全，岗位明确，各司其职，听从统一指挥。在调试的过程中，专业电工的技术水平和责任心很重要，电工要持电工证和起重工证。塔式起重机拆装要编制专项的拆装方案，方案要有安装单位技术负责人审核签字，并设置警戒区和警戒线，安排专人指挥，无关人员禁止入场，严格按照拆装程序和说明书的要求进行作业。当遇风力超过 4 级要停止拆装，风力超过 6 级塔机要停止起重作业。特殊情况确实需要在夜间作业的要有足够的照明，并与汽车吊司机就有关拆装的程序和注意事项进行充分的协商并达成共识。

（二）塔机的安全操作规程

（1）起重吊装的指挥人员必须持证上岗，作业时应与操作人员密切配合，执行规定的指挥信号。操作人员应按照指挥人员的信号进行作业，当信号不清或错误时，操作人员可拒绝执行。

（2）起重机作业前，应检查轨道上的障碍物，松开夹轨器并向上固定好。

（3）启动前重点检查项目应符合下列要求：

① 金属结构和工作机构的外观情况正常；

② 各安全装置和各指示仪表齐全完好；

③ 各齿轮箱、液压油箱的油位符合规定；

④ 主要部位连接螺栓无松动；

⑤ 钢丝绳磨损情况及各滑轮穿绕符合规定；

⑥ 供电电缆无破损。

（4）送电前，各控制器手柄应在零位。当接通电源时，应采用试电笔检查金属结构部分，确认无漏电后，方可上机。

（5）作业前，应进行空载运转，试验各工作机构是否运转正常，有无噪声及异响，各机构的制动器及安全防护装置是否有效，确认正常后方可作业。

（6）起吊重物时，重物和吊具的总质量不得超过起重机相应幅度下规定的起重量。

（7）应根据起吊重物和现场情况，选择适当的工作速度，操纵各控制器时应从停止点（零点）开始，依次逐级增加速度，严禁越挡操作。在变换运转方向时，应将控制器手柄扳到零位，待电动机停转后再转向另一方向，不得直接变换运转方向、突然变速或制动。

（8）在吊钩提升、起重小车或行走大车运行到限位装置前，均应减速缓行到停止位置，并应与限位装置保持一定距离（吊钩不得小于 1 m，行走轮不得小于 2 m）。严禁采用限位装置作业停止运行的控制开关。

（9）动臂式起重机的起升、回转、行走可同时进行，变幅应单独进行。每次变幅后应对变幅部位进行检查。允许带载变幅的，当载荷达到额定起重量的 90%及以上时，严禁变幅。

（10）提升重物，严禁自由下降。重物就位时，可采用慢就位机构或利用制动器使之缓慢下降。

（11）提升重物作水平移动时，应高出其跨越物 0.5 m 以上。

（12）对于无中央集电环及起升机构不安装在回转部分的起重机，在作业时，不得顺一个方向连续回转。

（13）装有上、下两套操纵系统的起重机，不得上、下同时使用。

（14）作业中，当停电或电压下降时，应立即将控制器扳动至零位，并切断电源。如吊钩上挂有重物，应稍松稍紧反复使用制动器，使重物缓慢地下降至安全地带。

（15）采用涡流制动调速系统的起重机，不得长时间使用低速挡或慢就位速度作业。

（16）作业中如遇 6 级以上大风或阵风，应立即停止作业，锁紧夹轨器，将回转机构的制动器完全松开，起重臂应能随风转动。对轻型俯仰变幅起重机，应将起重臂落下并与塔身结构锁紧在一起。

（17）作业中，操作人员临时离开操纵室时，必须切断电源，锁紧夹轨器。

（18）起重机载人专用电梯严禁超员，其断绳保护装置必须可靠。当起重机作业时，严禁开动电梯。电梯停用时，应降至塔身底部位置，不得长时间悬在空中。

（19）起重机的变幅指示器、力矩限制器、起重量限制器以及各种行程限位开关等安全保护装置，应完好齐全、灵敏可靠，不得随意调整或拆除。严禁利用限制器和限位位置代替操纵机构。

（20）起重机作业时，起重臂和重物下方严禁有人停留、工作或通过。重物吊运时，严禁从人上方通过。严禁用起重机载运人员。

（21）严禁使用起重机进行斜拉、斜吊和起吊地下埋设或凝固在地面上的重物以及其他不明质量的物体。现场浇注的混凝土构件或模板，必须全部松动后方可起吊。

（22）严禁起吊重物长时间悬停在空中，作业中遇空发故障，应采取措施将重物降落到安全地方，并关闭发动机或切断电源后进行检修。在突然停电时，应立即把所有控制器拨到零位，断开电源总开关，并采取措施使重物降到地面。

（23）操纵室远离地面的起重机，在正常指挥发生困难时，地面及作业层（高空）的指挥人员均应通过对讲机等有效的通信联络工具进行指挥。

（24）作业完毕后，起重机应停放在轨道中间位置，起重臂应转到顺风方向，并松开回转制动器，小车及平衡重应置于非工作状态，吊钩直升到离起重臂顶端 2～3 m 处。

（25）停机时，应将每个控制器拨回零位，依次断开各开关，关闭操作室门窗，下机后，应锁紧夹轨器，使起重机与轨道固定，断开电源必须系好安全带。

（26）检修人员上塔身、起重臂、平衡臂等高空部位检查或修理时，必须系好安全带。

（27）在寒冷季节，对停用起重机的电动机、电器柜、变阻器箱、制动器等，应严密遮盖。

（28）动臂式和尚未附着的自升塔式起重机，塔身上不得悬挂标语。

五、门座式起重机施工安全

（一）门座式起重机概述

门座式起重机是以其门形机座而得名的，如图 6.18 所示。这种起重机多用于造船厂、码头等场所。在门形机座上装有起重机的回转部分，门形机座实际上是起重机的承重部分。门形机座的下面装有运行机构，可在地面设置的轨道上行走。回转部分上装有臂架和起升、回转、变幅机构。4 个机构协同工作，可完成设备或船体分段的安装，或者进行货物的装卸作业。

图 6.18　门座式起重机

门座式起重机的构造一般分为两大部分，即上旋转部分和下运行部分。

上旋转部分包括：臂架系统、人字架、旋转平台和司机室、机器房。在机器房内安装有起升机构、变幅机构和旋转机构。下运行部分包括：门座和运行结构。

门座式起重机包含 4 大机构，分别是起升机构、变幅机构、旋转机构和运行机构。

起升机构是起重机提取货物作升降运动的机构，一般是依靠改变电动机的旋转方向来改变取物装置的升降运动。起升机构由驱动装置、钢丝绳缠绕系统和取物装置组成。

门座式起重机利用变幅机构来改变货物的径向货位以完成装卸任务。臂架带载进行变幅的称为工作性变幅机构，臂架不带载进行变幅的称为非工作性变幅机构。为提高生产效率，门座式起重机广泛采用工作性变幅机构。

门座式起重机的旋转机构是完成吊物沿圆弧作水平移动的机构。其与起升和变幅机构配合，可将起吊货物移送到变幅范围内的任意位置。旋转机构是由旋转支撑装置及促使转动部分旋转的驱动装置两部分组成的。

门座式起重机运行机构是由运行支撑装置、运行驱动装置和安全装置 3 部分组成。支撑装置包括均横梁、车轮、锁轴；驱动装置包括电动机、制动器和减速机。运行机构的安全装置包括夹轨器、缓冲器以及限位开关、扫轨板等

（二）门座式起重机安全操作规程

（1）经考试合格并持有设备操作证者，方准进行操作。操作者必须严格遵守有关安全、

交接班制度。

（2）应严格按照润滑规定进行注油，并保持油量适当、油路畅通、油标醒目、油杯等清洁。

（3）检查各传动装置，操纵机构，大、小车走行轮，卷筒，吊钩，滑轮，梢轴，钢丝绳等有无磨损及不良处所，起重机轨道上及其两侧 1 m 以内禁止停放任何物件。雨后应检查起重机路基和轨道是否良好。

（4）检查信号铃、信号灯及照明设备是否完善，试验起升高度和走行限位开关，以及各制动器动作是否灵敏、可靠。

（5）吊钩放到最低位置时，钢丝绳应在卷筒上最少留有 2 卷以上。钢丝绳磨损腐蚀超过表面钢丝直径 40%，烧坏压扁变形、折断一股或一个捻距内断丝根数超过顺绕钢丝 5%、互绕钢丝 10%时均应禁止使用。

（6）作业时，司机只听一人指挥，司机和指挥者应有明显的手势信号或音响信号。司机在执行前，应以音响信号呼应，如遇有危险或起重机发生故障时，不论“停车”信号发至任何人，均应立即停车。

（7）第一钩应先试吊，将重物吊离 200 mm 时，做刹车试验并确认吊装良好后再作业。移动过程中，应使吊起重物高出移动途中一切物体 0.5 m 以上。

（8）起重机的升降、起动、停止应缓慢，禁止在运行中突然改变方向，当大、小车运行接近终点时，应用最慢速度，禁止用限位器作为停止运行的手段。

（9）如遇停电、电压大量下降或设备发生故障、大车行走时两侧支腿不同步发生偏移时，应立即将所有控制器移至零位，并拉开电源开关。如重物处于悬挂位置时，应采取措施，使重物缓慢降落。

（10）禁止斜拉重物或吊拔埋在砂土或其他物件中的工件。

（11）两台起重机在同一轨道上行驶相距必须在 3 m 以上。

（12）钢丝绳应定期检查，并每隔 15 天涂油一次，涂油前应将钢丝绳上的油垢杂物清除干净，把润滑油加热至 60 °C 左右，以促使润滑油渗入绳股间隙。

（13）工作完毕，应将吊钩升起，小车停靠在司机室一端，并将起重机停放在指定地点，用夹轮钳锁紧轨道。检查、清扫设备，做好日常保养工作。

项目 6.4 小型施工机具作业安全

案例导入

1．事故经过

某日，负责某水电站工程右岸 7-8 坝段消力池岩面打插筋孔任务的水电某局某队，其队长派刘某等 2 人使用三相岩矿电钻凿岩机凿孔。刚上班时，队长让当班电工班长将电钻的电源线接好，运转一直良好，到下午 17 时左右，手电钻有发热现象，队长让刘某等 2 人休息，并将电源线由电工拆线后，又接在潜水泵上作抽水电源。17 时 40 分许，刘某等 2 人见还有 2 个插筋孔未打完，未通知电工私自将电源线从潜水泵上拆下后接到手电钻上，试运行正常后，又开始钻孔。当第一孔钻完，又钻第二个孔约 10 cm，刘某说了句："有电！"，就坐在地上。另一名农民工见状后立即报告了队长，队长马上组织人员进行现场紧急抢救，随后将刘某送往医院，但因伤势过重刘某死亡。

2. 事故原因

（1）施工人员安全意识差、素质低，自我防护能力差。未经许可擅自将电动机械的电源线拆装，造成触电事故，是直接原因。

（2）施工单位对施工人员安全教育不够，管理不严，是间接原因。

一、手持电动工具

手持电动工具如图 6.19 所示按其触电保护分为Ⅰ、Ⅱ、Ⅲ类。Ⅰ类工具使用时一定要进行接地或接零，最好装设漏电保护器。Ⅱ类工具使用时不必接地或接零。Ⅲ类工具工作更加安全可靠。手持电动工具在使用中，除了根据各种不同工具的特点、作业对象和使用要求进行操作外，还应共同注意以下事项：

（1）保证安全，应尽量使用Ⅱ类（或Ⅲ类）电动工具，当使用Ⅰ类工具时，必须采用其他安全保护措施，如加装漏电保护器、安全隔离变压器等。条件未具备时，应有牢固可靠的保护接地装置，同时，使用者必须戴绝缘手套、穿绝缘鞋或站在绝缘垫上。

（2）应先检查电源电压是否和电动工具铭牌上所规定的额定电压相符。长期搁置未用的电动工具，使用前还必须用万用表测定绕阻与机壳之间的绝缘电阻值，应不得小于 7 MΩ，否则必须进行干燥处理；

（3）作业人员应了解所用电动工具的性能和主要结构，操作时要思想集中，站稳，使身体保持平衡，并不得穿宽大的衣服、不戴纱手套，以免卷入工具的旋转部分。

（4）使电动工具时，操作者所施加的压力不能超过电动工具所允许的限度，切忌单纯求快而用力过大，致使电机因超负荷运转而损坏。另外，电动工具连续使用的时间也不宜过长，否则微型电机容易过热损坏，甚至烧毁。一般电动工具在使用 2 h 左右即需停止操作，待其自然冷却后再行使用。

（5）在使用中不得任意调换插头，更不能不用插头，而将导线直接插入插座内。当电动工具不用或需调换工作头时，应及时拔下插头，但不能拉着电源线拔下插头。插插头时，开关应在断开位置，以防突然启动。

（6）作业过程中要经常检查，如发现绝缘损坏，电源线或电缆护套破裂，接地线脱落，插头插座开裂，接触不良以及断续运转等故障时，应立即修理，否则不得使用。移动电动工具时，必须握持工具的手柄，不能用拖拉橡皮软线来搬动工具，并随时注意防止橡皮软线擦破、割断和轧坏现象，以免造成安全事故。

（7）手持电动工具不适宜在含有易燃、易爆或腐蚀性气体及潮湿等特殊环境中使用。并应存放于干燥、清洁和没有腐蚀性气体的环境中。对于非金属壳体的电机、电器，在存放和使用时应避免与汽油等溶剂接触。

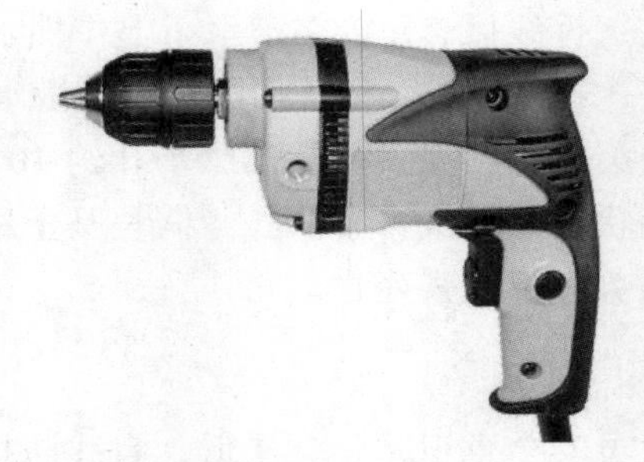

图 6.19 手持电动工具

二、圆盘锯（见图 6.20）

（1）上方必须安装保险挡板和滴水装置，在锯片后面，离齿 10 ~ 15 mm 处，必须安装弧形楔刀。锯片的安装，应保持与轴同心。

（2）锯片必须锯齿尖锐，不得连续缺齿两个，裂纹长度不得超过 20 mm，裂缝末端应冲止裂孔。

（3）被锯木料厚度，以锯片能露出木料 10 ~ 20 mm 为限，夹持锯片的法兰盘的直径应为锯片直径的 1/4。

（4）启动后，待转速正常后方可进行锯料。送料时不得将木料左右晃动或高抬，遇木节要缓缓送料；锯料长度应不小于 500 mm。接近端头时，应用推棍送料。

图 6.20 圆盘锯

（5）如锯线走偏，应逐渐纠正，不得猛扳，以免损坏锯片。

（6）操作人员不得站在锯片旋转离心力面上操作，手不得跨越锯片。

（7）锯片温度过高时，应用水冷却。直径 600 mm 以上的锯片，在操作中应喷水冷却。

三、带锯机（见图 6.21）

（1）作业前，检查锯条，如锯条齿侧的裂纹长度超过 10 mm，锯条接头处裂纹长度超过 10 mm，以及连续缺齿两个和接头超过 3 个的锯条均不得使用。裂纹在以上规定内必须在裂纹终端冲一止裂孔。锯条松紧度调整适当后先空载运转，如声音正常，无串条现象时，方可作业。

（2）作业中，操作人员应站在带锯机的两侧，跑车开动后，行程范围内的轨道周围不准站人，严禁在运行中上、下跑车。

（3）原木进锯前，应调好尺寸，进锯后不得调整。进锯速度应均匀，不能过猛。

（4）在木材的尾端超过锯条 0.5 m 后，方可进行倒车。倒车速度不宜过快，要注意木槎、节疤碰卡锯条。

图 6.21 带锯机

（5）平台式带锯作业时，送接料要配合一致。送料、接料时不得将手送进台面。锯短料时，应用推棍送料。回送木料时，要离开锯条 50 mm 以上，并须注意木楼、节疤碰卡锯条。

（6）装设有气力吸尘罩的带锯机，当木屑堵塞吸尘管口时，严禁在运转中用木棒在锯轮背侧清理管口。

（7）锯机张紧装置的压舵（重锤），应根据锯条的宽度与厚度调节挡位或增减副舵，不得用增加重锤质量的办法克服锯条口松或串条等现象。

四、平面刨（手压刨）（见图 6.22）

（1）作业前，检查安全防护装置必须齐全有效。

（2）刨料时，手应按在料的上面，手指必须离开刨口 90 mm 以上。严禁用手在木料后端送料跨越刨口进行刨削。

（3）被刨木料的厚度小于 30 mm，长度小于 400 mm 时，应用压板或压棍推进。厚度在 15 mm，长度在 250 mm 以下的木料，不得在平刨上加工。

（4）被刨木料如有破裂或硬节等缺陷时，必须处理后再施刨。刨旧料前，必须将料上的钉子、杂物清除干净。遇木楼、节疤要缓慢送料。严禁将手按在节疤上送料。

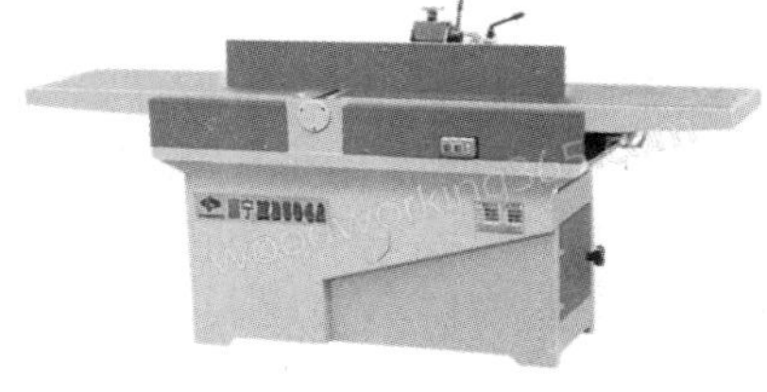

图 6.22　平面刨

（5）刀片和刀片螺丝的厚度、质量必须一致，刀架夹板必须平整贴紧，合金刀片焊缝的高度不得超出刀头，刀片紧固螺丝应嵌入刀片槽内，槽端离刀背不得小于 10 mm。紧固刀片螺丝时，用力应均匀一致，不得过松或过紧；

（6）机械运转时，不得将手伸进安全挡板里侧去移动挡板或拆除安全挡板进行刨削。严禁戴手套操作。

五、压刨床（单面和双面，见图 6.23）

（1）压刨床必须用单向开关，不得安装倒顺开关，三、四面刨应按顺序开动。

（2）作业时，严禁一次刨削两块不同材质、规格的木料，被刨木料的厚度不得超过 50 mm。操作者应站在机床的一侧，接、送料时不得戴手套，送料时必须先进大头。

（3）刨刀与刨床台面的水平间隙为 10 ~ 30 mm，刨刀螺丝必须质量相等，紧固时用力应均匀一致，不得过紧或过松，严禁使用带开口槽的刨刀。

（4）每次进刀量应为 2 ~ 5 mm，如遇硬木或节疤，应减小进刀量，降低送料速度。

（5）刨料长度不得短于前后压滚的中心距离，厚度小于 10 mm 的薄板，必须垫托板。

（6）压刨床必须装有回弹灵敏的逆止爪装置，进料齿辊及托料光辊应调整水平和上下距离一致，齿辊应低于工件表面 1 ~ 2 mm，光辊应高出台面 0.3 ~ 0.8 mm，工作台面不得歪斜和高低不平。

（7）刀片和刀片螺丝的厚度、质量必须一致，刀架夹板必须平整贴紧，合金刀片焊缝的高度不得超出刀头，刀片紧固螺丝应嵌入刀片槽内，槽端离刀背不得小于 10 mm。紧固刀片螺丝时，用力应均匀一致，不得过松或过紧。

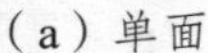
（a）单面

（b）双面

图 6.23　压刨床

六、混凝土振捣器（见图 6.24）

（1）使用前检查各部应连接牢固，旋转方向正确。

（2）振捣器不得放在初凝的混凝土、地板、脚手架、道路和干硬的地面上进行试振。如检修或作业间断时，应切断电源。

（3）插入式振捣器软轴的弯曲半径不得小于 50 cm，并不得多于两个弯，操作时振动棒应自然垂直地沉入混凝土，不得用力硬插、斜推或使钢筋夹住棒头，也不得全部插入混凝土中。

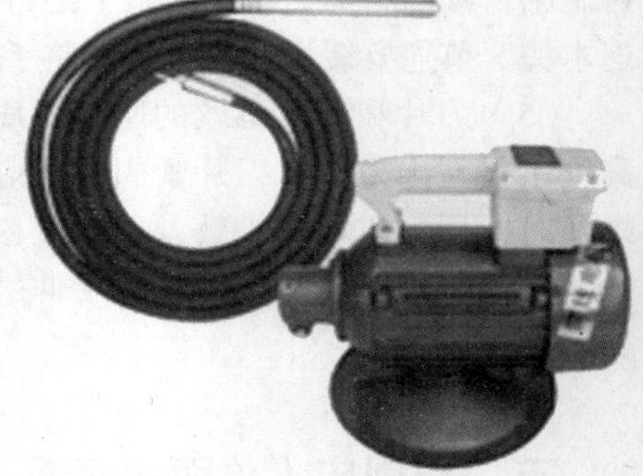
图 6.24　混凝土振捣器

（4）振捣器应保持清洁，不得有混凝土黏结在电动机外壳上妨碍散热。

（5）作业转移时，电动机的导线应保持有足够的长度和松度。严禁用电源线拖拉振捣器。

（6）用绳拉平板振捣器时，拉绳应干燥绝缘，移动或转向时不得用脚踢电动机。

（7）振捣器与平板应保持紧固，电源线必须固定在平板上，电器开关应装在手把上。

（8）在一个构件上同时使用几台附着式振捣器工作时，所有振捣器的频率必须相同。

（9）操作人员必须穿戴绝缘胶鞋和绝缘手套。

（10）作业后，必须做好清洗、保养工作。振捣器要放在干燥处。

七、卷扬机（见图 6.25）

图 6.25　卷扬机

（1）安装时，基座必须平稳牢固，设置可靠的地锚并应搭设工作棚。操作人员的位置应能看清指挥人员和拖动或起吊的物件。

（2）作业前检查卷扬机与地面固定情况、防护设施、电气线路、制动装置和钢丝绳等全部合格后方可使用。

（3）使用皮带和开式齿轮传动的部分，均须设防护罩，导向滑轮不得用开口拉板式滑轮。

（4）以动力正反转的卷扬机，卷筒旋转方向应与操纵开关上指示的方向一致。

（5）从卷筒中心线到第一个导向滑轮的距离，带槽卷筒应大于卷筒宽度的 15 倍，无槽卷筒应大于 20 倍。当钢丝绳在卷筒中间位置时，滑轮的位置应与卷筒轴心垂直。

（6）卷扬机制动操纵杆的行程范围内不得有障碍物。

（7）卷筒上的钢丝绳应排列整齐，如发现重叠或斜绕时，应停机重新排列。严禁在转动中用手、脚去拉、踩钢丝绳。

（8）作业中，任何人不得跨越正在作业的卷扬钢丝绳。物件提升后，操作人员不得离开卷扬机。休息时物件或吊笼应降至地面。

（9）作业中，如遇停电，应切断电源，将提升物降至地面。

八、磨石机（见图 6.26）

（1）工作前，应详细检查各部机件的情况，磨石、磨刀安装牢固可靠，螺栓、螺母等连接件必须紧固；传动件应灵敏可靠，不松旷，使用前进行润滑。

（2）使用前仔细检查电气系统，导线开关绝缘良好，熔断丝容量适当，电缆线应以绳子悬挂起来，不得随机械移动在地上拖拉。

（3）工作前，应进行试运转，运转正常时，方可开始工作。

（4）长时间作业，电动机或传动部分过热时，必须停机冷却后再用。

（5）每班作业结束后，要切断电源，盘好电缆，将机械擦拭干净，停放在干燥处。

（6）操作人员在工作中，必须穿胶鞋、戴绝缘手套。

（7）任何检查修理，必须在电机停止转动后才能进行；电气部分应由电工修理，所有接线工作也应由电工担任。

（8）停车后每天进行日常保养，各部轴销、油孔进行润滑，每隔 200 ~ 400 h 进行一级保养。

图 6.26　磨石机

九、打夯机（见图 6.27）

（1）蛙式打夯机适用于夯实灰土和素土的地基、地坪以及场地平整，不得夯实坚硬或软硬不一的地面，更不得夯打坚石或混有碎石块的杂土。

（2）两台以上蛙式打夯机在同一工作面作业时，左右间距不得小于 5 m，前后间距不得小于 10 m。

（3）操作和传递导线人员都要戴绝缘手套和穿绝缘胶鞋。

（4）检查电路应符合要求，接地（接零）良好。各传动部件均正常后，方可作业。

图 6.27　蛙式打夯机

（5）手把上电门开关的管子内壁和电动机的接线穿入手把的入口处，均应套垫绝缘管或其他绝缘物。

（6）作业时，电缆线不可张拉过紧，应保证有 3～4 m 的余量，递线人员应依照夯实路线随时调整，电缆线不得扭结和缠绕。作业中需移动电缆线时，应停机进行。

（7）操作时，不得用力推拉或按压手柄，转弯时不得用力过猛，严禁急转弯。

（8）夯实填高土方时，应从边缘以内 10～15 m 开始夯实 2～3 遍后，再夯实边缘。

（9）在室内作业时，应防止夯板或偏心块打在墙壁上。

（10）作业后，切断电源，卷好电缆，如有破损应及时修理或更换。

复习思考题

1. 事故发生在江西省弋阳县纹石矿区三工区。当时，1 名土木工在推土机司机停机休息时擅自爬上推土机玩，推土机司机没有拒绝。由于该土木工不懂推土机性能，误将调速机构挂在倒挡上启动，致使推土机后退倾覆翻到 5 m 高的陡坡下，2 人当场死亡。分析该案例发生的原因，并说明同类事故的防治措施。

2. 某年某月某日，施工局机械队装载机学员周某驾驶外租的装载机在骨料区进行装运作业。当时下着大雨，装载机缺一大灯，又无雨刷器，不能继续作业，经调度指令开回营地准备退回出租单位。1 时 15 分左右，在返回途中经过二环路时，因周某操作失误造成装载机翻落至厂内公路右侧 8 m 下深坎的田地中，随车搭乘人员唐某头部受创死亡，机械损失严重。分析该案例发生的原因，并说明同类事故的防治措施。

3. 起重机械作业过程中存在哪些安全隐患？应当注意哪些问题？

项目 7　临时用电安全

案例导入

案例一：施工触碰高压线造成触电身亡

1. 事故经过

某施工现场上方有一条 10 kV 的高压线，架空线距离地面 5.6 m。12 名农民工将 6 m 长的钢筋笼放入桩孔时，由于顶部钢筋距离高压线过近而产生电弧，11 名农民工被电击倒在地，造成 3 人死亡，3 人受伤的重大事故，图 7.1 为事故现场。

图 7.1　事故现场

2. 事故原因

（1）由于高压线路的周围空间存在强磁场，易导致附近的导体成为带电体。因此，电气规范规定：禁止在高压架空线路下方作业，在一侧作业时应保持一定安全距离，防止发生触电事故。相关规范同时规定严禁在高压线下方施工架设作业棚，建造生活设施和堆放构物件、架具和材料等。

（2）本次事故完全由于冒险蛮干，指挥人员对工人生命安全不负责所造成的。

该工程桩的钢筋笼长 6 m，而地面垫土后距离高压架空线只有 5.6 m，在如此明显的危险环境下，仍强令作业人员冒险作业，血的教训告诉我们：对于违章指挥，必须坚决抵制。

（3）建设单位的责任也不可推卸，明知架空线路危险，施工单位也一再催促，但直到发生事故时，供电部门仍未收到关于架空线路的迁移报告。

案例二：非电工接错线造成触电死亡

1. 事故经过

某写字楼为地下 4 层，地上 20 层，框架结构。木工黄某在电工不在现场时，未经允许自己接开关箱的电源线，误将保护零线接到相线上，造成开关箱外壳带电。当黄某一手拿开关箱，一手扶与地相连的钢筋时，造成触电身亡，图 7.2 为事故原因示意图。

2. 事故原因

（1）缺少安全用电基本知识，误将保护零线和火线相接。（保护零线平时没有电。一旦发生漏电，开关箱外壳、设备外壳就会带电，电能够通过保护零线流入大地，从而保护了接触带电部位的人员。）

（2）施工人员安全意识薄弱，自我保护意识不强，非电工操作且没有戴绝缘手套和绝缘鞋。

（3）建筑公司的管理人员责任心不强，没有对工人进行安全教育。相关规定要求：工人在入场前应当接受三级安全教育。

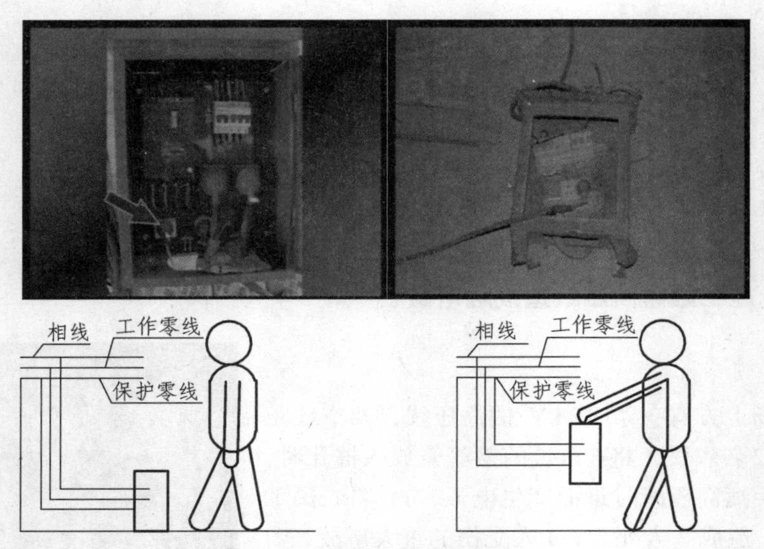

图 7.2　事故原因示意图

案例三：塔吊安装错误造成漏电

1．事故经过

某商住楼工程为地上 6 层的框架结构。事故当天正在浇筑第 3 层楼面。在最后 2 斗混凝土吊至施工面时，混凝土工徐某、宋某伸手扶料斗，准备卸混凝土，不料料斗带电，徐、宋二人当场触电，送医院抢救无效死亡。

2．事故原因

（1）该塔吊线路老化，有接头缠绕在塔吊回转体上，塔吊旋转造成线路绝缘破损并与塔吊的回转体相连，使整个塔吊带电，当混凝土工徐某、宋某在接触料斗时，发生触电。这是这起触电死亡事故的直接原因，图 7.3 为事故原因示意图。

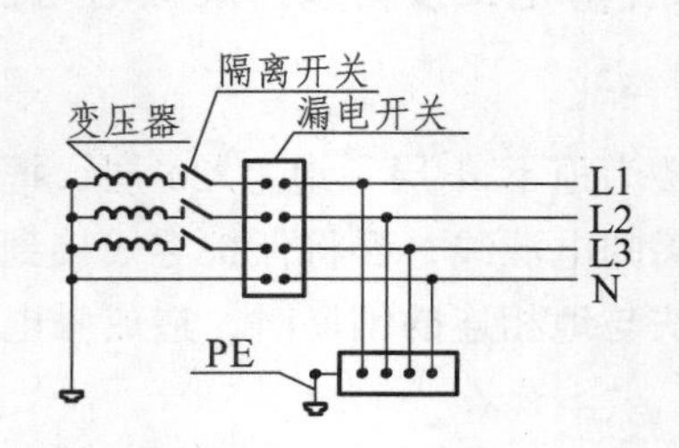

图 7.3　事故原因示意图

（2）该塔吊委托没有取得拆装许可证的安装队伍安装，违反了《建筑塔式起重机安全规程》（GB 5144）的规定。

（3）该塔吊的各种电气安全保护措施不完善。

《施工现场临时用电安全技术规范》9.2.2 规定：施工现场临时用电必须采用 TN-S 接零保护系统。该塔吊采用的是 TT 系统，即塔吊的电源为三根相线和一根工作零线，在塔吊附近做一接地装置与塔吊相连作为保护零线。

按规范要求，接地装置的接地电阻应不超过 10 Ω，而该塔吊的接地装置将一段 400 mm × 400 mm 的镀锌扁钢埋在地下 0.5 m 深，电阻远远大于 10 Ω，根本起不到保护作用。

（4）该塔吊电源的漏电开关失效，起不到漏电保护的作用，是造成电线漏电的原因。

（5）塔吊安装完毕后，应经建筑安全监督机构检测，以确保塔吊安装质量。但该塔吊安装完成后，安装单位没有向施工单位出具自检合格证明及安全使用说明，未办理验收手续。施工单位也没有组织有关单位进行验收，便开始使用，导致安装不规范的隐患没有被发现，这是造成这起事故的间接原因。

案例四：电焊漏电造成触电死亡

1. 事故经过

某住宅楼工程为筏型基础，工程进行到基础底板钢筋阶段。焊工张某与辅助工肖某焊接底板钢筋，张某将电焊机一次侧电缆线插头插进开关箱的插座，准备焊接底板钢筋。当肖某发现焊把到焊接点的距离不够，于是就把焊把线放在底板钢筋上，肖某将电焊机放在一辆独轮车上，将电焊机推到底板上。并将有多处破损的二次侧接地电缆缠绕在小车扶手上，当肖穿着破损鞋子双手握住车扶手走在钢筋上时，遭到电击倒地触电身亡。

2. 事故原因

（1）辅助工肖某在移动电焊机时，未切断电焊机一次侧的电源，把电焊机放在独轮车上，将电焊机有破损的二次侧接地线缠绕在车的扶手上，在空载电压的作用下，电流经过焊把→钢筋→人体→车把→二次接地线，形成通电回路，而肖某穿的鞋底不绝缘，是造成这次事故的直接原因，图 7.4 为事故原因示意图。

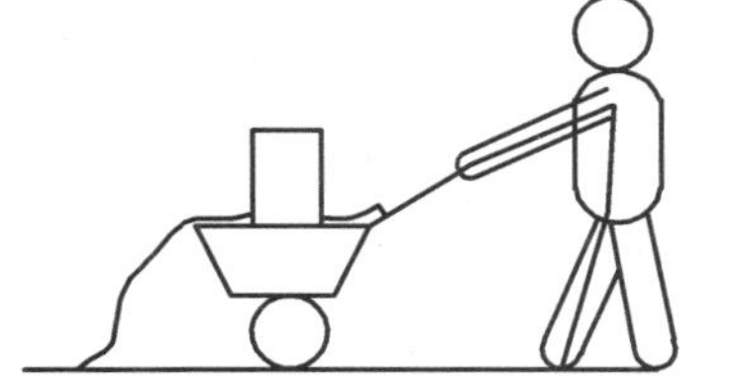

图 7.4　事故原因示意图

（2）肖某的自我保护意识差，在没有切断电源的情况下挪动电焊机。没有按照《电焊工安全操作规程》的要求去做，从而酿成了这起电焊机触电死亡事故。

《电焊工安全操作规程》有关内容：工作前必须穿戴防护用品，检查电焊机接地，焊钳与把线绝缘必须良好并连接牢固，更换焊条应戴手套。

（3）事故的电焊机没配置空载保护装置，在基础等潮湿部位施工未采取有效的防范措施，致使存在安全隐患的机具直接在工程上使用，是造成本次事故的重要原因。

案例五：未按规定接电源线造成触电死亡

1．事故经过

某建筑工地，操作工王某发现潜水泵开动后漏电开关经常自动断开，便要求电工把潜水泵电源线不经漏电开关接上电源。起初电工不肯，但在王某的多次要求下照办了，潜水泵再次启动后，王某拿一条钢筋欲挑起潜水泵检查是否沉入泥里，当王某挑起潜水泵时，即触电倒地，经抢救无效死亡。

2．原因分析

操作工王某由于不懂电气安全知识，在电工劝阻的情况下仍要求将潜水泵电源线直接接到电源上，同时，在明知漏电的情况下用钢筋挑动潜水泵，违章作业，是造成事故的直接原因。电工在王某的多次要求下违章接线，明知故犯，留下严重的事故隐患，是事故发生的重要原因。

案例六：违规在高压输电线路下施工造成重大伤亡

1．事故经过

某年 5 月 24 日，某河退水闸工程指挥部。在施工中将该河退水闸闸址选在 10 kV 高压输电线下，又将弃土堆放于工地高压输电线下，造成高压输电线路对地距离仅有 4.35 m。在这种现场危及安全施工的情况下，没有采取任何防护措施，相反，却将在平地绑扎好的长 9 m、宽 8 m、闸墩钢筋高 2.6 m 的闸塘和闸墩底板钢筋架，采用人力顶托方法搬运，当在横穿高压输电线路时，致使顶部钢筋触及高压输电线，搬运闸塘和闸墩底板钢筋架的 66 人当即触电倒下，全部被压在钢筋整体结构下面，当场死亡 24 人，伤 38 人，这么多人的集体触电事故十分罕见。

2．原因分析

（1）该工程指挥部将退水闸闸址选在万伏高压输电线路下是错误的。

（2）该工地施工管理混乱，在高压线路下堆放弃土没有考虑后果，在弃土上搬运整体钢筋水闸结构，没有采取安全防护措施，没有防范高压触电导致触电。

项目 7.1　触电伤害常识

一、概述

建筑施工用电有以下特点：

（1）随着用电设备和电动工具的广泛使用，用电场所越来越多。

（2）施工现场用电具有大量性和临时性的特点。

（3）稍有不慎，就会发生触电事故。

建筑施工用电的地方越来越多，但它的特点之一是临时性，这样容易使施工单位在现场电缆的选择、导线的架设、电子元件的匹配等存在短期行为，这样就使得触电伤害成为建筑5大伤害之一。

二、触电事故分类

（1）施工人员触碰电线或电缆。

（2）建筑机械设备漏电。

（3）高压线防护不当造成触电。

一组统计数据：施工触碰电力线路造成的伤亡事故占触电事故的30%；工地随意拖拉线造成触电事故的占16%；现场照明不使用安全电压造成事故的占15%；这3类事故约占触电事故的61%。

三、触电事故原因分析

施工中触电事故频发，主要原因有以下几种：

（1）忽视用电安全，没认识到触电的严重性。

（2）违反规范、规程和有关规定，违章操作。

（3）自我保护意识差。

（4）缺乏良好的施工环境与生产秩序，施工前没有施工方案。

四、防触电事故相关规定

为了防止触电事故的发生，建设部制定了建设工程临时用电的一些规范，其中最主要有以下两个：

1. 强制性条文

强制性条文是直接涉及人民生命财产安全、人身健康、环境保护和公共利益的条文，同时考虑了提高经济和社会效益等方面的要求。

2. 施工现场临时用电安全技术规范

对施工现场的临时用电，制定出了明确具体的要求。在施工现场供用电中，贯彻执行“安全第一、预防为主”的方针，确保在施工现场供用电中的人身和设备安全，防范各种触电事故的发生。

其中有这么几条应当引起大家的注意：

（1）建筑施工现场临时供电工程专用的电源中性点直接接地的220/380三相四线制低压电力系统必须符合下列规定：

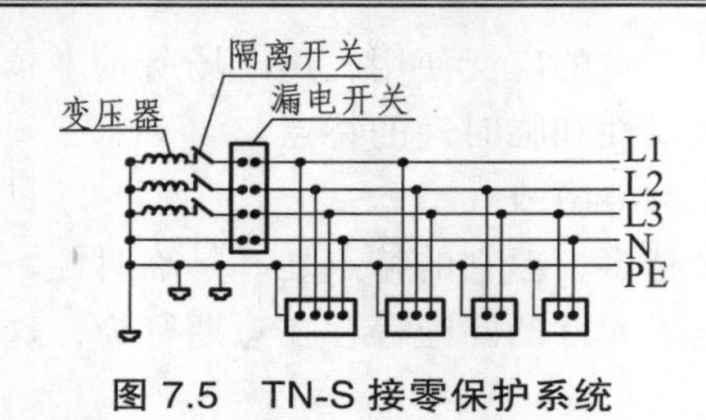

图 7.5 TN-S 接零保护系统

① 采用三级配电系统，即施工现场临时供电的系统中按总配电箱、分配电箱、开关箱三级配电。

② 采用 TN-S 接零保护系统，如图 7.5 所示。

③ 采用二级漏电保护系统，在总配电箱和开关箱中必须安装漏电保护开关。

（2）每台用电设备必须有各自专用的开关箱，严禁用同一个开关箱直接控制 2 台及 2 台以上用电设备（含插座），简单地说就是一机一闸。

五、触电伤害分类

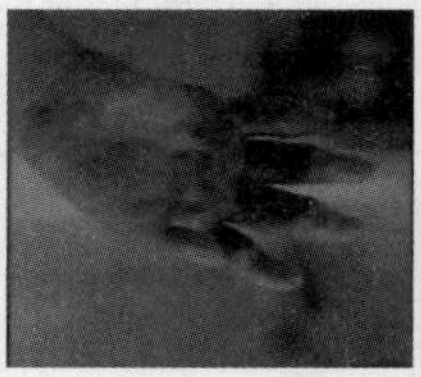

触电伤害分电击和电伤两种。

电击是指直接接触带电部分，使人体通过一定的电流，是有致命危险的触电伤害。

图 7.6 电击伤

电伤是指皮肤局部创伤，如灼伤、烙印等。如分合闸时电弧造成的灼伤，如图 7.6 所示。

项目 7.2 临时用电管理

一、电工安全基本要求

电工必须经过按国家现行标准考核合格取得特种作业人员操作证后，方可上岗，并应按规定每两年办理复审手续。

（1）无电气操作证的人员，不准参加电气工作，安装电工应有安装执照，否则不准参加安装工作。

（2）凡是电气工作人员，均应熟悉触电紧急救护的方法（触电人工呼吸方法）。

（3）维修作业时，必须穿戴规定的劳动防护用品，必要时应戴安全帽，系安全带及其他防护用品。

（4）工作场地有易燃、易爆物及障碍物，应通知有关人员将其移走，方能工作。如不能移动而确有危险时禁止工作。

（5）凡绝缘性工具，必须进行耐压试验判断绝缘是否良好，超过安全耐压规定时，禁止使用。

（6）使用验电器检查线路是否带电时，必须带橡皮绝缘手套。验电器不得装接地线（验电器没有接地线不显示者除外）。

（7）停电作业时，应先用验电器进行检查，确认无电后，在线路两端装置地线再进行操作。

（8）检修停电线路时，必须进行接地，其操作人员不得少于 2 人，并要有三级以上技工执行，操作人员应处于多组接地中心处操作。

（9）操作工具必须按其性能使用，禁止以大代小或以小代大，以搬手或钳子代替锤子使用，以螺丝刀代凿子使用，禁止使用铁把或穿心螺丝刀。

（10）削线头时，必须刀刃向外，不准对向他人，用完后要及时合好放入皮套内，不得张开或乱放。

（11）在配木板槽或其他工作时，嘴里不许含钉子。

（12）使用扳手须按螺帽的大小配用，禁止在扳手上另加其他物品或在扳手把上套接铁管操作，卸锈蚀螺丝时不可用活扳手，也不准许以钳子代扳手使用。

（13）放置梯子的地方，须先清除积土及移开障碍物，以防在作业时造成事故。

（14）使用梯子必须安置牢固稳定，梯子靠放在铁管上时，上端须有挂钩，人字梯必须坚固稳定，梯子靠放在铁管上时，上端须有挂钩，人字梯须有坚固铰链和限制拉开的拉链，人在梯子上不准移动梯子，梯子上角一般为 30°。

（15）使用竹梯子时，其小头直径不小于 6 cm，并无折裂的竹杆，梯凳应用坚硬无斜茬的木方，用马蹄形螺栓或铁条扎捆在梯子上，禁止用竹杆作梯凳和用钉子钉。

二、设备电气检修作业安全

（1）设备电气部分不准在运转中拆修。必须停车，并切断电源，取下熔断器，悬挂“禁止合闸，有人工作”的警示牌，并验明无电后，方可进行检修作业。

（2）检修工作中断后或每班开始工作前，必须重新确认电源是否断开，并须再次验明无电，方可继续检修作业。

（3）机械设备电气部门检修时，应和其他工种作业协同配合、相互照顾，服从指挥，禁止冒险蛮干，坚持检修作业安全防范措施，防止发生人身和设备损坏事故。

（4）电机和电器拆修，电源控制箱的电源出线头要用绝缘材料包扎好。

（5）机械设备和电气部分检修完工后，需临时通电试运行，所用电源线应符合规定，同时还应与设备操作人员、机构维修人员商定并允许试车，方可通电。

（6）临时装设的电气设备必须将金属外壳接地，严禁将电动工具的外壳接地线与工作零线混接共用，必须使用两线带地或三线带地插座，或将外壳单独接到地线干线上。

（7）在没有起重设备的情况下，拆装电气设备，其质量不得超过 100 kg，同时应采取相应的起重安全措施。起重时脚手不得在起重物的下方，防止压伤脚手。

三、临时用电验收程序

临时用电组织设计及变更时，必须履行“编制、审核、批准”程序，由电气工程技术人员组织编制，经相关部门审核及具有法人资格企业的技术负责人批准后实施。变更用电组织设计时应补充有关图纸资料，其程序如图 7.7 所示。

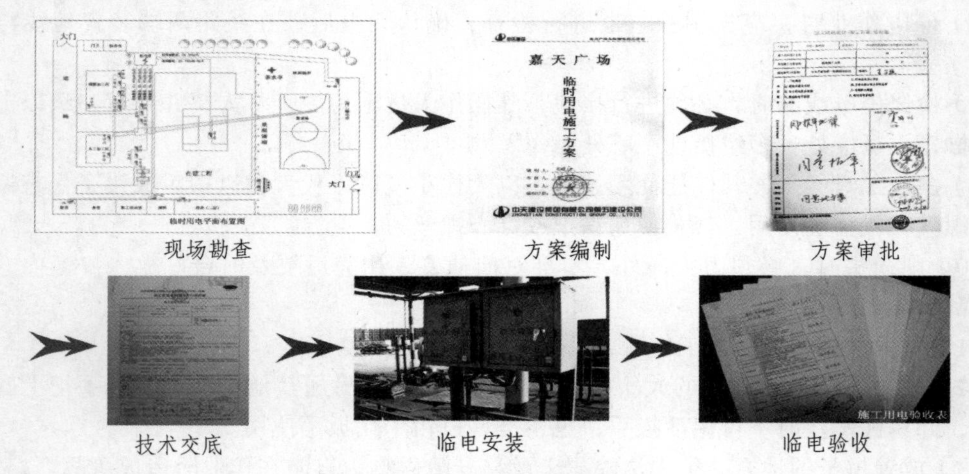

图 7.7　临时用电验收程序

四、临时用电安全技术档案

施工现场临时用电必须建立安全技术档案，包括：

（1）用电组织设计的全部资料。

（2）修改用电组织设计的资料。

（3）用电技术交底材料。

（4）用电工程检查验收表。

（5）电气设备的试、检验凭单和调试记录。

（6）接地电阻、绝缘电阻和漏电保护器漏电动作参数定期测定记录。

（7）定期检（复）查记录。

（8）电工安全巡检、维修、拆除工作记录。

项目 7.3　临时用电施工方案编写

临时用电必须做到方案指导施工，使临时用电在现场实施中做到提前策划，避免出现现场临时用电没有组织和策划施工，更不应出现现场先施工后补方案，使方案变为仅为应付检查而编制。

临时用电方案制订时要合理规划总配电室、钢筋棚、木工棚、塔吊、施工电梯的位置及相关电缆敷设的方式。如果前期策划中未将临时用电考虑入内，将导致场地硬化前未进行线管埋设，造成临时用电布局不合理，电缆明敷现象严重，电缆保护不到位，临电使用混乱，安全性差的问题，如图 7.8 所示。

图 7.8　临时用电布局不合理，电缆明敷现象严重

一、施工现场临时用电组织设计

施工现场临时用电施工组织设计应包括下列内容：

（1）现场勘测。

（2）确定电源进线、变电所或配电室、配电装置、用电设备位置及线路走向。

（3）进行负荷计算。

（4）选择变压器。

（5）设计配电系统：

① 设计配电线路，选择导线或电缆；

② 设计配电装置，选择电器；

③ 设计接地装置；

④ 绘制临时用电工程图纸，主要包括用电工程总平面图、配电装置布置图、配电系统接线图、接地装置设计图。

（6）设计防雷装置。

（7）确定防护措施。

（8）制订安全用电措施和电气防火措施。

二、施工现场临时用电编制主要依据

（1）《施工现场临时用电安全技术规范》（JGJ 46—2005）。

（2）《建筑工程施工现场供用电安全规范》（GB 50194—93）。

（3）《建筑施工安全检查标准》（JGJ 59—2011）。

（4）国家和地方有关要求。

三、临时用电平面图和系统图

（1）临时用电平面图绘制必须反映清楚以下几方面内容：

施工现场的总体平面布局；相关固定设备及相应位置体现；临时用电总配电房位置；临时用电配电箱所布置的位置及相关编号；电缆线的敷设方式和型号等，如图 7.9 所示。

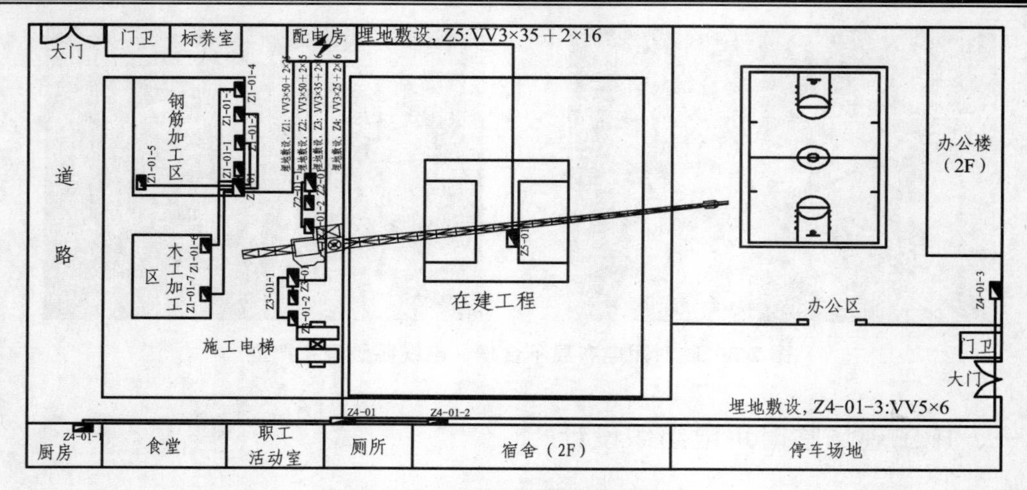

图 7.9 临时用电平面布置图示例

（2）临时用电系统图绘制，如图 7.10 所示。

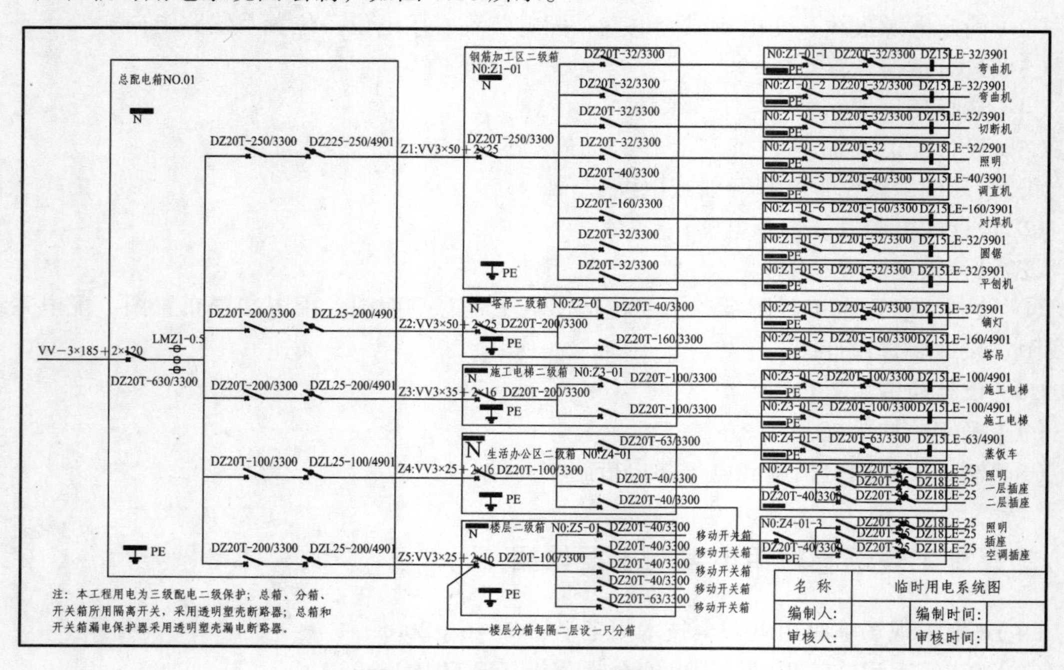

图 7.10 临时用电系统图示例

项目 7.4 外电防护注意事项

（1）不得在外电线路正下方作业、搭设作业棚、建造生活设施或堆放构件、机具、材料及其他杂物等。

（2）安全距离：在建工程（含脚手架）的外边缘与外电架空线路的边线间最小安全操作距离应符合表 7.1 的规定。

表 7.1　在建工程外边缘与外电架空线路的边线间最小安全距离

外电线路电压等级/kV	<1	1～10	35～110	220	330～500
最小安全操作距离/m	4	6	8	10	15

注：上下脚手架的斜道不宜设在外电线路的一侧。

（3）起重机严禁越过无防护设施的外电架空线路作业，在外电架空线路附近吊装时，起重机的任何部位或被掉物边缘最大偏斜时与架空线路边线的最小安全距离见表 7.2。

表 7.2　起重机与外电架空线路的边线间最小安全距离

电压/kV 安全距离/m	<1	10	35	110	220	330	500
沿垂直方向	1.5	3.0	4.0	5.0	6.0	7.0	8.5
沿水平方向	1.5	2.0	3.5	4.0	6.0	7.0	8.5

（4）当达不到以上安全距离要求时，必须采用绝缘隔离防护措施，并应悬挂醒目的警告标志，如图 7.11 所示。防护设施与外电线路之间的最小安全距离见表 7.3。

（a）变压器隔离措施　　（b）外电防护措施

图 7.11　绝缘隔离防护措施

表 7.3　防护设施与外电线路之间的最小安全距离

外电线路电压等级/kV	≤10	35	110	220	330	500
最小安全操作距离/m	1.7	2	2.5	4	5	6

当防护措施无法实现时，必须与有关部门协商，采取停电、迁移外电线路或改变工程位置等措施，未采取措施的严禁施工。

防护材料易采用木、竹或其他绝缘材料搭设，不宜采用钢管等金属材料搭设，如图 7.12 所示。

图 7.12　防护宜使用的材料

项目 7.5 接地与防雷做法

（1）在施工现场专用变压器供电的 TN-S 接零保护系统中，电气设备的金属外壳必须与保护零线连接。保护零线应由工作接地线、配电室（总配电箱）电源侧零线或总漏电保护器电源侧零线处引出，如图 7.13 所示。

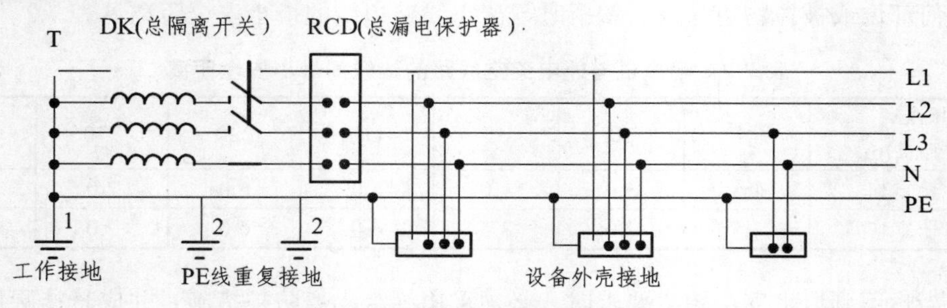

图 7.13 专用变压器供电时 TN-S 接零保护系统

（2）当施工现场与外电线路共用同一供电系统时，电气设备的接地、接零保护应与原系统保持一致，不得将一部分设备做保护接零，另一部分设备作保护接地。

采用 TN 系统做保护接零时，工作零线（N 线）必须通过总漏电保护器、保护接零（PE 线）必须由电源进线零线重复接地处或总漏电保护器电源侧零线处引出形成局部 TN-S 接零保护系统，如图 7.14 所示。

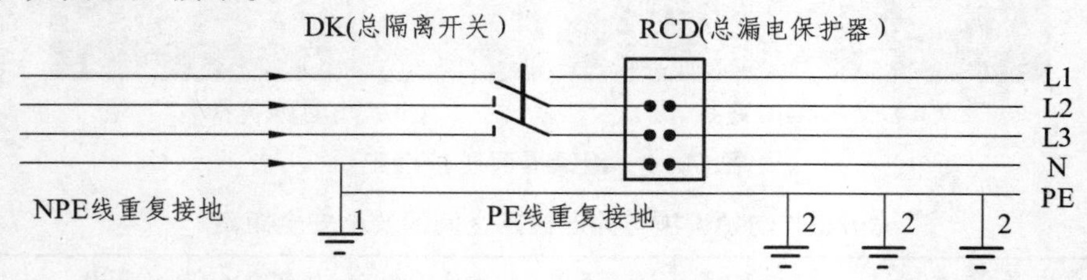

图 7.14 三相四线供电时局部 TN-S 接零保护系统保护零线引出示意图

（3）配电箱金属箱体施工机械、照明器具、电气装置的金属外壳及支架等不带电的外漏导电部分应做保护接零，与保护零线的连接多股线应采用铜鼻子连接。

（4）PE 线上严禁装设开关或熔断器，严禁通过工作电流，且严禁断线。

（5）TN 系统中的保护零线除必须在配电箱或总配电箱处做重复接地外，还必须在配电系统的中间处和末端处做重复接地，如图 7.15 所示。

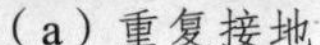

（a）重复接地

（b）分路电缆保护接零

图 7.15 TN 系统中的保护接零

（6）施工现场内所有防雷装置的冲击接地电阻值不得大于 30 Ω，防雷接地机械上的电气设备，所连接的 PE 线必须同时做重复接地，同一台机械电气设备的重复接地和机械的防雷接地可共用同一接地体，但接地电阻应符合重复接地电阻的要求。塔吊共用同一接地体接地电阻必须≤4 Ω，严禁采用塔吊标准节作为二级箱重复接地引线，如图 7.16～7.20 所示。

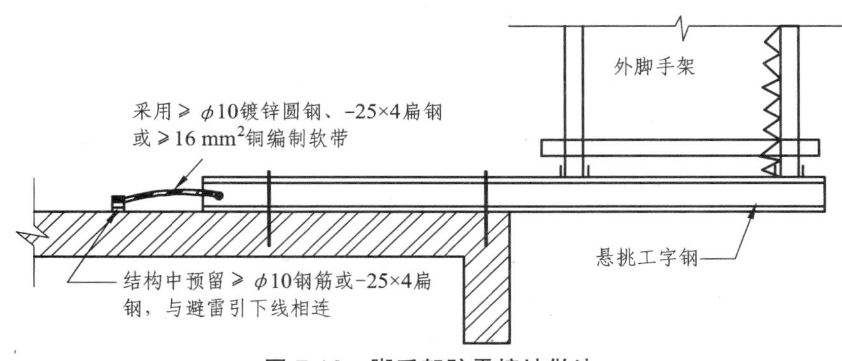

图 7.16　脚手架防雷接地做法

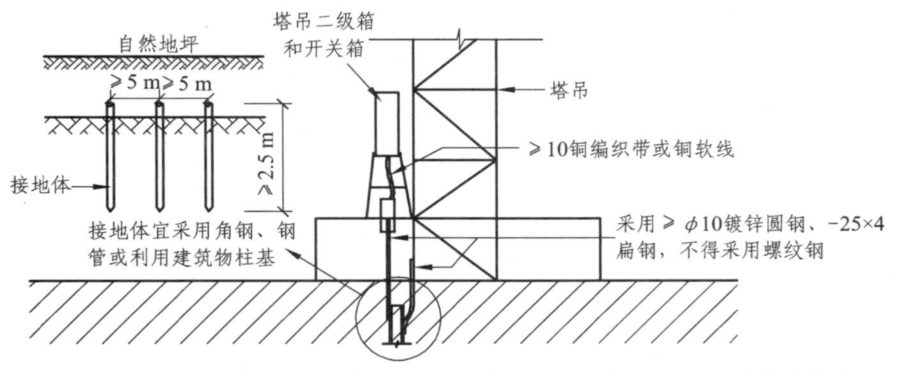

图 7.17　塔吊防雷接地与二级箱、开关箱重复接地共用同一接地体的做法

图 7.18　配电箱重复接地

图 7.19　设备接地

图 7.20　塔吊二级箱或开关箱重复接地从标准节中引出（错误做法）

项目 7.6　配电室及自备电源布置安全注意事项

（1）配电室应选在靠近电源、粉尘少、潮气少、振动少、无腐蚀介质、无易燃烧易爆物及道路通畅的地方。

（2）配电室内布置要求：

各种配电室平面布置如图 7.21 所示，图中标注的配电柜、消防台、事故照明及防鼠挡板等正确做法如图 7.22 所示，配电室的一些错误做法如图 7.23 所示。

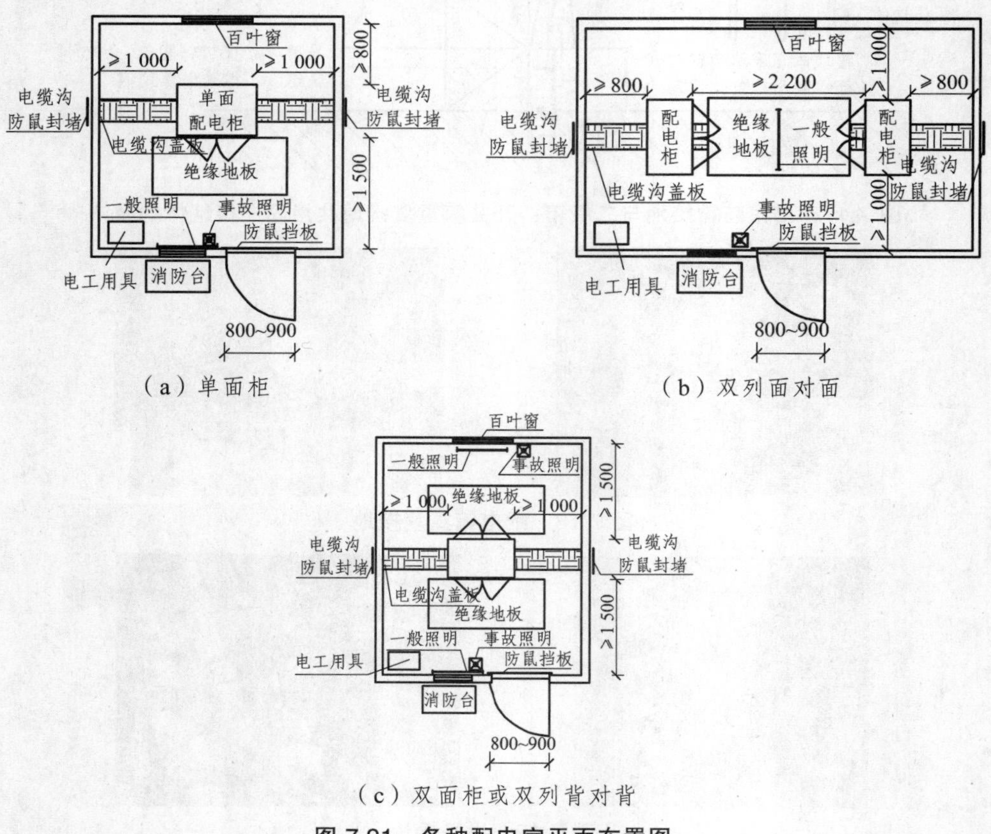

图 7.21　各种配电室平面布置图

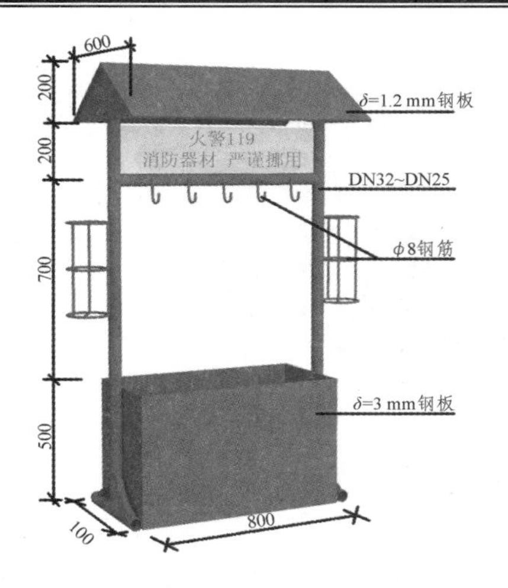

（a）消防台制作示意图

（b）配电柜内部配置

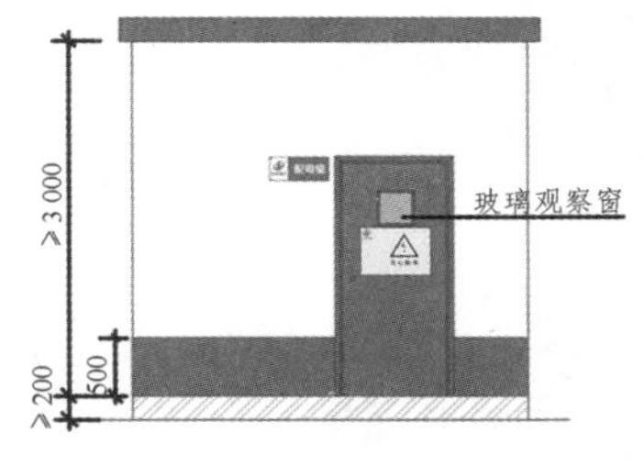

（c）配电室正立面图

（d）配电室门口通畅

（e）百叶窗、钢丝网

（f）柜体操作面前敷设绝缘橡胶或绝缘地板

（g）照明、应急灯

（h）防鼠档板

（i）用电管理制度、平面图、系统图

（i）配电室内部

（j）灭火器、砂箱、绝缘手套、绝缘胶鞋

图 7.22 配电室内各种设备正确做法

（a）配电室前无通道

（b）配电室门朝内开

（c）通风窗未安装钢丝网

（d）配电室引出电缆洞口无封堵和电缆无保护

图 7.23 配电室内各种设备错误做法

① 配电室高度不低于 3 m 且配电装置的上端距顶棚不小于 0.5 m，房内尺寸应满足柜体操作面距离不小于 1.5 m，侧面通道不小于 1 m，单面柜背后不小于 0.8 m，配电室的建筑物和构筑物的耐火等级不低于 3 级；门安装朝外开，离地 1.6 m 处开设玻璃窗口。

② 配电间必须设置标准配电柜，柜体操作面前铺设厚度 3 mm 以上的绝缘橡胶或绝缘地板，室内应设绝缘手套、绝缘鞋及绝缘推拉手、一般照明与应急照明灯。室外配置各类警示标志牌与消防台，消防台配置 2 台灭火器和灭火用的干沙箱等；门口安装 600 mm 高的防鼠挡板。通风窗同时安装防鸟钢丝网。

③ 配电间设有电缆沟和电缆盖板，并符合“五防一通”的要求。

④ 照明装置不应设置于柜顶，应设置在操作和检修侧。

⑤ 配电间的地面应高出施工现场地面 200 mm，以防止水淹。

⑥ 室内做到清洁，不准堆放任何杂物，并保证道路畅通。

（3）总配电箱中回路配置时注意：

① 配电室照明电源必须从总配电箱总隔离开关上端引出电缆线，保证总线带电时配电室照明可使用，防止在断电后来电时光线照度不足或夜间检修时引起误操作。

② 消防水泵电源必须从总配电箱总隔离开关上端引出电缆线，保证发生消防火灾后切断电源时，消防水泵仍可以启动使用。

③ 配电柜或配电线路停电维修时，应挂接地线，并应悬挂“禁止合闸，有人工作”的停电标志牌。停电必须由专人负责。

④ 发电机组电源必须与外电线路电源联锁，严禁并列运行。

项目 7.7　配电线路敷设安全措施

（1）电缆中必须包含全部工作芯线和用作保护零线或保护线的芯线。需要三相四线制配电的电缆线路必须采用五芯电缆。五芯电缆必须包含淡蓝、绿/黄两种颜色绝缘芯线，如图 7.24 所示。淡蓝色芯线必须用作 N 线：绿/黄双色芯线必须用作 PE 线，严禁混用。

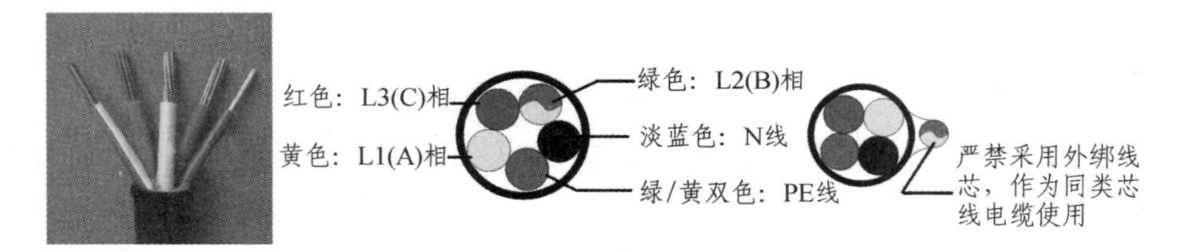

图 7.24　电缆示意图

（2）电缆线路应采用埋地或架空敷设，如图 7.25 所示。严禁沿地面明设，并应避免机械损伤和介质腐蚀。埋地电缆路径应设方位标志。

（3）电缆直接埋地敷设的深度不应小于 0.7 m，并应在电缆紧邻上下左右侧均匀敷设不小于 50 mm 厚的细沙，然后覆盖砖或混凝土板等硬质保护层，如图 7.28 所示。

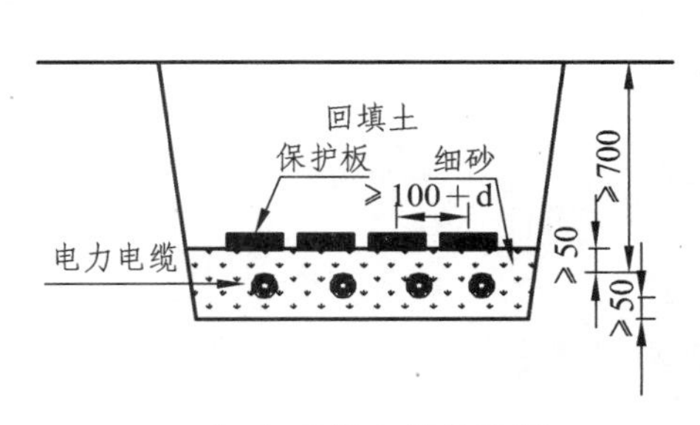

（a）直埋电缆敷设图

（b）直埋电缆敷设现场照片

（c）电缆防护标识

（d）沿墙挂设电缆

图 7.25 电缆敷设方法

（4）在建工程内的电缆线路必须采用电缆埋地引入，严禁穿越脚手架引入。电源线可沿墙地面敷设，但应采取防机械损伤和电火措施，如图 7.26 所示。垂直电源线应充分利用在建工程的竖井垂直孔洞或在混凝土墙柱中预埋线管穿线，并宜靠近用电负荷中心。严禁施工层中采用插座板沿地随意拉设电缆。

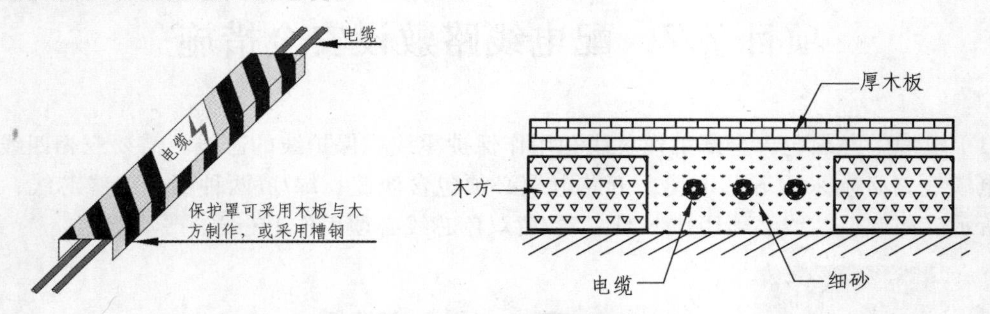

图 7.26 地面电缆敷设保护做法

（5）操作层及楼层内临时用电电缆需架空，做法如图 7.27、7.28 所示。电缆引入施工层内敷设做法如图 7.29 所示。

图 7.27 操作层中电缆敷设

图 7.28 楼层内临时用电电缆挂设

图 7.29 电缆引入施工层内敷设做法

（6）钢筋棚应采用定型化防护设施临时用电电缆敷设方式，如图 7.30 所示。另外，二级箱电缆引入到开关箱和设备走线进行埋地，或柱内和顶部防护棚内安装，前期策划中应考虑到位，使钢筋棚中电缆得到很好的保护。

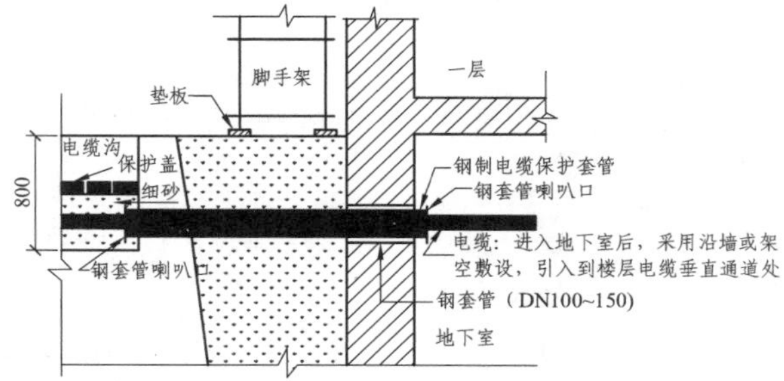

图 7.30　钢筋棚电缆敷设

（7）塔吊处二级箱和开关箱的安装，需保证其前面道路畅通，如图 7.31 所示；塔吊引上电缆线敷设应采用瓷瓶架设，如图 7.32 所示。

图 7.31　塔吊处二级箱和开关箱安装

图 7.32　塔吊引上电缆线敷设

（8）电缆常见的一些错误铺设方法，如图 7.33 所示。

（9）电焊机开关箱、碘钨灯电缆线及镝灯电缆线常发生漏设 PE 线的情况，如图 7.34 所示。

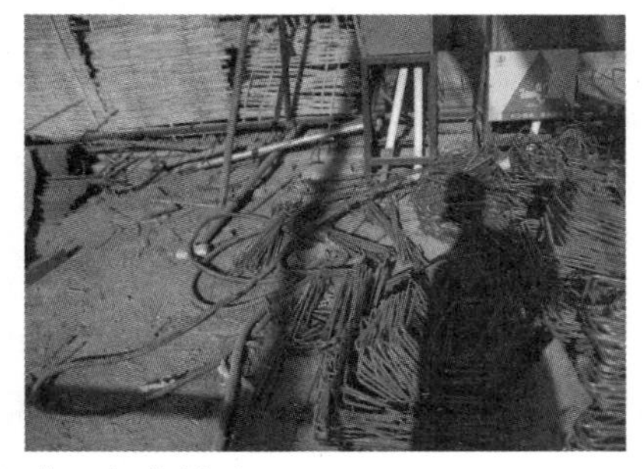

（a）电缆无保护措施

（b）电缆沿外架敷设

图 7.33 电缆错误铺设

（a）电焊机开关箱中接线无 PE 线

（b）碘钨灯电缆线无 PE 线

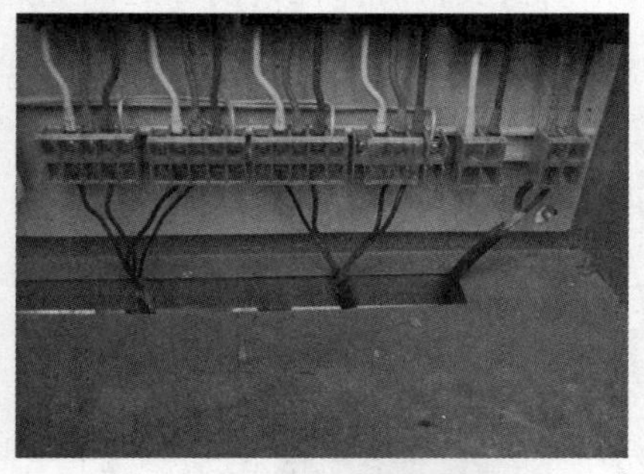

（c）镝灯电缆线无 PE 线

图 7.34 错误做法 ——无 PE 线

项目 7.8 配电箱与开关箱

（1）配电系统应设置配电柜或总配电箱、分配电箱、开关箱，如图 7.35 所示，分三级配电二级保护和三级配电三级保护，如图 7.36 所示。三级保护，各配电箱中均应安装漏电保护器；二级保护，仅在总配电箱和三级箱中安装漏电保护器。

现场中一般采用三级配电二级保护，是否采用三级配电三级保护，根据各地区行业要求进行选择。

(a) 总配电箱

(b) 二级配电箱

(c) 开关箱

图 7.35　配电系统

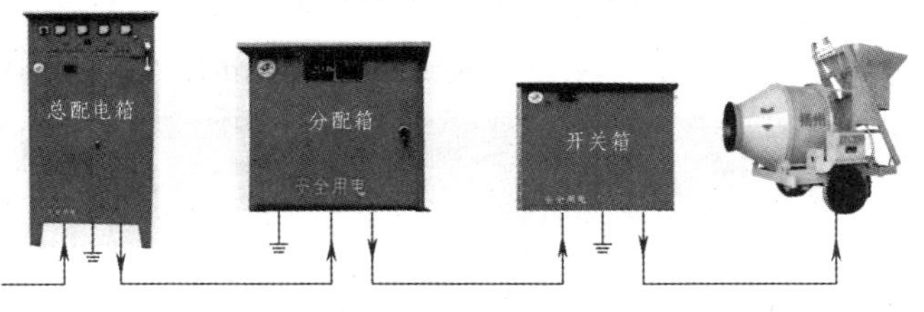

图 7.36　三级配电二级保护

(2)配电箱应符合《低压成套开关设备和控制设备》(GB 7251.4—2006)第四部分及现行《施工现场临时用电安全技术规范》(JGJ46)《建筑施工安全检查标准》(JGJ59)并取得"3C"认证证书，箱内隔离开关、漏电保护器及绝缘导线等电器元件必须具有"3C"认证。具体如图 7.37 所示。

图 7.37　配电箱要求

(3)各级配电箱内漏电保护器的选择如表 7.4 所要求，错误选择如图 7.38、图 7.39 所示，特别要注意塔吊、施工电梯、对焊机等大功率设备的漏电保护器参数配置。

表 7.4　各级配电箱内漏电保护器的选择

漏电保护器	总配电箱漏电保护器	二级箱漏电保护器	开关箱漏电保护器
漏电动作时间/s	建议 0.2～0.3	建议 0.1	≤0.1
漏电动作电流/mA	建议 75～150	建议 50～75	≤30
备　注	1. 总配电箱中漏电保护器额定漏电动作时间>0.1 s，额定漏电动作电流>30 mA，漏电动作电流与漏电动作时间乘积≤30 mA·s。 2. 开关箱在潮湿或有腐蚀介质场所的漏电保护器应采用防溅型产品，其额定漏电动作时间不应大于 0.1 s，其额定漏电动作电流不应大于 15 mA。 3. 各级箱体内隔离开关、漏电保护器建议采用建设部推广使用的透明塑壳断路器和透明塑壳漏电断路或在总箱中采用 LBM-1 漏电保护器		

图 7.38　总配电箱中安装漏电保护器参数（300 mA，0.2 s）不符规定

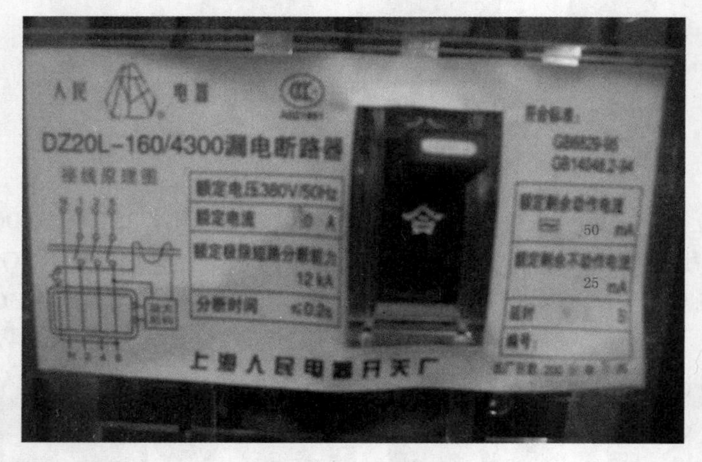

图 7.39　开关箱中安装漏电保护器参数（50 mA，0.2 s）不符规定

（4）外接三相四线制、三相五线制供电时，TN-S 系统接线做法如图 7.40、7.41 所示。

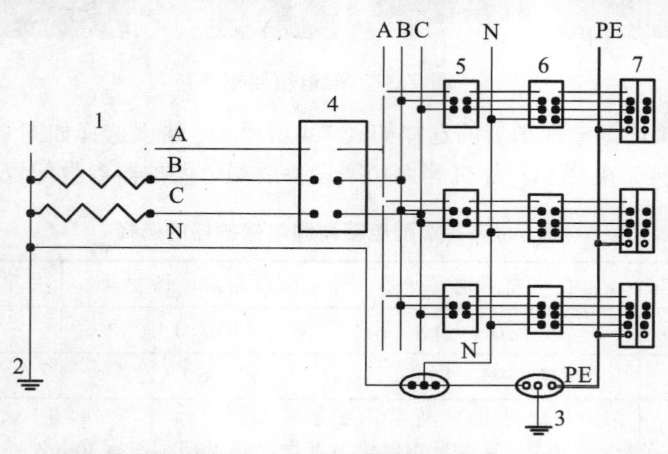

图 7.40　专用变压器或外接三相四线制供电时局部 TN-S 系统接线图

1—变压器 Y 绕组；2—工作接地；3—重复接地；4—透明塑壳断路器；5—分路透明塑壳断路器；6—分路透明塑壳漏电断路器或采用 LBM-1 型漏电保护器；7—接线端子排

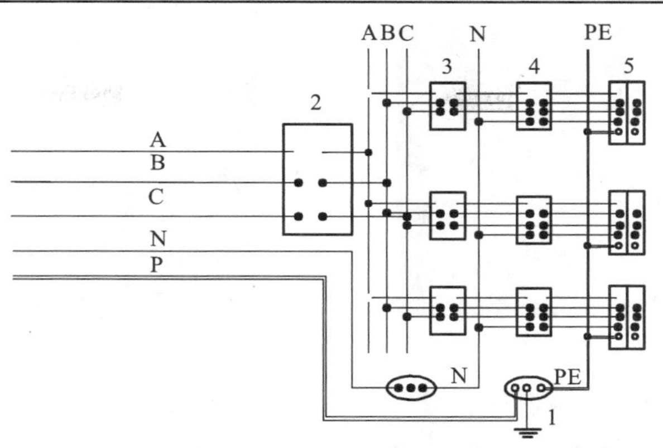

图 7.41　外接三相五线制供电系统局部 TN-S 系统接线图

1—重复接地；2—透明塑壳断路器；3—分路透明塑壳断路器；
4—分路透明塑壳漏电断路器或采用 LBM-1 型漏电保护器；5—接线端子排

（5）总配电箱的电器应具备电源隔离，正常接通与分断电路，以及短路、过载、漏电保护等功能。电器设置应符合下列原则：

① 当总路设置总漏电保护器时，还应装设总隔离开关、分路隔离开关以及总断路器、分路断路器或总熔断器、分路熔断器。当所设总漏电保护器是同时具备短路、过载、漏电保护功能的漏电断路器时，可不设总断路器或总熔断器。

② 当各分路设置分路漏电保护器时，还应装设总隔离开关、分路隔离开关以及总断路器、分路断路器或总熔断器、分路熔断器。当分路所设漏电保护器是同时具备短路、过载、漏电保护功能的漏电断路器时，可不设分路断路器或分路熔断器。

③ 隔离开关应设置于电源进线端，应采用分断时具有可见分断点，并能同时断开电源所有极的隔离电器。如采用分断时具有可见分断点的断路器，可不另设隔离开关。

④ 开关箱必须装设隔离开关、断路器或熔断器，以及漏电保护器，当漏电保护器是同时具有短路、过载、漏电保护功能的漏电断路器时，可不装设断路器或熔断器。隔离开关应采用分断时具有可见分断点，能同时断开电源所有极的隔离电器，并应设置于电源进线端。当断路器是具有可见分断点时，可不另设隔离开关。

⑤ 开关箱必须按“一机一闸一漏一箱”配置。

⑥ 总配电箱及开关箱内配置如图 7.42 所示，常见配置错误如图 7.43 所示。

（a）总配电箱内配置

（b）开关箱内配置

图 7.42　总配电箱及开关箱内配置

（a）对焊机未配设开关箱

（b）开关箱落地安装

（c）二级箱放地安装

（d）开关箱未按一机一闸一漏一箱安装

（e）总配电箱中分路未安装隔离开关

（f）开关箱中无隔离开关

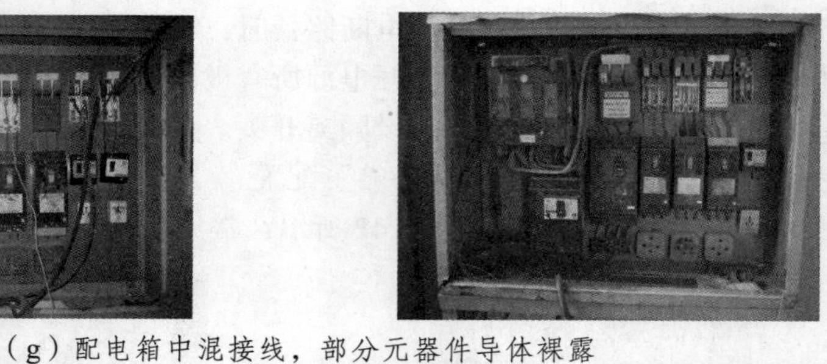

（g）配电箱中混接线，部分元器件导体裸露

（h）施工电梯把电梯控制箱当作开关箱使用，内部不具备开关箱元器件配置要求

（i）采用铜丝作为熔断丝使用

（j）接线端上接线不规范

图 7.43　总配电箱及开关箱内常见错误

（6）每台用电设备必须有各自专用的开关箱，严禁用同一个开关箱直接控制 2 台及 2 台以上用电设备（含插座）。

（7）配电箱的电器安装板必须分设 N 线端子板和 PE 线端子板，如图 7.44 所示。N 线端子板必须与金属电器安装板绝缘；PE 线端子板必须与金属电器安装板做电器连接。进出线中的 N 线必须通过 N 线端子板连接；PE 线必须通过 PE 线端子板连接。配电箱内连接导线分支接头不得采用螺栓压接，应采用焊接并做绝缘包扎，不得有外漏带电部分。

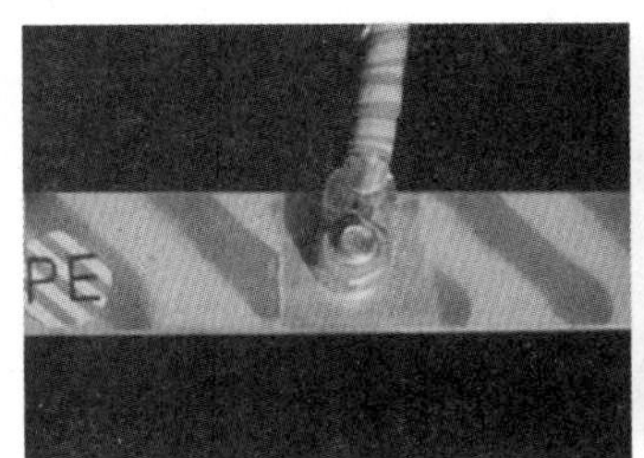

（a）保护接零连接点

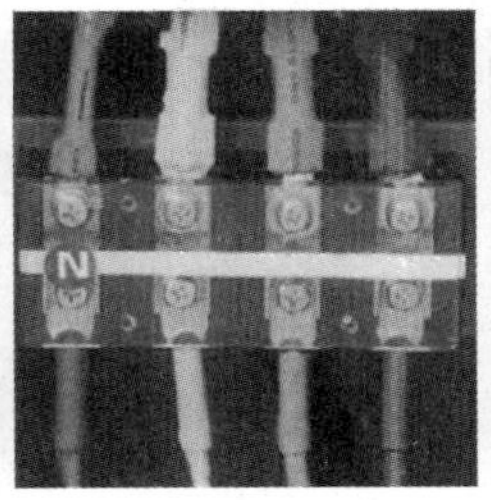

（b）接线端子板防护

（c）箱门接地

图 7.44　接零接地保护

（8）配电箱、开关箱的金属箱体、金属电器安装板以及电器正常不带电的金属底座、外壳等必须通过 PE 线做电器连接，金属箱门与金属箱体必须通过编织软铜线做电器连接，常见错误做法如图 7.45 所示。

（a）箱门未进行接地跨接

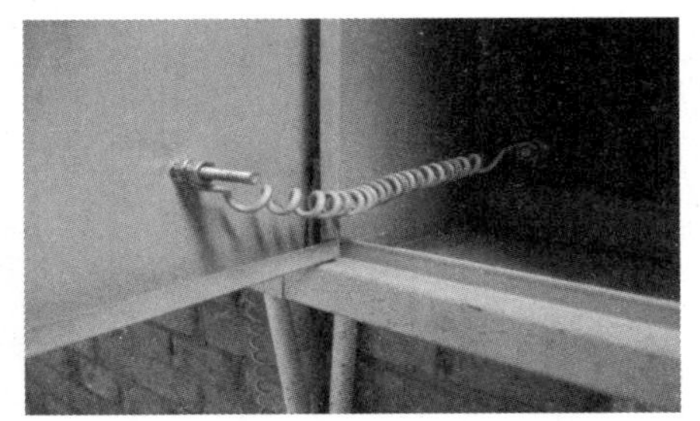

（b）箱门接地未采用编织软铜线，且接线端上无弹、平紧固垫

图 7.45　箱门接地常见错误做法

（9）配电箱、开关箱的进、出线口应配置固定线卡，进出线应加绝缘护套成束卡固在箱体上，不得与箱体直接接触，如图 7.46 所示。

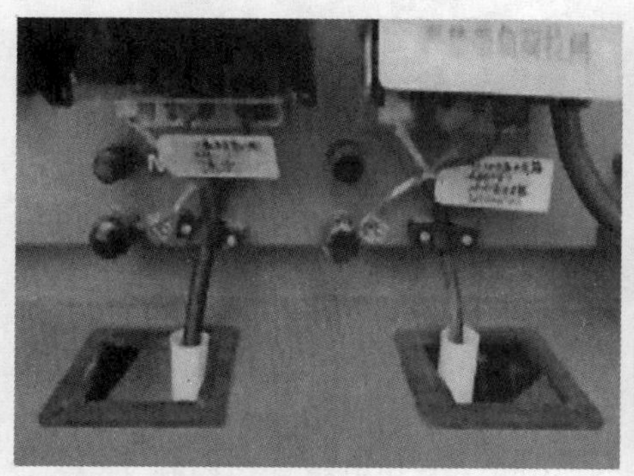

（a）配电箱出线口的橡胶防护圈

（b）接线端子防护以及出线固定卡

图 7.46 配电箱、开关箱的进、出线

（10）总配电箱应设在靠近电源的区域，分配电箱应设在用电设备或负荷相对集中的区域，分配电箱与开关箱的距离不得超过 30 m，开关箱与其控制的固定式用电设备的水平距离不宜超过 3 m，见图 7.47 所示。

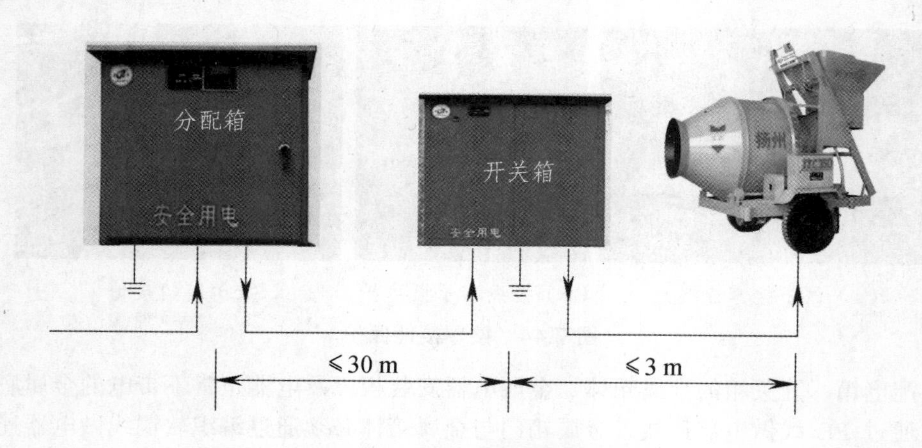

图 7.47 三箱放置位置要求

（11）配电箱、开关箱应装设端正、牢固。固定式配电箱、开关箱的中心点与地面的垂直距离应为 1.4 ~ 1.6 m。移动式配电箱、开关箱应装设在固定、稳定的支架上，其中心点与地面的垂直距离宜为 0.8 ~ 1.6 m，如图 7.48 所示。

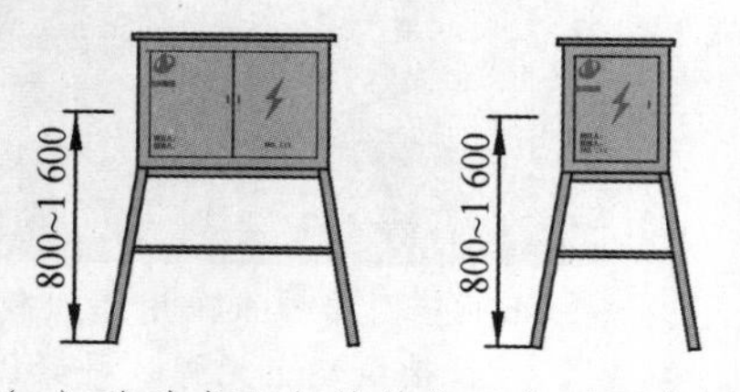

（a）移动式配电箱箱体正立面示意图

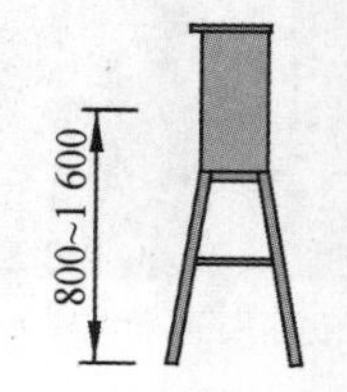

（b）侧立面示意图

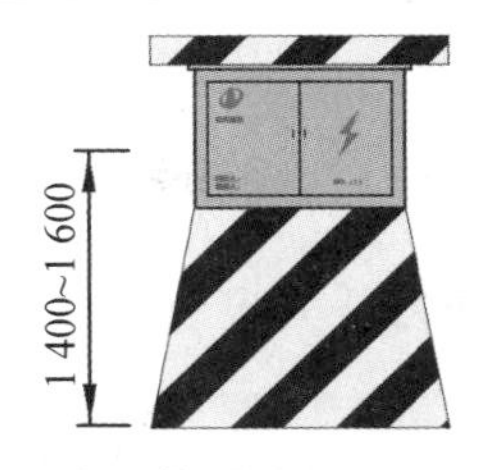

（c）固定式配电箱防护设施正立面图

（d）侧立面图

图 7.48　移动式及固定式配电箱示意图

（12）电焊机必须安装二次过载降压保护装置，电气设备设置场所应能避免物体打击和机械损伤，否则应做防护处理，如图 7.49 所示。

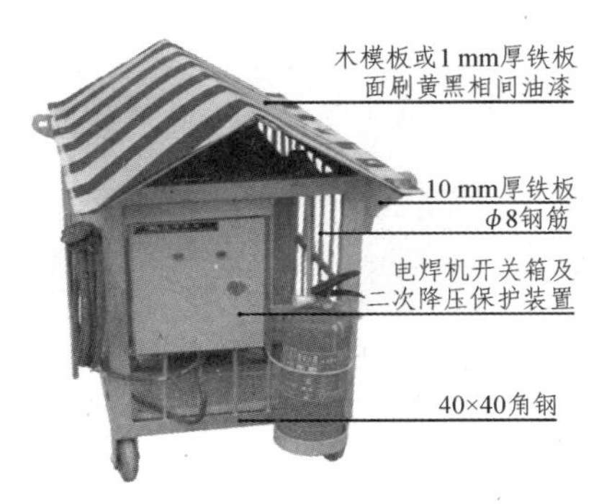

（a）电焊机防护小车制作示意图

（b）配电箱保护

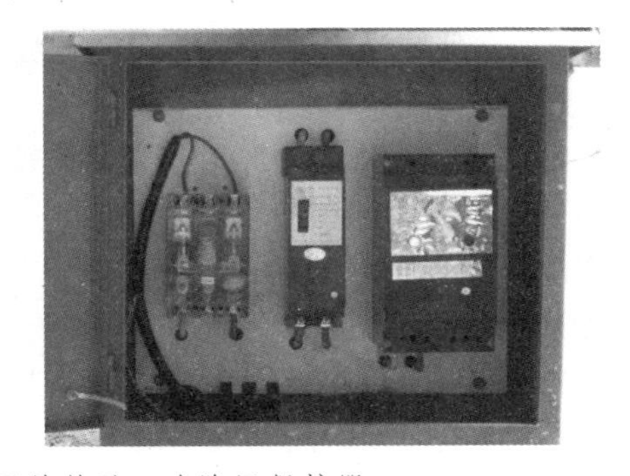

（c）电焊机开关箱及二次降压保护器

（d）电焊机防护小车

（e）配电箱防护

图 7.49　电气设备防护图片

项目 7.9　现场照明安全

（1）照明配电箱宜单独设置，如图 7.50 所示，动力开关应与照明开关箱分别设置。

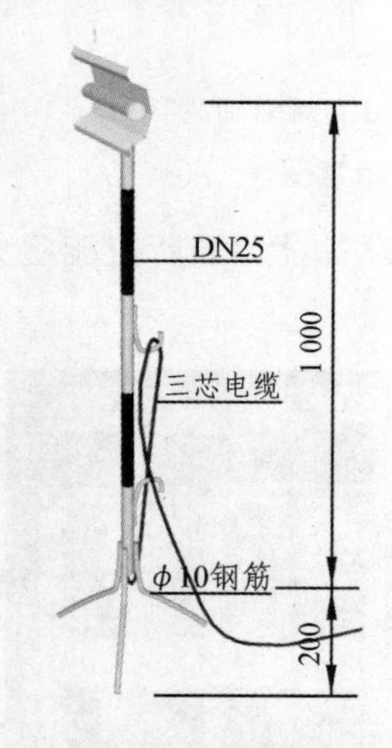

图 7.50　碘钨丝灯架制作示意图

（a）变压器

（b）照明配电箱

图 7.51　变压器及照明配电箱

（2）在坑、洞、井内作业，夜间施工或厂房、道路、仓库、办公室、食堂、宿舍、料具堆放场及自然采光差等场所，应设一般照明、局部照明或混合照明；停电后，操作人员需及时撤离的施工现场，必须装设自备电源的应急照明，如图 7.51 所示。

（3）特殊场所应使用安全特低电压照明器：

① 隧道、人防工程、高温、有导电灰尘、比较潮湿或灯具离地面高度低于 2.5 m 等场所的照明，电源电压不应大于 36 V。

② 潮湿和易触及带电体场所的照明，电源电压不得大于 24 V。

③ 特别潮湿场所、导电良好的地面、锅炉或金属容器内的照明，电源电压不得大于 12 V。

（4）照明变压器必须使用双绕组型安全隔离变压器，严禁使用自耦变压器。

（5）楼层内临时用电建议做法见表 7.5。

表 7.5　楼层内临时用电建议做法

序号	节点名称	问题分析	工序做法
1	楼层临电系统主电缆安装	原楼层内临电主电缆多为穿楼板明装敷设，上下接线零乱，安全性差，且影响后期楼地面装饰施工	在核心筒剪力墙中预埋 ϕ50PVC 管，并在楼层二级箱处安装过路盒，从而实现主电缆暗敷，提高安全性，不影响后期地面施工，如图 7.52、7.53 所示
2	楼层安全通道（走道、楼梯间）临电照明	通常楼层中临电照明多采用明装管线：观感、安全性较差；单独敷设管线材料浪费；影响后期装饰施工	利用公用部位照明预埋线管，将公用部位中一路开关盒上下连通；按原照明线路《电路施工》图（以下简称《电施》图）进行提前穿线，施工阶段作为临电照明，交工后作为正式用电照明，达到安全、美观、节约的效果，并不影响后期装饰施工

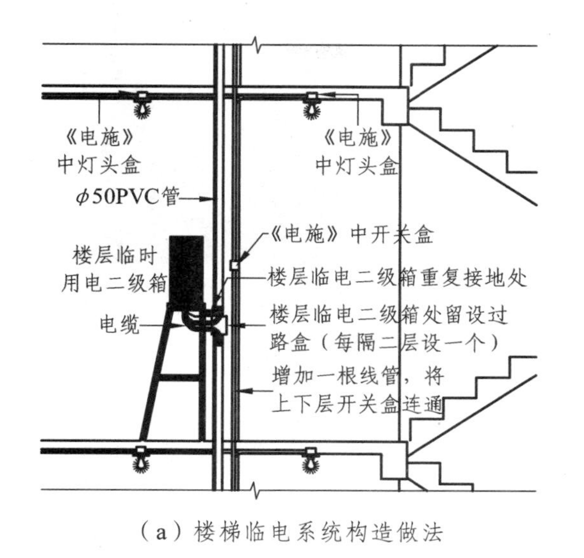

（a）楼梯临电系统构造做法

（b）楼层临电主线电缆暗埋做法

（c）楼梯道临电照明

图 7.52　楼层临电系统构造做法

图 7.53　楼层用电主电缆暗埋式和楼梯道照明暗埋做法

（6）危险品仓库内部照明电源必须采用防爆灯，控制开关设置在室外，采用安全电压，常见错误做法如图 7.54 所示。

（a）门朝内开（应朝外）且未设灭火器

（b）内部堆放普通材料

（c）未采用防爆灯

（d）开关放入内部（应移放在室外）

图 7.54　危险品仓库常见错误做法

项目 8　季节性施工安全

建筑施工流动性大，工程一般处于室外且分布在在全国各地，施工时期持续时间较长，在施工过程中遇到季节性施工的几率较大。季节性施工安全是在工程建设中根据季节性变化规律，充分考虑到水文地质、施工时间、社会条件的各类情况，结合工程的工、料、机、法、环等各方面的特点，在施工过程中保护人员安全和社会财产。

项目 8.1　雨季施工安全

我国的南方和长江的中下游的多雨地区，每年有长达 1～3 个月的雨季，而东南沿海地区受海洋暖湿气流影响，春夏之交雨水频繁，一般伴有大风、多云、浓雾、雷暴、潮汛等天气，施工处于这些季节，一般是生产安全事故多发时期。因此，按照作业条件，针对不同季节的施工特点，施工单位应成立抢险组织机构，建立值班制度，及时掌握气象情况，采取防范措施。按照季节性施工方案的要求，配备充足的物资、设备、器材及劳动防护用品等，并对所有从事季节性施工人员进行季节性施工安全教育与培训，制订相应的安全技术措施，做好相关安全防护，防止事故的发生。

一、雨季基本知识

（一）降　雨

1. 雨　量

雨量，就是在一定时段内，降落到水平面上（无渗漏、蒸发、流失等）的雨水深度。用雨量计测定，以毫米为单位。气象台站在有降水的情况下，每隔 6 h 测量一次。

2. 降水强度

单位时间内的降水量，称为降水强度。常用的单位是 mm/h、mm/24 h，在气象上用降水量来区分降水的强度，可分为：小雨、中雨、大雨、暴雨、大暴雨、特大暴雨，见表 8.1。

表 8.1 降雨划分标准

序号	降水等级	划分标准		现象描述
		1 h 内降水量	24 h 内降水量	
1	小雨	≤2.5 mm	≤10.0 mm	地面较潮湿，但不泥泞
2	中雨	2.6～8.0 mm	10.1～24.9 mm	地面凹地有积水
3	大雨	8.1～15.9 mm	25～49.9 mm	雨水落地四溅，平地有积水
4	暴雨	≥16.0 mm	50.0～100.0 mm	比大雨还猛，可能造成山洪暴发
5	大暴雨	—	100.1～200 mm	比暴雨还大，可能造成洪涝灾害
6	特大暴雨	—	大于 200 mm	降雨比大暴雨还大，可能造成洪涝灾害

（二）雷 击

1. 雷击现象

在对流旺盛的积雨云团之间、云团内部上下或云团与地面之间形成强的正负电荷放电及爆震的天气现象。

2. 雷暴日数

雷暴日数也叫做雷电日数。只要在这一天内曾经发生过雷暴，听到过雷声，而不论雷暴延续了多长时间，都算作一个雷电日。“年雷电日数”等于全年雷电日数的总和。

3. 雷击的影响

雷击可产生数百万伏的冲击电压，可能对施工现场的建（构）筑物、机械设备、电气和脚手架等高架设施以及人身造成严重的伤害，造成大规模的停电、短路及火灾等事故。

二、雨季施工安排

雨季时的大雨、大风等恶劣天气具有突然性，时间不固定而且持续时间较长，所以必须认真编制好雨季的施工方案并制订有针对性的安全技术措施，充分做好雨季施工的准备工作。

（一）准备工作

（1）雨季施工前，施工单位应做好防洪排涝准备，组织防洪物资、设备、防护用品进场。

（2）雨季施工前，施工单位应对施工场地、在建工程、材料堆放场、设备存放场、运输便道等的防洪设施进行检查、加固，疏通排水沟渠。做好傍山的施工现场边缘的危石处理，防止滑坡、塌方威胁工地。对有可能被洪水淹没的临时房屋、设备、物资应采取搬迁措施。

（3）密切关注气象预报与变化，保持现场和气象台站之间的气象信息沟通，选择合理施工方法，控制现场施工，保证各项工序紧密衔接，施工现场应有防雨排水物资和设备，并加强人工巡查。

（二）施工组织

根据雨季施工的特点，合理进行施工组织，将不宜在雨季施工的工程提早或延后安排，如路基土石方工程。对必须在雨季施工的工程制订有效的措施，如在晴天进行室外作业，雨天进行室内作业。遇到大雨、大雾、雷击和 6 级以上大风等恶劣天气，应当停止进行露天高处起重、吊装和打桩、爆破、电焊、脚手架搭拆等作业。同时，在暑期应根据气温变化适当调整作业时间，从事高温作业的场所必须采取通风和降温措施。

（三）现场防、排水

（1）根据施工现场的场地情况，利用自然地形确定排水方向，按规定坡度挖好排水沟，确保施工工地排水畅通。

（2）按照防汛要求，设置连续、通畅的排水设施和其他应急设施，防止泥浆、污水、废水外流污染河道或堵塞排水渠。

（3）对处于坡度中间的施工现场，应在施工现场设置天沟（上侧截水沟），防止洪水冲入现场。

（4）雨季施工时，作业场所的脚手架、跳板、桥梁、墩台等作业面应采取防滑措施；场内机动车辆行驶时应减速防滑，靠近基坑边缘卸料时应设置止挡。

（5）雨季施工中遇到气候突变，发生暴雨、水位暴涨、山洪暴发或因雨发生坡道打滑等情况时，应当停止土石方机械作业施工。

（6）雷雨天气不得露天进行电力爆破土石方，如中途遇到雷电时，应当迅速将雷管的脚线、电线主线两端连成短路。

（7）各工程的工序一定要考虑防水措施，如落地式钢管脚手架基础应当高于自然地坪 50 mm，挖孔桩设置锁口并高于自然地面 300 mm，周边预留散水坡度并设置排水措施，防止雨水浸泡。

（四）常见的防、排水方法

1. 明沟、集水井排水

当降雨量不大，集水明排是应用最广泛，也是最简单最经济的方法。明沟、集水井排水多是在需排水的工程两侧或者四周设置排水明沟，在四角或者隔一定距离设置集水井，使得雨水通过排水明沟汇集于集水井内，然后用水泵将其排除。排水明沟一般布置在拟建建筑基础边 40 cm 以外，沟边缘离边坡坡脚不小于 30 cm。排水明沟的底面应比挖土面低 30 ~ 40 cm。集水井底面应比沟底低 50 cm 以上。

2. 井点降水

当降雨量大，使得地下水位上升影响施工，现场有围护机构时，可以选择井点降水。使用轻型井点、喷射井点或管井深入含水层内，用不断抽水方式使得地下水位下降至坑底以下，方便施工。

3. 隔（截）水帷幕

隔（截）水帷幕一般用于基坑防水。采用隔（截）水帷幕目的是切断基坑外的地下水流入基坑内部。隔（截）水帷幕的厚度应满足基坑防渗要求，其渗透系数宜小于 1.0×10^{-6} cm/s。隔（截）水帷幕目前常用注浆、旋喷法、深层搅拌水泥土桩挡墙等结构形式。

（五）临时设施

施工现场的大型临时设施，首先选址要合理，避开滑坡、泥石流、山洪、坍塌等灾害地段。在雨季前应整修加固完毕，应保证不漏、不塌、不倒，周围不积水，严防水冲入设施内。

（六）运输道路

（1）临时道路应设路拱和排水沟，对路基易受冲刷部分，应铺石块、焦渣、砾石等渗水防滑材料，或者设涵管排泄，保证路基的稳固。可指定专人负责维修路面，对路面不平或积水处及时进行处理。

（2）场区内道路条件可以进行硬化。

（七）安全用电和防雷

1．安全用电

（1）各种露天使用的电气设备应选择较高的干燥处放置。

（2）机电设备（配电盘、闸箱、电焊机、水泵等）应有可靠的防雨措施，电焊机应加防护雨罩。

（3）雨季前应检查照明和动力线有无混线、漏电，电杆有无腐蚀，埋设是否牢靠等，防止触电事故发生。

（4）雨季要检查现场电气设备的接零、接地保护措施，保证漏电保护装置灵敏，电线绝缘接头良好。

2．防　雷

（1）施工现场内的塔式起重机、升降机等机械设备，以及钢脚手架和正在施工的在建工程等的金属结构，当在相邻建筑物、构筑物等设施的防雷装置接闪器的保护范围以外时，应按表 8.2 规定安装防雷装置。

表 8.2　安装防雷装置的规定标准

序号	地区年平均雷暴日/d	机械设备高度/m	备注
1	≤15	≥50	当最高机械设备上避雷针（接闪器）的保护范围能覆盖其他设备，且又最后退出现场，则其他设备可不设防雷装置
2	>15，<40	≥32	
3	≥40，<90	≥20	
4	≥90 及雷害特别严重地区	≥12	

（2）防雷装置的构成及操作要求。施工现场的防雷装置一般由避雷针、接地线和接地体 3 部分组成。

① 避雷针，装在高出建筑物的塔吊、人货电梯、钢脚手架等的顶端。机械设备上的避雷针（接闪器）长度为 1 ~ 2 m。

② 接地线，可用截面面积不小于 16 mm^2 的铝导线，或用截面面积不小于 12 mm^2 的铜导线，或者用直径不小于 ϕ18 的圆钢，也可以利用该设备的金属结构体，但应当保证电气连接。

③ 接地体，有棒形和带形两种。棒形接地体一般采用长度 1.5 m、壁厚不小于 2.5 mm 的钢管或∟5 × 50 的角钢。将其一端垂直打入地下，其顶端离地平面不小于 500 mm，带形接地体可采用截面面积不小于 50 mm^2，长度不小于 3 m 的扁钢，平卧于地下 500 mm 处。

④ 防雷装置的避雷针、接地线和接地体必须焊接（双面焊），焊缝长度应为圆钢直径的 6 倍或扁钢厚度的 2 倍以上。

⑤ 施工现场所有防雷装置的冲击接地电阻值不得大于 30 Ω。

三、其他注意事项

（1）强风、大雨前后，施工单位应对临时房屋等工程设施进行检查，发现滑坡、坍方、倾斜、变形、漏雨等危险情况时，必须及时组织抢修、防护和加固。

（2）暴雨前后，施工单位必须对钢塔架、大型设备、高大脚手架、支（拱）架等的避雷装置与机电设备进行检查、测试和整修，应使其不受潮、不漏电，接地电阻值符合国家现行《施工现场临时用电安全技术规范》（JGJ46）的规定。

（3）雷雨天气，作业人员不应在大树、施工机械下停留，不应靠近电线杆、铁塔、架空线路以及避雷装置接地导线。

项目 8.2　冬季施工安全

冬季气温下降，易起雾起风、下露结冰，且天干物燥，施工作业人员操作不灵活，同时土壤、混凝土、砂浆等所含的水分冻结，建筑材料容易脆裂，给建筑施工带来许多安全质量上的风险，在施工时应尽量避免冬季施工，对于不得不在冬季施工的项目，则须因时因地制宜，制订冬季施工措施，并及时掌握气温变化。作业场所应采取措施防风保暖、防冻防滑，生活办公场所应当采取措施防火和防煤气中毒。

一、冬季施工基本知识

（一）冬季施工的概念

冬季与冬季施工是两个不同的概念，不要混淆。当连续 5 日平均气温低于 5°C 或日最低气温低于 – 3°C 时，即进入冬季施工。

（二）冬季施工特点

（1）在冬季施工中，由于长时间的持续低温、大的温差、强风、降雪和冰冻，施工条件较其他季节艰难得多。

（2）在严寒环境中作业人员穿戴较多，手脚也不灵活，对工程进度、工程质量和施工安全产生严重的不良影响，是各种安全事故多发季节。

（3）冬季施工要求较高，必须事前充分做好计划和相关准备工作，并采取有针对性措施组织施工，才能保证工程建设顺利进行。

（4）冬季施工的工程质量问题具有隐蔽性和滞后性。冬季施工的工程，大多数问题在冬季过后才开始暴露，这将耽误整改的最佳时机。

二、冬季施工基本要求

冬季施工前应做好规划，随时和气象台保持联系并自行测试工程所在地的温度，提前编制好冬季施工方案并上报上级主管单位，冬季施工方案应包括：冬季施工的方法、技术措施、施工进度、资源供应、冬季施工安全措施和节能措施。并将经过审批的方案和措施对所有相关人员进行培训交底。同时做好冬季施工材料、专用设备、能源、临设工种等施工准备工作。

三、冬季施工安排

（一）物资、设备准备

（1）根据冬季施工方案准备相关的物资和设备。如加热设备、保温材料、燃料及防冻油料、温湿度计、外加剂和劳保用品等。进场的物资设备必须满足施工要求并经复检合格。

（2）冬季施工前，应对使用的设备、机具、防护设施进行检修、保养与防寒，更换设备防冻剂和冬季用油，消除事故隐患。入冬前必须将停用设备内的存水放净。

（3）搭设加热用的锅炉房、搅拌站，敷设管道，对锅炉房进行试压，对各种加热材料、设备进行检查，确保安全可靠；蒸汽管道应保温良好，保证管路系统不被冻坏。

（二）施工现场的准备

场地要在土方冻结前平整完工，道路应畅通，按照规划落实职工宿舍、办公室等临时设施的取暖措施。

四、冬季施工安全措施

（一）现场用火

1. 冬季施工现场用火管理

（1）施工现场临时用火，要建立动火许可制度，由工地安全负责人审批。用火证当日有效，用后收回。

（2）焊接作业采用“1211”进行管理，即 1 把焊枪、2 个灭火器、1 个接火盆、一个看火人。其中看火人的主要职责是注意清除火源附近的易燃、易爆物，不易清除时，可用水浇湿或用阻燃物覆盖。

（3）木工棚、库房、喷漆车间、油漆配料车间等场所，不得用火炉取暖，周围 15 m 内不得有明火作业。施工作业完毕后，对用火地点详细检查，确保无明火暗火或热源后，方可撤离岗位，同时根据消防器材的配置和工作状态情况，落实保温防冻措施。

2．冬季消防器材管理

（1）冬季在室外应尽量安装地下消火栓，进入冬季施工前应进行一次试水，加少量润滑油，消火栓用草帘、锯末等覆盖，做好保温工作，以防冻结。冬天下雪时，应及时扫除消火栓上的积雪，以免雪化后将消火栓井盖冻住。高层临时消防水管应进行保温或将水放空，消防水泵内应考虑采暖措施，以免冻结。

（2）进入冬季施工前应做好消防水池的保温工作，随时进行检查，发现冻结时应进行破冻处理，如在水池上盖上木板，木板上再盖上不小于 40 ~ 50 cm 厚的稻草、锯末等。

（3）入冬前应将泡沫灭火器、清水灭火器等放入有采暖的地方，并套上保温套。

（二）机械设备

（1）井字架、龙门架、塔机等缆风绳地锚应当埋置在冻土层以下，防止春季冻土融化，地锚锚固作用降低，地锚拔出，造成架体倒塌事故。

（2）塔机路轨不得铺设在冻胀性土层上，防止土壤冻胀或春季融化，造成路基起伏不平，影响塔机的使用，甚至发生安全事故。

（3）脚手架、马道要有防滑措施，及时清理积雪，脚手架的基底、连接加固、周边防护、跳板等要经常检查。

（三）物资材料

1．亚硝酸钠

亚硝酸钠是冬季施工常用的防冻剂、阻锈剂，人体摄入 10 mg 亚硝酸钠，即可导致死亡。由于外观、味道、溶解性等许多特征与食盐极为相似，很容易误作为食盐食用，导致中毒事故，所以要采取措施，加强使用管理，以防误食。

（1）使用前应当召开培训会，让有关人员学会辨认亚硝酸钠（亚硝酸钠为微黄或无色，食盐为纯白）。

（2）现场应当挂材料标识和明显警示牌，明示亚硝酸钠为有毒物质。

（3）设专人保管和配制，建立严格的出入库手续和配制使用程序。

2．易燃、可燃材料的使用及管理

（1）使用可燃材料进行保温的工程，必须设专人进行监护、巡逻检查。人员的数量应根据使用可燃材料量的数量、保温的面积而定。

（2）合理安排施工工序及网络图，一般是将用火作业安排在前，保温材料安排在后。

（3）保温材料定位以后，禁止一切用火、用电作业，特别禁止下层进行保温作业，上层进行用火、用电作业。

（4）照明线路、照明灯具应远离可燃的保温材料。

（5）保温材料使用完以后，要随时进行清理，集中进行存放保管。

（三）供暖锅炉

（1）锅炉房宜建造在施工现场的下风方向，远离在建工程，易燃、可燃建筑，露天可燃材料堆场，料库等。锅炉房的门应向外开启；锅炉房应有适当通风和采光；砖砌的烟囱和烟道，其内表面距可燃结构不小于 50 cm，其外表面不小于 10 cm。未采取消烟除尘措施的锅炉，其烟囱应设防火星帽。

（2）当使用的是危险性较大的锅炉时应满足以下要求：

① 锅炉应当附有安全技术规范要求的设计文件、产品质量合格证明、安装及使用维修说明、监督检验证明等文件。

② 在投入使用前或者投入使用后 30 日内，锅炉使用单位应当向直辖市或者设区的市特种设备安全监督管理部门登记。登记标志应当置于或者附着于该特种设备的显著位置。在安全检验合格有效期届满前 1 个月向特种设备检验检测机构提出定期检验要求，未经定期检验或者检验不合格的特种设备，不得继续使用。

③ 锅炉使用单位应当建立特种设备安全技术档案。安全技术档案应当包括以下内容：

• 锅炉的设计文件、制造单位、产品质量合格证明、使用维护说明等文件以及安装技术文件和资料；

• 锅炉的定期检验和定期自行检查的记录；

• 锅炉的日常使用状况记录；

• 锅炉及其安全附件、安全保护装置、测量调控装置及有关附属仪器仪表的日常维护保养记录；

• 锅炉运行故障和事故记录；

• 高耗能特种设备的能效测试报告、能耗状况记录以及节能改造技术资料。

④ 锅炉使用单位对在用特种设备应当至少每月进行一次自行检查，并作出记录，在对在用特种设备进行自行检查和日常维护保养时发现异常情况的，应当及时处理。

⑤ 锅炉使用单位应当对在用锅炉的安全附件、安全保护装置、测量调控装置及有关附属仪器仪表进行定期校验、检修，并作出记录。

⑥ 锅炉使用单位应当按照安全技术规范的要求进行锅炉水（介）质处理，并接受特种设备检验检测机构实施的水（介）质处理定期检验。

（3）炉火使用和管理的防火要求。

炉火必须由受过安全消防常识教育的专人看守，每人看管火炉的数量不应过多。移动各种加热火炉时，必须先将火熄灭后方准移动。掏出的炉灰必须随时用水烧灭后倒在指定地点。禁止用易燃、可燃液体点火。填煤不应过多，以不超出炉口上沿为宜，防止热煤掉出引起可燃物起火。不准在火炉上熬炼油料、烘烤易燃物品。

（4）现场使用的锅炉、火炕等用焦炭时，应有通风条件，防止煤气中毒。

（五）春融期间施工

春融期间开工前必须进行工程地质勘察，以取得地形、地貌、地物、水文及工程地质资料，确定地基的冻结深度和土的融沉类别。对有坑洼、沟槽、地物等特殊地貌的建筑场地应加点测定。开工后，对坑槽沟边坡和固壁支撑结构应当随时进行检查，深基坑应当派专人进行测量、观察边坡情况，如果发现边坡有裂缝、疏松、支撑结构折断、走动等危险征兆，应当立即采取措施。

复习思考题

1. 施工过程中主要会遇到哪些不利于施工的季节？

2. 雨季施工中，常见的防、排水方法有哪些？

3. 冬季施工中，当锅炉为特种设备，进场时我们应该与地方哪个部门联系，具体做哪些工作？

4. 夏季施工中，针对员工中暑可采取哪些主要措施？

项目 9　劳动保护与职业病预防控制

根据卫生部近几年发布的全国职业病报告，我国职业病危害目前形势十分严峻。主要原因是与职业危害接触人数总量大、患者众多，职业病防范在社会、单位和个人层面防范意识薄弱，导致职业病的发病率居高不下等。近年来通报的全国职业病报告情况显示：各类职业病如尘肺病、职业中毒、职业性肿瘤、职业性耳鼻喉口腔等疾病的病例数都呈现上升趋势，且发病工龄有缩短的趋势。而且我国目前职业体系覆盖面有限，职业病诊断鉴定都要履行严格的程序，事实上在社会上还存在大量的潜在和累积的职业病患者没有在报告中体现。

由于我国各中小单位职业管理没得到改善，患有职业病的人员流动，使得危害也在转移，目前职业病管理的形势仍然十分严峻，特别是一些新的职业病种类将逐渐出现并变得更加突出，随着社会法制的进一步健全，劳动者使用法律保护自己合法权益的意识的增强，因职业健康损害事件引发个人、单位、社会的各类问题，职业健康管理工作势必面临更大的压力和挑战。

项目 9.1　劳动安全卫生

一、基本概念

劳动安全卫生又称劳动保护，是指以保障职工在职业活动过程中的安全与健康为目的的工作领域及在法律、技术、设备、组织制度和教育等方面所采取的相应措施。

我国劳动安全卫生标志，以代表劳动安全卫生的绿十字为中心，周围用变型的齿轮和橄榄枝叶构成一个图案，左侧的齿轮象征劳动、长城和中国，右侧的橄榄叶象征着和平、美满和幸福，如图 9.1 所示。

劳动保护在国际劳工组织和某些国家也称为“职业安全卫生”。但是，准确地说，职业卫生不能等同于劳动保护，它仅仅是劳动保护的重要内容之一。

图 9.1　劳动安全卫生标志

二、劳动安全卫生注意事项

企业应创造符合国家职业卫生标准和卫生要求的工作环境和条

件。应建立劳动安全卫生管理制度，定期为参建人员体检。生产区、辅助生产区和办公生活区应根据作业内容、季节、环境等采取相应的措施，预防和控制职业病、传染病、流行病以及中毒等事故的发生。发现劳动安全卫生事故隐患时应按规定及时报告。

（一）传染病、流行病防治

（1）建筑工程开工前，参建各方应进行卫生调查，并采取必要的卫生防疫措施。

（2）开展预防传染病、流行病的卫生教育，组织力量消除鼠、蚊、蝇等病媒昆虫。

（3）在传染病、流行病暴发期应提前采取防疫措施，控制其发生。传染病、流行病暴发时，应采取下列紧急措施切断传播途径：限制、停止人群聚集的活动；根据情况合理安排施工生产；封闭被传染病病原体污染的公共饮用水源；传染病、流行病疫情按规定上报。

（二）职业病防治

参建人员应进行职业卫生培训，正确使用职业病防护设备和个人防护用品。对从事接触职业病危害作业的人员，应组织上岗前、在岗期间和离岗时的体检。产生职业病危害的工作岗位，应在其醒目位置设置警示标识和警示说明，并公布有关职业病防治的规章制度、操作规程、应急救援措施和危害因素检测结果。

作业场所的职业病危害因素的强度或者浓度应符合国家职业卫生标准，否则应具有与职业病危害防护相适应的设施。同时生产布局合理，符合有害与无害作业分开的原则。使用的设备、工具、用具等设施符合保护劳动者生理、心理健康的要求。

对施工中有职业病危害的作业，应做到以下工作：

（1）建立职业病危害因素监测及评价制度。

（2）制订职业病防治计划和实施方案。

（3）建立、健全职业卫生管理制度和操作规程。

（4）建立职业卫生档案和健康监护档案。

（5）制订职业病危害事故应急救援预案，并进行演练。

项目 9.2　劳动防护用品使用

一、劳动防护用品使用要求

劳动防护用品是指由生产经营单位为从业人员配备的，使其在劳动过程中免遭或者减轻事故伤害及职业危害的个人防护装备。施工单位必须为作业人员提供符合标准的防护用品。

（一）劳动防护用品分类

劳动防护用品分为特种劳动防护用品和一般劳动防护用品。特种劳动防护用品目录由国家安全生产监督管理总局确定并公布；未列入目录的劳动防护用品为一般劳动防护用品。

1. 特种劳动防护用品

我国对特种劳动防护用品实行安全标志管理。特种劳动防护用品安全标志管理工作，由国家安全生产监督管理总局指定的特种劳动防护用品安全标志管理机构实施，受指定的特种劳动防护用品安全标志管理机构对其核发的安全标志负责。

2. 特种劳动防护用品安全标志标识说明

（1）本标识采用古代盾牌之形状，取“防护”之意。

（2）盾牌中间采用字母“LA”表示“劳动安全”之意。

（3）“××-××-××××××”是标识的编号。编号采用3层数字和字母组合编号方法编制。

① 第一层的两位数字代表获得标识使用授权的年份。

② 第二层的两位数字代表获得标识使用授权的生产企业所属的省级行政地区的区划代码（进口产品，第二层的代码则以两位英文字母缩写表示该进口产品产地的国家代码）。

③ 代码的前3位数字代表产品的名称代码，后3位数字代表获得标识使用授权的顺序。

图 9.2 劳动安全卫生标志

二、劳动防护用品的配备与使用的规定

（一）配备要求

为从业人员配备符合标准的劳动防护用品是生产经营单位的法定义务，生产经营单位应当按照国家颁发的劳动防护用品配备标准以及有关规定，为从业人员配备劳动防护用品。对于煤矿来说，国家安全生产监督管理总局制定了煤矿劳动防护用品配备标准，煤矿企业必须按照标准为从业人员配备相应的劳动防护用品。

（二）专项经费

为从业人员配备符合标准的劳动防护用品需要必要的经费保证，这也是生产经营单位安全投入的一部分。生产经营单位不能片面地追求效益和利润，必须配足、配好合格的劳动防护用品，防止从业人员的事故伤害和职业病。《劳动防护用品监督管理规定》对此作出了两方面的规定。

1. 专项经费投入要求

生产经营单位应当安排用于配备劳动防护用品的专项经费，专项经费用于购置符合国家标准或者行业标准的劳动防护用品。

2. 专项经费管理

专项经费应当专款专用，严格管理，不得挪用，使用的费用按安全生产监管总局《高危行业企业安全生产费用财务管理暂行办法》列入安全生产费。

（三）禁止以其他方式替代劳动防护用品

生产经营单位不得以货币或者其他物品替代应当按规定配备的劳动防护用品，如不得发给货币或者其他物品替代劳动防护用品。

（四）特种劳动防护用品的采购

生产经营单位不得采购和使用无安全标志的特种劳动防护用品；购买的特种劳动防护用品须经本单位的安全生产技术部门或者管理人员检查验收。生产经营单位必须购买有安全标志的特种劳动防护用品。对一般劳动防护用品也要加强管理，生产经营单位应当建立健全劳动防护用品的采购、验收、保管、发放、使用、报废等管理制度。

（五）劳动防护用品的使用

配备劳动防护用品还要加强教育和管理，保证物尽其用。不得购买假冒伪劣或者超过使用期限的劳动防护用品，同时必须对从业人员进行专门培训，正确地佩戴和使用劳动防护用品。《劳动防护用品监督管理规定》对此作出了两方面的规定。

1. *劳动防护用品管理*

生产经营单位为从业人员提供的劳动防护用品，必须符合国家标准或者行业标准，不得超过使用期限。生产经营单位应当督促、教育从业人员正确地佩戴和使用劳动防护用品。

2. *从业人员使用的管理*

从业人员在作业过程中，必须按照安全生产规章制度和劳动防护用品使用规则，正确佩戴和使用劳动防护用品；未按规定佩戴和使用劳动防护用品的，不得上岗作业。同时，获得符合标准的劳动防护用品是从业人员的权利。另外，正确地佩戴和使用劳动防护用品又是从业人员的法定义务。这既是保护从业人员自身安全的需要，也是保护他人和生产经营单位的安全的需要。

三、劳动防护用品监督管理的规定

（一）劳动防护用品违法行为

依据《劳动防护用品监督管理规定》第二十一条规定，生产经营单位有下列违法行为之一，应当受到依法查处：

（1）不配发劳动防护用品。

（2）不按有关规定或者标准配发劳动防护用品。

（3）配发无安全标志的特种劳动防护用品。

（4）配发不合格的劳动防护用品。

（5）配发超过使用期限的劳动防护用品。

（6）劳动防护用品管理混乱，由此对从业人员造成事故伤害及职业危害。

（7）生产或者经营假冒伪劣劳动防护用品和无安全标志的特种劳动防护用品。

（8）其他违反劳动防护用品管理有关法律、法规、规章、标准的行为。

同时，生产经营单位使用劳动防护用品的情况，是监督管理的重点。

（二）监管监察部门的监督检查

《劳动防护用品监督管理规定》要求安全生产监督管理部门、煤矿安全监察机构依法对劳动防护用品使用情况和特种劳动防护用品安全标志进行监督检查，督促生产经营单位按照国家有关规定为从业人员配备符合国家标准或者行业标准的劳动防护用品。各级安全生产监督管理部门和煤矿安全监察部门依法负有对生产经营单位配备和使用劳动防护用品的情况进行监督管理的职责。对发现的违法行为，有权予以纠正或者实施行政处罚。

国外进口的一般劳动防护用品的安全防护性能不得低于我国相关标准，并向国家安全生产监督管理总局指定的特种劳动防护用品安全标志管理机构申请办理准用手续；进口的特种劳动防护用品应当按照规定取得安全标志。

（三）从业人员的监督

从业人员是企业的主人，依法享有获得劳动防护用品的权利和对本单位配备劳动防护用品及其管理的情况进行监督的权利。他们是劳动防护用品的受益者，有权维护自身的利益。生产经营单位的从业人员有权依法向本单位提出配备所需劳动防护用品的要求；有权对本单位劳动防护用品管理的违法行为提出批评、检举、控告。安全生产监督管理部门、煤矿安全监察机构对从业人员提出的批评、检举、控告，经查实后应当依法处理。

（四）工会的监督

工会是维护从业人员权益的群众性组织，依法享有对生产经营单位为从业人员配备劳动防护用品的行为进行监督的权利。为了发挥工会的监督作用，加强对劳动防护用品使用的监管，生产经营单位应当接受工会的监督。工会对生产经营单位劳动防护用品管理的违法行为有权要求纠正，并对纠正情况进行监督。

四、生产经营单位、检测检验机构违法行为应负的法律责任

（一）劳动防护用品生产经营单位的法律责任

《劳动防护用品监督管理规定》对劳动防护用品的生产经营单位违法行为进行了界定，设定了责令限期改正、停产整顿、5 万元以下罚款的行政处罚。

（二）检测检验机构的法律责任

劳动防护用品检测检验机构出具虚假证明，构成犯罪的，依照《中华人民共和国刑法》有关规定追究其刑事责任；尚不够刑事处罚的，由安全生产监督管理部门没收违法所得，违法所得在 5 000 元以上的，并处违法所得 2 倍以上 5 倍以下的罚款；违法所得不足 5 000 元的，单处或者并处 5 000 元以上 2 万元以下的罚款，对直接负责的主管人员和直接责任人员处 5 000 元以上 5 万元以下的罚款；给他人造成损害的，与生产经营单位承担连带责任。

（三）安全标志管理机构工作人员的法律责任

特种劳动防护用品安全标志管理机构的工作人员滥用职权、玩忽职守、弄虚作假、徇私

舞弊的，依照有关规定给予行政处分；构成犯罪的，依法追究刑事责任。

项目 9.3　作业场所职业危害申报

作业场所职业危害申报目的是为了规范作业场所职业危害的申报工作，加强对生产经营单位职业健康工作的监督管理。

职业危害申报是职业安全健康监管的基础性工作。做好职业危害申报工作，有助于安全生产监督管理部门了解职业危害状况，进而根据企业职业危害状况实施分级监管，提高监管执法效率，促进企业改善工作，加强职业危害的防治。

一、职业危害申报

（一）申报机关

安全生产监督管理部门负责职业危害的申报工作，职业危害申报工作实行属地分级管理。生产经营单位应当按照规定对本单位作业场所职业危害因素进行检测、评价，并按照职责分工向其所在地县级以上安全生产监督管理部门申报。中央企业及其所属单位的职业危害申报，按照职责分工向其所在地设区的市级以上安全生产监督管理部门申报。

（二）申报内容和申报表

生产经营单位申报职业危害时，应当提交《作业场所职业危害申报表》和下列材料：

（1）生产经营单位的基本情况。

（2）产生职业危害因素的生产技术、工艺和材料的情况。

（3）作业场所职业危害因素的种类、浓度和强度的情况。

（4）作业场所接触职业危害因素的人数及分布情况。

（5）职业危害防护设施及个人防护用品的配备情况。

（6）对接触职业危害因素从业人员的管理情况。

（7）法律、法规和规章规定的其他资料。

为了统一规范申报内容，便于不同地区数据的汇总分析，国家安全生产监督管理总局制定了《作业场所职业危害申报表》。《作业场所职业危害申报表》包括申报单位基本情况、申报单位存在职业病危害的作业场所、作业场所职业病危害因素汇总表、接触职业病危害因素人员管理情况汇总表，在表格下方备注了填表说明。

（三）申报方式

作业场所职业危害申报采取电子和纸质文本两种方式。生产经营单位通过安全生产监督管理部门的作业场所职业危害申报与备案管理系统进行电子数据申报，同时将《作业场所职业危害申报表》加盖公章并由生产经营单位主要负责人签字后，连同有关资料一并上报所在地相应的安全生产监督管理部门。

申报内容以企业签章的纸质申报表格为准，电子申报内容应与纸质申报内容一致。

（四）申报时限及变更

作业场所职业危害每年申报一次。生产经营单位下列事项发生重大变化的，应当按照本条规定向原申报机关申报变更：

（1）进行新建、改建、扩建、技术改造或者技术引进的，在建设项目竣工验收之日起30日内进行申报。

（2）因技术、工艺或者材料发生变化导致原申报的职业危害因素及其相关内容发生重大变化的，在技术、工艺或者材料变化之日起15日内进行申报。

（3）生产经营单位名称、法定代表人或者主要负责人发生变化的，在发生变化之日 15日内进行申报。

（五）终止申报

生产经营单位终止生产经营活动后，必须向县级或者市级安全生产监督管理部门进行终止职业危害申报。生产经营单位终止生产经营活动的，应当在生产经营活动终止之日起 15日内向原申报机关报告并办理相关手续。

二、生产经营单位违反职业危害申报规定的处罚

（一）生产经营单位未按照规定及时申报的处罚

生产经营单位未按照本办法规定及时、如实地申报职业危害的，由安全生产监督管理部门给予警告，责令限期改正，可以并处2万元以上5万元以下的罚款。

（二）生产经营单位未按照规定进行变更申报的处罚

生产经营单位有关事项发生重大变化，未按照规定申报变更的，由安全生产监督管理部门责令限期改正，可以并处1万元以上3万元以下罚款。

项目 9.4　职业病概述

一、职业病的概念

职业病是指企业、事业单位和个体经济组织等用人单位的劳动者在职业活动中，因接触粉尘、放射性物质和其他有毒、有害因素而引起的疾病。

二、职业病鉴定与分类

职业病不能人为指定，它的分类和目录是由国务院卫生行政部门会同国务院安全生产监督管理部门、劳动保障行政部门制定、调整并公布的。由国家主管部门公布的职业病目录所列的职业病称为法定职业病。界定法定职业病的 4 个基本条件是：① 在职业活动中产生；② 接触职业危害因素；③ 列入国家职业病范围；④ 与劳动用工行为相联系。

2002 年卫生部颁布的《职业病目录》将职业危害因素分为 10 大类：① 粉尘类（13 种）；② 放射性物质类（电离辐射）；③ 化学物质类（56 种）；④ 物理因素（4 种）；⑤ 生物因素（3 种）；⑥ 导致职业性皮肤病的危害因素（8 种）；⑦ 导致职业性眼病的危害因素（3 种）；⑧ 导致职业性耳鼻喉口腔疾病的危害因素（3 种）；⑨ 导致职业性肿瘤的职业危害因素（8 种）；⑩ 其他职业危害因素（5 种）。

三、职业病防治的基本方针

职业病防治工作坚持预防为主、防治结合的方针，建立用人单位负责、行政机关监管、行业自律、职工参与和社会监督的机制，实行分类管理、综合治理。

四、职业病管理法律法规体系

党中央、国务院高度重视职业危害防治工作。新中国成立以来，我国陆续颁布实施一系列法律、行政法规和部门规章，如《职业病防治法》《使用有毒物品作业场所劳动保护条例》《作业场所职业健康监督管理暂行规定》《作业场所职业危害申报管理办法》等，有关标准也日渐完善，职业危害防控工作不断加强，为保护劳动者的生命健康权益提供了法律保障。

我国职业卫生法规标准体系包括法律、行政法规、地方性法规、部门规章、规范性文件和标准，如表 9.1 所示。

表 9.1　职业卫生法规标准体系

<table>
<tr><th>序号</th><th colspan="2">管理体系</th><th>名　称</th></tr>
<tr><td>1</td><td colspan="2">法律</td><td>职业病防治法</td></tr>
<tr><td rowspan="4">2</td><td colspan="2" rowspan="4">行政法规</td><td>使用有毒物品作业场所劳动保护条例</td></tr>
<tr><td>尘肺病防治条例</td></tr>
<tr><td>放射性同位素与射线装置放射防护条例</td></tr>
<tr><td>生产安全事故报告和调查处理条例</td></tr>
<tr><td rowspan="4">3</td><td rowspan="4">部门规章</td><td rowspan="4">安监总局</td><td>作业场所职业危害申报管理办法</td></tr>
<tr><td>作业场所职业健康监督管理暂行规定</td></tr>
<tr><td>劳动防护用品监督管理规定</td></tr>
<tr><td>安全生产监管监察职责和行政执法责任追究的暂行规定</td></tr>
</table>

续表 9.1

序号	管理体系		名　称
3	部门规章	卫生部	放射工作人员职业健康管理办法
			建设项目职业病危害分类管理办法
			职业卫生技术服务机构管理办法
			职业健康监护管理办法
			国家职业卫生标准管理办法
			职业病危害事故调查处理办法
			职业病危害项目申报管理办法
4	地方法规		根据各地有针对性下发的具体法规
5	规范性文件		国务院办公厅关于印发国家职业病防治规划（2009—2015）的通知
6	标准		GB 系列、GBZ 系列、AQ 系列、WS 系列

注：法规标准体系要适时更新，保证管理体系的现行有效。

项目 9.5　职业病种类

一、职业危害识别

（一）粉尘与尘肺

1．生产性粉尘

能够较长时间悬浮于空气中的固体微粒叫做粉尘。在生产中，与生产过程有关而形成的粉尘叫做生产性粉尘。通常将其分为总粉尘与呼吸性粉尘两种类型：

（1）总粉尘：可进入整个呼吸道（鼻、咽和喉、胸腔支气管、细支气管和肺泡）的粉尘，简称“总尘”。

（2）呼吸性粉尘：按呼吸性粉尘标准测定方法所采集的可进入肺泡的粉尘粒子，简称“呼尘”。

2．生产性粉尘的来源

生产性粉尘来源于以下几方面：

（1）固体物质的机械加工、粉碎，其所形成的尘粒，如金属的研磨、切削，矿石或岩石的钻孔、爆破、破碎、磨粉以及粮谷加工等。

（2）物质加热时产生的蒸气可在空气中凝结成小颗粒，或者被氧化形成颗粒状物质，如熔炼黄铜时，锌蒸气在空气中冷凝、氧化形成氧化锌烟尘。

（3）有机物质的不完全燃烧产生的烟尘，如木材、油、煤炭等燃烧时所产生的烟。

（4）生产中使用粉末状物质在进行混合、过筛、包装、搬运等操作时，也可产生多量粉尘。

（5）沉积的粉尘由于振动或气流的影响，重新又回到空气中（二次扬尘），也是生产性粉尘的一项主要来源。

3. 生产性粉尘引起的职业病

尘肺是由于吸入生产性粉尘引起的以肺的纤维化为主要变化的职业病。由于粉尘的性质、成分不同，对肺脏所造成的损害、引起纤维化程度也有所不同，从病因上分析，可将尘肺分为6类：矽肺、硅酸盐肺、炭尘肺、金属尘肺、混合性尘肺、有机尘肺。

2002 年卫生部与劳动保障部联合发布的《职业病目录》（卫法监发〔2002〕108 号）公布的职业病名单中，列出了13种法定尘肺病，即矽肺、煤工尘肺、石墨尘肺、炭黑尘肺、石棉肺、滑石尘肺、水泥尘肺、云母尘肺、陶工尘肺、铝尘肺、电焊工尘肺、铸工尘肺。

（二）生产性毒物与职业中毒

1. 生产性毒物及其危害

在生产经营活动中，通常会生产或使用化学物质，它们发散并存在于工作环境空气中，对劳动者的健康产生危害，这些化学物质称为生产性毒物（或化学性有害物质）。

2. 职业中毒

劳动者在生产过程中过量接触生产性毒物引起的中毒，称为职业中毒。例如，一个工人在生产过程中长期接触汽油、油漆或者其他带挥发性的有毒有害物质，产生胸闷、憋气、剧烈的咳嗽或痰中带血，这就构成了中毒。由于它是在生产过程中形成，与所从事的作业密切相关，所以称之为职业中毒。当然，职业中毒并不都是急性中毒，还有慢性中毒。毒物可经呼吸道吸入，也可经皮肤吸收。总之，职业中毒的表现是多种多样的。侵入人体的生产性毒物引起的职业中毒，按发病过程可分为3种类型：

（1）急性中毒。由毒物一次或短时间内大量进入人体所致。多数由生产事故或违反操作规程所引起。

（2）慢性中毒。慢性中毒是长期小剂量毒物进入机体所致。绝大多数是由蓄积作用的毒物引起的。

（3）亚急性中毒。亚急性中毒介于以上两者之间，在短时间内有较大量毒物进入人体所产生的中毒现象。

接触工业毒物，无中毒症状和体征，但实验室检查体内毒物或其代谢产物超过正常值的状态称为带毒状态，如铅吸收带毒状态等。

有些毒物有致癌性。接触有些毒物还可能对妇女有害，甚至会累及下一代。

（三）物理性职业危害因素及所致职业病

作业场所常见的物理性职业性危害因素包括噪声、振动、辐射、异常气象条件（气温、气流、气压）等。

1. 噪　声

（1）生产性噪声的特性、种类及来源。

在生产过程中，由于机器转动、气体排放、工件撞击与摩擦所产生的噪声，称为生产性噪声或工业噪声。可分为以下 3 类：

① 空气动力噪声，如各种风机、空气压缩机、风动工具、喷气发动机和汽轮机等产生的噪声。

② 机械性噪声，如各种车床、电锯、电刨、球磨机、砂轮机和织布机等发出的噪声。

③ 电磁性噪声，如电磁式振动台和振荡器、大型电动机、发电机和变压器等产生的噪声。

（2）生产性噪声引起的职业病。

由于长时间接触噪声导致的听阈升高、不能恢复到原有水平的称为永久性听力阈移，临床上称噪声聋。噪声不仅对听觉系统有影响，对非听觉系统如神经系统、心血管系统、内分泌系统、生殖系统及消化系统等都有影响。

2. 振　动

生产过程中的生产设备、工具产生的振动称为生产性振动。产生振动的机械有锻造机、冲压机、压缩机、振动机、振动筛、送风机、振动传送带、打夯机、收割机等。在生产中手臂振动所造成的危害，较为明显和严重，国家已将手臂振动的局部振动病列为职业病。

存在手臂振动的生产作业主要有以下 4 类：使用锤打工具作业、使用手持转动工具作业、使用固定轮转工具作业、驾驶交通运输工具或农业机械作业等。

3. 电磁辐射

电磁辐射广泛存在于宇宙空间和地球上。当一根导线有交流电通过时，导线周围辐射出一种能量，这种能量以电场和磁场形式存在，并以波动形式向四周传播，人们把这种交替变化的，以一定速度在空间传播的电场和磁场，称为电磁辐射或电磁波。

电磁辐射分为射频辐射、红外线、可见光、紫外线、X 射线及α射线等。由于其频率、波长、量子能量不同，对人体的危害作用也不同。当量子能量达到 12 eV（电子伏特）以上时，对物体有电离作用，能导致机体的严重损伤，这类辐射称为电离辐射。量子能量小于 12 eV 的不足以引起生物体电离的电磁辐射，称为非电离辐射。

在作业场所中可能接触的几种电磁辐射简述如下。

（1）非电离辐射：

① 高频作业、微波作业，如金属的热处理、表面淬火、金属熔炼、热轧及高频焊接等。

② 红外线，如炼钢工、铸造工、轧钢工、锻造工、玻璃熔吹工、烧瓷工、焊接工等可接触到红外线辐射。

③ 紫外线，常见的工业辐射源有冶炼炉（高炉、平炉、电炉）、电焊、氧乙炔气焊、氩弧焊、等离子焊接等。在作业场所比较多见的是紫外线对眼睛的损伤，即由电弧光照射所引起的职业病——电光性眼炎。此外，在雪地作业、航空航海作业时，受到大量太阳光中紫外线的照射，也可引起类似电光性眼炎的角膜、结膜损伤，称为太阳光眼炎或雪盲症。

④ 激光，也是电磁波，属于非电离辐射。在工业生产中主要利用激光辐射能量集中的特点，进行焊接、打孔、切割、热处理等作业。眼部受激光照射后，可突然出现眩光感、视力模糊等。激光意外伤害，除个别人会发生永久性视力丧失外，多数经治疗均有不同程度的

恢复。激光对皮肤也可造成损伤。

（2）电离辐射：

① 凡能引起物质电离的各种辐射称为电离辐射，如各种天然放射性核素和人工放射性核素、X 射线机等。

② 电离辐射引起的职业病——放射病。

放射性疾病是人体受各种电离辐射照射而发生的各种类型和不同程度损伤（或疾病）的总称。

4. 异常气象条件

气象条件主要是指作业环境周围空气的温度、湿度、气流与气压等。

异常气象条件的种类包括高温作业、高温强热辐射作业、高温高湿作业等。

（1）高温作业。

生产场所的热源可来自各种熔炉、锅炉、化学反应、机械摩擦和转动产热、人体散热，以及风速、气压和辐射热都会对生产作业场所的环境产生影响。

（2）高温强热辐射作业。

高温强热辐射作业是指工作地点气温在 30 °C 以上或工作地点气温高于夏季室外气温 2 °C 以上，并有较强的辐射热作业。如冶金工业的炼钢、炼铁，机械制造工业的铸造、锻造，建材业的陶瓷、玻璃、搪瓷、砖瓦等窑炉作业等。

（3）高温高湿作业。

高温高湿作业，如印染、缫丝、造纸等工业中，液体加热或蒸煮，车间气温可达 35 °C 以上，相对湿度达 90%以上。有的煤矿深井井下气温可达 30 °C，相对湿度 95%以上。

（4）其他异常气象条件作业。

其他异常气象条件作业，如冬天在寒冷地区或极地从事野外作业，冷库或地窖工作的低温作业，潜水作业和潜涵作业等高气压作业，高空、高原低气压环境中进行运输、勘探、筑路及采矿等低气压作业。

5. 职业性致癌因素

与职业有关的、能引起恶性肿瘤的有害因素称为职业性致癌因素。由职业性致癌因素所致的癌症称为职业癌。经过流行病学调查和动物实验，有明确证据表明对人有致癌作用的物质，称为确认致癌物，如炼焦油、芳香胺、石棉、铬、芥子气、氯甲甲醚、氯乙烯、放射性物质等。我国已将石棉、联苯胺、苯、氯甲甲醚、砷、氯乙烯、焦炉烟气、铬酸盐所致的癌症，列入职业病名单。

6. 生物因素

生物因素所致职业病是指劳动者在生产条件下，接触生物性危害因素而发生的职业病。我国将炭疽、森林脑炎和布氏杆菌病列为法定职业病。

二、工程建设行业存在的主要职业病

建筑业存在职业危害的主要工种，如表 9.2 所示。

表 9.2 建筑业存在职业危害的主要工种

序号	有害因素分类	主要危害	次要危害	危害的主要工作
1	粉尘	矽尘	岩石尘、黄泥沙尘、噪声、振动	开石、碎石机、碎砖、掘进、风钻、炮工、出渣等人员
			高温	筑炉人员
			高温、锰、磷、铅、三氧化硫等	型砂、喷砂，清砂、浇筑、玻璃打磨等人员
2		电焊尘	高温	电焊、气焊等人员
3		石棉尘	矿渣棉、玻纤尘	安装保温、石棉瓦拆除等人员
4		水泥尘	振动、噪声	混凝土搅拌、砂浆搅拌、水泥上料，搬运，料库等人员
			苯、甲苯、二甲苯、环氧树脂	建材、建筑科研所试验、公司材料试验等人员
5		金属尘	噪声、金钢砂尘	砂轮磨锯、金属打磨、金属除锈、钢窗校直、钢模板校平等人员
6		木屑尘	噪声及其他粉尘	制材、平刨机、压刨机、平光机、开榫机、凿眼机等人员
7		其他粉尘	噪声	生石灰过筛、河沙运料、上料等人员
8	铅	铅尘、铅烟、铅蒸气	硫酸、环氧树脂、乙二胺甲苯	充电、铅焊、溶铅、制铅板、除铅锈、锅炉管端退火、白铁、通风、电缆头制作、印刷、铸字、管道灌铅、油漆、喷漆等人员
9	四乙铅	四乙铅	汽油	驾驶员、汽车修理、油库等人员
10	苯、甲苯、二甲苯	苯	环氧树脂、乙二胺、铅	油漆、喷漆、环氧树脂、涂刷、油库、冷沥青涂刷、浸漆、烤漆、塑料件制作和焊接等人员
11	高分子化合物	聚氯乙烯	铅及化合物、环氧树脂、乙二胺	粘接、塑料、制管、焊接、玻璃瓦、热补胎等人员
12	锰	锰尘、锰烟	红外线、紫外线	电焊、气焊、对焊、点焊、自动保护焊、惰性气体保护焊、冶炼等人员
13	铬氰化合物	六价铬、锌、酸、碱	六价铬、锌、酸、碱、铅	电镀、镀锌等人员
14	氨			制冷安装、冻结法施工、熏图等人员
15	汞	汞及其化合物		仪表安装，仪表监测等人员
16	二氧化硫	二氧化硫		硫酸酸洗、电镀、冲电、钢筋等除锈、冶炼等人员
17	氮氧化合物	二氧化氮	硝酸	密闭管道、球罐、气柜内电焊烟雾、放炮、硝酸试验等人员
18	一氧化碳	一氧化碳	二氧化碳	煤气管道修理、冬季施工暖棚、冶炼、铸造等人员
19	噪声		振动、粉尘	离心制管机、混凝土振动棒、混凝土平板振动器、电锤、汽锤、铆枪、打桩机、打夯机；风钻、发电机、空压机、碎石机、砂轮机、推土机、剪板机、带锯、圆锯、平刨、压刨等机械；模板校平、钢窗校平等人员

续表 9.2

序号	有害因素分类	主要危害	次要危害	危害的主要工作
20	振动	全身振动	噪声	桩工，打桩机司机、推土机司机、汽车司机、小翻斗车司机、吊车司机、打夯机司机、挖掘机司机、铲运机司机等人员
		局部振动	噪声	风钻、风铲、电钻、混凝土振动棒、混凝土平板振动器、手提式砂轮机、钢模校平、钢窗校平、铆枪等机械
21	异常气象条件	高温高湿强热辐射	高压、低压	隧道、煤矿等作业人员
22		低温高湿	高压、低压	野外寒冷地区等作业人员
23		高压	热辐射	潜水、盾构换刀等作业人员
24		低压	热辐射	高空、高原等作业人员
25	辐射	非电离辐射	紫外线、红外线、可见光、激光、射频辐射	电焊、气焊、不锈钢焊接、电焊配合等作业人员
26		电离辐射	X 射线，γ射线，α射线、超声波	金属和非金属探伤试验、氩弧焊等作业人员

项目 9.6　建筑工程行业主要职业病危害控制

一、职业危害评价

职业危害评价是依据国家有关法律、法规和职业卫生标准，对生产经营单位生产过程中产生的职业危害因素进行接触评价，对生产经营单位采取预防控制措施进行效果评价；同时也为作业场所职业卫生监督管理提供技术数据。

建设项目职业危害预评价与控制效果评价，是职业卫生防护设施“三同时”原则的体现，同时可为新建、改建、扩建等建设项目职业危害分类的管理、项目设计阶段的防护设施设计和审查等提供科学依据。

1. 评价原则

以国家职业卫生法律、法规、标准、规范为依据，在评价工作过程中遵循严肃性、严谨性、公正性、可行性的原则。

2. 评价的主要方法

（1）检查表法：依据现行职业卫生法律、法规、标准编制检查表，逐项检查建设项目在职业卫生方面的符合情况。

（2）类比法：通过与拟建项目同类和相似工作场所检测、统计数据；健康检查与监护；

职业病发病情况等，类推拟建项目作业场所职业危害因素的危害情况。

（3）定量法：对建设项目工作场所职业危害因素的浓度（强度）、职业危害因素的固有危害性、劳动者接触时间等进行综合考虑，按国家职业卫生标准计算危害指数，确定劳动者作业危害程度的等级。

通过对作业人员职业危害接触情况、职业危害预防控制的实施情况、职业卫生管理等方面进行评价，找出职业危害预防控制工作的薄弱环节或者存在的问题，在职业健康控制与管理上提出改进的具体措施或建议。

二、职业危害控制

职业危害的控制主要是指针对作业场所存在的职业危害因素的类型、分布、浓强度等情况，采用多种措施加以控制，使之消除或者降到容许接受的范围之内，以保护作业人员的身体健康和生命安全。职业危害控制的主要技术措施包括工程控制技术措施、个体防护措施和组织管理措施等。

1. 工程控制技术措施

工程控制技术措施是指应用工程技术的措施和手段（例如密闭、通风、冷却、隔离等），控制生产工艺过程中产生或存在的职业危害因素的浓度或强度，使作业环境中有害因素的浓度或强度降至国家职业卫生标准容许的范围之内。

2. 个体防护措施

对于经工程技术治理后仍然不能达到限值要求的职业危害因素，为避免其对劳动者造成健康损害，则需要为劳动者配备有效的个体防护用品。针对不同类型的职业危害因素，应选用合适的防尘、防毒或者防噪等的个体防护用品。《劳动防护用品配备标准（试行）》（国经贸安全〔2000〕189号）、《个体防护装备选用规范》（GB 11651—2008）、《呼吸防护用品的选择、使用与维护》（GB/T 18664—2002）等法规标准对个体防护用品的选用给出了具体的要求。

3. 组织管理等措施

在生产和劳动过程中，加强组织与管理也是职业危害控制工作的重要一环，通过建立健全职业危害预防控制规章制度，确保职业危害预防控制有关要素的良好与有效运行，是保障劳动者职业健康的重要手段，也是合理组织劳动过程、实现生产工作高效运行的基础。

三、主要职业病危害控制措施

（一）粉尘危害控制

采用工程技术措施消除和降低粉尘危害，是治本的对策，是防止尘肺发生的根本措施。

1. 改革工艺过程

对于作业场所存在粉尘，防尘原则是：优先采用先进的生产工艺、技术消除或减少粉尘的职业性有害因素。通过改革工艺流程使生产过程机械化、密闭化、自动化，从而消除和降低粉尘危害。为防止物料跑、冒、滴、漏，其设备和管道应采取有效的密闭措施，并应结合生产工艺采取通风和净化措施。对移动的扬尘的作业，应与主体工程同时设计移动式轻便防尘设备。

2. 湿式作业

湿式作业是指采用喷洒液体或者液体烟雾进行防尘，防尘效果可靠，易于管理，投资较低。

3. 密闭、抽风、除尘

对只能进行干法生产的场所，可采取密闭、抽风、除尘的办法，但其基础是首先必须对生产过程进行改革，理顺生产流程，实现机械化生产。在手工生产、流程紊乱的情况下，该方法是无法奏效的。

4. 个体防护

当防、降尘措施难以使粉尘浓度降至国家标准水平以下时，应佩戴防尘护具。另外，应加强对员工的教育培训、现场的安全检查以及对防尘的综合管理等。

如在一个建筑工地：施工单位必须定期检测作业场所的粉尘浓度，采取措施，减少作业人员吸入粉尘的机会。如采用风钻挖掘地面或清扫施工现场时，应先喷雾或洒水。拆除建（构）筑物时，应洒水、隔离，并在规定期限内清除所有废弃物。运送散装物料、建筑垃圾和渣土时，应采用密闭覆盖措施，严禁高空抛掷、扬撒。清理车辆、设备和物料的尘埃时，不得使用空气压缩机，作业场所内应设置车辆清洗设施以及配套的排水、泥浆沉淀设施，运输车辆应在除泥、冲洗干净后，方可驶出施工现场。

（二）生产性毒物危害控制

生产过程的密闭化、自动化是解决毒物危害的根本途径。毒物危害比较严重的场所，必须根据国家现行有关标准规定，设置有毒气体浓度报警仪或有毒气体检测仪。常用的生产性毒物控制措施如下：

1. 密闭-通风排毒系统

该系统由密闭罩、通风管、净化装置和通风机构组成。采用该系统必须注意整个系统的防火、防爆；防止二次污染，正确净化回收。

2. 局部排气罩

就地密闭，就地排出，就地净化，是通风防毒工程的一个重要的技术准则。排气罩就是实施毒源控制，防止毒物扩散的具体技术装置。排气罩按其构造分为3种类型。

（1）密闭罩：将毒源密闭起来，然后通过通风管将含毒空气吸出，送往净化装置，净化后排放大气。

（2）开口罩：在生产工艺操作不可能采取密闭罩排气时，可设计开口罩排气。按结构形式，开口罩分为上吸罩、侧吸罩和下吸罩。

（3）通风橱：通风橱是密闭罩与侧吸罩相结合的一种特殊排气罩。可以将产生有害物的操作和设备完全放在通风橱内，通风橱上设有开启的操作小门，以便于操作。同时必须对通风橱实行排气，使橱内形成负压状态，防止有害物逸出。

3. 排出气体的净化

通风防毒工程必须遵守的重要准则是无害化排放，是根据输送介质特性和生产工艺的不同，可采用不同的有害气体净化方法。有害气体净化方法大致分为洗涤法、吸附法、袋滤法、静电法、燃烧法和高空排放法。

4. 个体防护

采用无毒、低毒物质代替有毒或高毒物质是从根本上解决毒物危害的首选办法。应根据实际接触情况，采取有效的个人防护措施。比如接触毒物场所作业人员必须正确佩戴和使用防护服装、防毒面罩、呼吸器等防护用品，并不应超时作业。严禁在作业场所饮食、吸烟，同时应保持个人卫生，班后应淋浴，工作服与便服应隔开存放，并定期清洗等。

5. 注意事项

使用有毒物品时，应设置黄色区域警戒线、警示标志和警示说明（包括危害种类、后果、预防及应急救援措施）。高毒作业场所应设置红色区域警戒线、警示标志和警示说明，并设置通信报警设备。

可能存在或产生有毒物质的工作场所应根据有毒物质的理化特性和危害特点配备现场急救用品，设置冲洗喷淋设备、应急撤离通道、必要的泄险区以及风向标。

（三）噪声危害控制

噪声的治理从 3 个方面着手：消除和减弱生产中的噪声源；控制噪声的传播；加强个人防护。

（1）控制和减弱噪声源。从改革工艺入手，以无声的工具代替有声的工具。合理布局：产生噪声的车间与非噪声作业车间、高噪声车间与低噪声车间应分开布置。

（2）在满足工艺流程要求的前提下，宜将高噪声设备相对集中，并采取相应的消声、吸声、隔声、隔振、阻尼等控制措施。

（3）加强对高噪声设备的日常保养和维护，减少噪声污染。

（4）做好个人防护。如及时戴耳塞、耳罩、头盔等防噪声用品并不应超时、超强作业，定期进行预防性体检。

（四）振动危害控制

作业场所应首先控制振动源，使振动强度符合相关标准的要求。否则应根据实际情况合理设计劳动作息时间，并采取适宜的个人防护措施。

（1）隔振控制振动源。在振源与需要防振的设备之间，安装具有弹性性能的隔振装置。使振动降低到对人体无害水平。

（2）改革生产工艺。采用减振和隔振等措施，如采用焊接等新工艺代替铆接工艺；采用水力清砂代替风铲清砂；工具的金属部件采用塑料或橡胶材料，减少撞击振动。

（3）有些手持振动工具的手柄，应包扎泡沫塑料等隔振垫或戴好专用的防振手套。

（4）限制作业时间和振动强度，改善作业环境，加强个体防护及健康监护。

（五）异常气象危害控制

作业场所存在异常气象条件作业的企业应优先采用先进的生产工艺、技术和原材料，工艺流程的设计宜使操作人员远离危害源，同时根据其具体条件采取必要的措施消除职业危害。

1. 高温作业防护

对于高温作业，首先应合理设计工艺流程，改进生产设备和操作方法，这是改善高温作业条件的根本措施。如使工人远离热源；隔热；采用开放或半开放式作业，利用自然或者机械通风，尽量在夏季主导风向下风侧对热源隔离等。高温作业场所综合温度上限值应按表 9.3 的规定确定。

表 9.3　高温作业场所综合温度上限值

体力劳动强度指数	夏季通风室外计算温度分区	
	<30 °C 地区	≥30 °C 地区
≤15	31	32
>15～20	30	31
>20～25	29	30
>25	28	29

2. 保健措施

供给饮料和补充营养，暑季供应含盐的清凉饮料是有特殊意义的保健措施。最好的办法是供给含盐饮料。

3. 个体防护

高温环境作业人员应正确佩戴和使用防护鞋、帽、手套和防护服等。对高温作业工人应进行体格检查，凡有心血管器质性疾病者不宜从事高温作业。炎热季节医务人员要到现场巡回医疗，发现中暑，要立即抢救。

4. 异常气压的预防

可通过采取一些措施预防异常气压：技术革新，如采用管柱钻孔法代替沉箱，工人不必在水下高压作业；遵守安全操作规程；保健措施，高热量、高蛋白饮食等。应注意有职业禁忌症者不能从事此类工作。

（六）辐射危害控制

1. 防非电离辐射

非电离辐射的主要防护措施有场源屏蔽、距离防护、合理布局以及采取个人防护措施等。

（1）非电离辐射的控制与防护

① 高频电磁场的主要防护措施有场源屏蔽、距离防护和合理布局等。

② 对微波辐射的防护，是直接减少源的辐射、屏蔽辐射源、采取个人防护及执行安全规则。

③ 对红外线辐射的防护，重点是对眼睛的保护，减少红外线暴露和降低炼钢工人等的热负荷，生产操作中应戴有效过滤红外线的防护镜。

④ 对紫外线辐射的防护是屏蔽和增大与辐射源的距离，佩戴专用的防护用品。

⑤ 对激光的防护，应包括激光器、工作室及个体防护 3 方面。激光器要有安全设施，在光束可能泄漏处应设置防光封闭罩；工作室围护结构应使用吸光材料，色调要暗，不能裸眼看光；使用适当个体防护用品并对人员进行安全教育等。

（2）如电焊作业人员必须按规定正确佩戴和使用防护面罩、护目镜、口罩、绝缘鞋和防护服等，不应卷袖或穿短袖衣服。非作业人员不应在电焊作业场所逗留观望。

2. 防电离辐射

（1）主要是控制辐射源的质和量。电离辐射的防护分为外照射防护和内照射防护。外照射防护的基本方法有时间防护、距离防护和屏蔽防护，通称“外防护三原则”。内照射防护的基本防护方法有围封隔离、除污保洁和个人防护等综合性防护措施。

（2）企业对可能发生急性职业损伤的有毒、有害作业场所，应设置报警装置，配置现场急救用品、冲洗设备、应急撤离通道和必要的排除险情区域。同时，对职业危害防护设备、应急救援设施和职业危害防护用品，应进行经常性的维护、检测、修理，确保其使用状态安全可靠，不得擅自停用或拆除。

（3）企业不应将产生职业危害的作业转移给不具备职业危害防护条件的单位和个人，后者也不应接受产生职业危害的作业。

（4）企业应定期组织职业健康检查，并不应安排有职业禁忌症的人员从事其禁忌的作业。如果作业人员肌体处于疲劳、贫血、饥饿和营养不良状态时，应暂时停止接触存在职业危害的作业。

项目 9.7　女工保护

女工保护，是指除了男女职工都必须实行的普遍意义的劳动保护外，针对妇女的生理特点，对女职工在生产劳动过程中的安全和健康所采取的特殊保护措施。

随着社会的进步，经济技术的发展，妇女参加社会生产劳动的人数日益增多，对女职工实行特殊保护越来越重要，它不仅仅是对女职工本身的保护，而且是关系到中华民族子孙后代的健康和全民族素质的大事。

职业有害因素对女工健康的影响主要包括以下几个方面：

1. 负重作业和重体力劳动

（1）长期从事重体力劳动或负重作业的女工，有流产和早产的危险。慢性肌肉劳损、慢性肩周炎和慢性腰腿痛在长期从事负重作业和重体力劳动的女工中也很常见。

（2）防护原则：

① 对所负重量应有一定限制，单人负重量一般不得超过 25 kg；两人抬运时不得超过

50 kg。

② 制定合理的劳动制度，规定工间休息，规定一个工作日内的累积负重时间。

③ 限制不适于重体力劳动的女工作业。

④ 加强经期、孕期、产后期的劳动保护，如对孕妇和乳母的负重作业应有一定的限制，负重次数不超过2次/小时，负重不超过10 kg/次；不断重复负重时，负重量不超过5 kg/次。

⑤ 改善劳动条件，搬运工作力求机械化，减轻劳动负荷。

2. 女工接触化学、物理危害因素对健康的影响

（1）化学物质对月经的影响多数为暂时性的，往往在女工参加工作后最初半年内出现，以后逐渐恢复正常。接触化学物质还可能使女工更年期提前，更年期综合征发病率增高。

（2）化学物质对妊娠及胎儿发育的影响：接触工业毒物的女工，妊娠早期易出现妊娠呕吐，在妊娠后期易出现妊娠高血压综合征。

化学物质进入母体后，有的可以通过胎盘屏障进入胎儿体内，对胎儿产生毒作用，从而引起胚胎或胎儿死亡而发生流产或死胎。有致畸作用的化学物质，还可能使胎儿出现体型或内脏畸形，或机能的缺陷，如智力低下等。

（3）化学物质对授乳机能的影响：许多化学物质可以从乳汁排出，如铅、汞、钴、氟、溴、碘、砷、苯、二硫化碳、烟碱、三硝基甲苯、氯丁二烯等。母乳排出毒物是使乳儿接触毒物的重要原因。

（4）物理因素对女工健康的影响主要是噪声、振动、电离辐射、高温与低温等。

建筑施工过程中应尽量避免妇女在高温、低温、有毒有害的施工场所中作业。

复习思考题

1. 什么叫职业病，职业病防治的基本方针是什么？
2. 我国对职业病管理主要涉及哪些法律法规？
3. 工程中常见的职业病有哪些？防治措施主要有哪些？
4. 假如你进入单位，你将采取什么程序对职业病进行管理？

项目 10　安全生产管理与相关法律条例

建设工程安全生产管理，必须坚持安全第一、预防为主的方针。国家鼓励建设工程安全生产的科学技术研究和先进技术的推广应用，推进建设工程安全生产的科学管理。建设单位、勘察单位、设计单位、施工单位、工程监理单位及其他与建设工程安全生产有关的单位，必须遵守安全生产法律、法规的规定，保证建设工程安全生产，依法承担建设工程安全生产责任。

多年来的实践证明，安全生产问题主要是管理问题，是管理是否规范有效的问题。抓管理的关键是抓责任，没有责任制就没有管理。实行安全生产责任制是搞好安全生产管理、减少事故发生的有效措施。

项目 10.1　安全生产责任制

一、建立安全生产责任制的目的和意义

从许多事故分析中不难看出，发生事故的主要原因：企业管理混乱；劳动纪律涣散；违章作业；领导上的官僚主义。一句话，就是没有建立安全生产责任制或者责任制不落实。

国家要求企业建立安全生产责任制的目的是为了进一步贯彻执行安全生产的方针，加强对企业安全工作的领导和管理，以保证职工的安全和健康，促进生产发展，实践企业经济效益的增长。

安全生产责任制是企业岗位责任制的重要组成部分，是企业各级领导、职能部门、工程技术人员、生产作业人员在劳动生产过程中应负安全责任的制度。

责任制是促进责任心，忠于职守的一种保证手段。企业建立安全生产责任制后，明确了企业经营管理者是安全生产第一负责人，可以从组织制度上把安全与生产统一起来，不论领导或是广大职工，都增强了责任心，都能明确自己在安全上应负的责任，都能重视安全生产工作，都能坚持“管生产必须管安全”的原则，企业领导就可以生产、安全一起抓。各职能部门在编制生产计划的同时，编制劳动安全与劳动保护计划；车间、班组、个人职责分明，人人管安全，使安全生产方针、计划、措施落到实处，减少事故的发生，减少经济损失和人员伤亡，有力促进企业的安全生产，提高经济效益。

二、建设单位的安全责任

（1）应当向施工单位提供施工现场及毗邻区域内供水、排水、供电、供气、供热、通信、广播电视等地下管线资料，气象和水文观测资料，相邻建筑物和构筑物、地下工程的有关资料，并保证资料的真实、准确、完整。

因建设工程需要，向有关部门或者单位查询前款规定的资料时，有关部门或者单位应当及时提供。

（2）不得对勘察、设计、施工、工程监理等单位提出不符合建设工程安全生产法律、法规和强制性标准规定的要求，不得压缩合同约定的工期。

（3）在编制工程概算时，应当确定建设工程安全作业环境及安全施工措施所需费用。

（4）不得明示或者暗示施工单位购买、租赁、使用不符合安全施工要求的安全防护用具、机械设备、施工机具及配件、消防设施和器材。

（5）在申请领取施工许可证时，应当提供建设工程有关安全施工措施的资料。

依法批准开工报告的建设工程，建设单位应当自开工报告批准之日起 15 日内，将保证安全施工的措施报送建设工程所在地的县级以上地方人民政府建设行政主管部门或者其他有关部门备案。

（6）应当将拆除工程发包给具有相应资质等级的施工单位。

应当在拆除工程施工 15 日前，将下列资料报送建设工程所在地的县级以上地方人民政府建设行政主管部门或者其他有关部门备案：

① 施工单位资质等级证明。

② 拟拆除建筑物、构筑物及可能危及毗邻建筑的说明。

③ 拆除施工组织方案。

④ 堆放、清除废弃物的措施。

实施爆破作业的，应当遵守国家有关民用爆炸物品管理的规定。

三、勘察、设计、工程监理及其他有关单位的安全责任

（1）勘察单位应当按照法律、法规和工程建设强制性标准进行勘察，提供的勘察文件应当真实、准确，满足建设工程安全生产的需要。

勘察单位在勘察作业时，应当严格执行操作规程，采取措施保证各类管线、设施和周边建筑物、构筑物的安全。

（2）设计单位应当按照法律、法规和工程建设强制性标准进行设计，防止因设计不合理导致生产安全事故的发生。

设计单位应当考虑施工安全操作和防护的需要，对涉及施工安全的重点部位和环节在设计文件中注明，并对防范生产安全事故提出指导意见。

采用新结构、新材料、新工艺的建设工程和特殊结构的建设工程，设计单位应当在设计中提出保障施工作业人员安全和预防生产安全事故的措施建议。

设计单位和注册建筑师等注册执业人员应当对其设计负责。

（3）工程监理单位应当审查施工组织设计中的安全技术措施或者专项施工方案是否符合

工程建设强制性标准。

工程监理单位在实施监理过程中，发现存在安全事故隐患的，应当要求施工单位整改；情况严重的，应当要求施工单位暂时停止施工，并及时报告建设单位。施工单位拒不整改或者不停止施工的，工程监理单位应当及时向有关主管部门报告。

工程监理单位和监理工程师应当按照法律、法规和工程建设强制性标准实施监理，并对建设工程安全生产承担监理责任。

（4）为建设工程提供机械设备和配件的单位，应当按照安全施工的要求配备齐全有效的保险、限位等安全设施和装置。

（5）出租的机械设备和施工机具及配件，应当具有生产（制造）许可证、产品合格证。

出租单位应当对出租的机械设备和施工机具及配件的安全性能进行检测，在签订租赁协议时，应当出具检测合格证明。

禁止出租检测不合格的机械设备和施工机具及配件。

（6）在施工现场安装、拆卸施工起重机械和整体提升脚手架、模板等自升式架设设施，必须由具有相应资质的单位承担。

安装、拆卸施工起重机械和整体提升脚手架、模板等自升式架设设施，应当编制拆装方案、制订安全施工措施，并由专业技术人员现场监督。

施工起重机械和整体提升脚手架、模板等自升式架设设施安装完毕后，安装单位应当自检，出具自检合格证明，并向施工单位进行安全使用说明，办理验收手续并签字。

（7）施工起重机械和整体提升脚手架、模板等自升式架设设施的使用达到国家规定的检验检测期限的，必须经具有专业资质的检验检测机构检测。经检测不合格的，不得继续使用。

（8）检验检测机构对检测合格的施工起重机械和整体提升脚手架、模板等自升式架设设施，应当出具安全合格证明文件，并对检测结果负责。

四、施工单位的安全责任

（1）从事建设工程的新建、扩建、改建和拆除等活动，应当具备国家规定的注册资本、专业技术人员、技术装备和安全生产等条件，依法取得相应等级的资质证书，并在其资质等级许可的范围内承揽工程。

（2）主要负责人依法对本单位的安全生产工作全面负责。施工单位应当建立健全安全生产责任制度和安全生产教育培训制度，制订安全生产规章制度和操作规程，保证本单位安全生产条件所需资金的投入，对所承担的建设工程进行定期和专项安全检查，并做好安全检查记录。

项目负责人应当由取得相应执业资格的人员担任，对建设工程项目的安全施工负责，落实安全生产责任制度、安全生产规章制度和操作规程，确保安全生产费用的有效使用，并根据工程的特点组织制订安全施工措施，消除安全事故隐患，及时、如实报告生产安全事故。

（3）对列入建设工程概算的安全作业环境及安全施工措施所需费用，应当用于施工安全防护用具及设施的采购和更新、安全施工措施的落实、安全生产条件的改善，不得挪作他用。

（4）应当设立安全生产管理机构，配备专职安全生产管理人员。

专职安全生产管理人员负责对安全生产进行现场监督检查。发现安全事故隐患，应当及时向项目负责人和安全生产管理机构报告；对违章指挥、违章操作的，应当立即制止。

专职安全生产管理人员的配备办法由国务院建设行政主管部门会同国务院其他有关部门制定。

（5）建设工程实行施工总承包的，由总承包单位对施工现场的安全生产负总责。

总承包单位应当自行完成建设工程主体结构的施工，依法将建设工程分包给其他单位的，分包合同中应当明确各自的安全生产方面的权利、义务。总承包单位和分包单位对分包工程的安全生产承担连带责任。分包单位应当服从总承包单位的安全生产管理，分包单位不服从管理导致生产安全事故的，由分包单位承担主要责任。

（6）垂直运输机械作业人员、安装拆卸工、爆破作业人员、起重信号工、登高架设作业人员等特种作业人员，必须按照国家有关规定经过专门的安全作业培训，并取得特种作业操作资格证书后，方可上岗作业。

（7）应当在施工组织设计中编制安全技术措施和施工现场临时用电方案，对下列达到一定规模的危险性较大的分部分项工程编制专项施工方案，并附安全验算结果，经施工单位技术负责人、总监理工程师签字后实施，由专职安全生产管理人员进行现场监督：

① 基坑支护与降水工程。

② 土方开挖工程。

③ 模板工程。

④ 起重吊装工程。

⑤ 脚手架工程。

⑥ 拆除、爆破工程。

⑦ 国务院建设行政主管部门或者其他有关部门规定的其他危险性较大的工程。

对前款所列工程中涉及深基坑、地下暗挖工程、高大模板工程的专项施工方案，施工单位还应当组织专家进行论证、审查。

（8）建设工程施工前，施工单位负责项目管理的技术人员应当对有关安全施工的技术要求向施工作业班组、作业人员做出详细说明，并由双方签字确认。

（9）应当在施工现场入口处、施工起重机械、临时用电设施、脚手架、出入通道口、楼梯口、电梯井口、孔洞口、桥梁口、隧道口、基坑边沿、爆破物及有害危险气体和液体存放处等危险部位，设置明显的安全警示标志。安全警示标志必须符合国家标准。

应当根据不同施工阶段和周围环境及季节、气候的变化，在施工现场采取相应的安全施工措施。施工现场暂时停止施工的，施工单位应当做好现场防护，所需费用由责任方承担，或者按照合同约定执行。

（10）应当将施工现场的办公、生活区与作业区分开设置，并保持安全距离；办公、生活区的选址应当符合安全性要求。职工的膳食、饮水、休息场所等应当符合卫生标准。施工单位不得在尚未竣工的建筑物内设置员工集体宿舍。

施工现场临时搭建的建筑物应当符合安全使用要求。施工现场使用的装配式活动房屋应当具有产品合格证。

（11）对因建设工程施工可能造成损害的毗邻建筑物、构筑物和地下管线等，应当采取专项防护措施。应当遵守有关环境保护法律、法规的规定，在施工现场采取措施，防止或者减少粉尘、废气、废水、固体废物、噪声、振动和施工照明对人和环境的危害和污染。在城市市区内的建设工程，施工单位应当对施工现场实行封闭围挡。

（12）应当在施工现场建立消防安全责任制度，确定消防安全责任人，制订用火、用电、使用易燃易爆材料等各项消防安全管理制度和操作规程，设置消防通道、消防水源，配备消防设施和灭火器材，并在施工现场入口处设置明显标志。

（13）应当向作业人员提供安全防护用具和安全防护服装，并书面告知危险岗位的操作规程和违章操作的危害。作业人员有权对施工现场的作业条件、作业程序和作业方式中存在的安全问题提出批评、检举和控告，有权拒绝违章指挥和强令冒险作业。在施工中发生危及人身安全的紧急情况时，作业人员有权立即停止作业或者在采取必要的应急措施后撤离危险区域。

（14）作业人员应当遵守安全施工的强制性标准、规章制度和操作规程，正确使用安全防护用具、机械设备等。

（15）采购、租赁的安全防护用具、机械设备、施工机具及配件，应当具有生产（制造）许可证、产品合格证，并在进入施工现场前进行查验。施工现场的安全防护用具、机械设备、施工机具及配件必须由专人管理，定期进行检查、维修和保养，建立相应的资料档案，并按照国家有关规定及时报废。

（16）在使用施工起重机械和整体提升脚手架、模板等自升式架设设施前，应当组织有关单位进行验收，也可以委托具有相应资质的检验检测机构进行验收；使用承租的机械设备和施工机具及配件的，由施工总承包单位、分包单位、出租单位和安装单位共同进行验收。验收合格的方可使用。《特种设备安全监察条例》规定的施工起重机械，在验收前应当经有相应资质的检验检测机构监督检验合格。

应当自施工起重机械和整体提升脚手架、模板等自升式架设设施验收合格之日起 30 日内，向建设行政主管部门或者其他有关部门登记。登记标志应当置于或者附着于该设备的显著位置。

（17）主要负责人、项目负责人、专职安全生产管理人员应当经建设行政主管部门或者其他有关部门考核合格后方可任职。应当对管理人员和作业人员每年至少进行一次安全生产教育培训，其教育培训情况记入个人工作档案。安全生产教育培训考核不合格的人员，不得上岗。

（18）作业人员进入新的岗位或者新的施工现场前，应当接受安全生产教育培训。未经教育培训或者教育培训考核不合格的人员，不得上岗作业。在采用新技术、新工艺、新设备、新材料时，应当对作业人员进行相应的安全生产教育培训。

（19）应当为施工现场从事危险作业的人员办理意外伤害保险。意外伤害保险费由施工单位支付。实行施工总承包的，由总承包单位支付意外伤害保险费。意外伤害保险期限自建设工程开工之日起至竣工验收合格止。

五、监督管理

（1）国务院负责安全生产监督管理的部门依照《中华人民共和国安全生产法》的规定，对全国建设工程安全生产工作实施综合监督管理。县级以上地方人民政府负责安全生产监督管理的部门依照《中华人民共和国安全生产法》的规定，对本行政区域内建设工程安全生产工作实施综合监督管理。

（2）国务院建设行政主管部门对全国的建设工程安全生产实施监督管理。国务院铁路、交通、水利等有关部门按照国务院规定的职责分工，负责有关专业建设工程安全生产的监督管理。

县级以上地方人民政府建设行政主管部门对本行政区域内的建设工程安全生产实施监督管理。县级以上地方人民政府交通、水利等有关部门在各自的职责范围内，负责本行政区域内的专业建设工程安全生产的监督管理。

（3）建设行政主管部门和其他有关部门应当将规定的有关资料的主要内容抄送同级负责安全生产监督管理的部门。

（4）建设行政主管部门在审核发放施工许可证时，应当对建设工程是否有安全施工措施进行审查，对没有安全施工措施的，不得颁发施工许可证。建设行政主管部门或者其他有关部门对建设工程是否有安全施工措施进行审查时，不得收取费用。

（5）县级以上人民政府负有建设工程安全生产监督管理职责的部门在各自的职责范围内履行安全监督检查职责时，有权采取下列措施：

① 要求被检查单位提供有关建设工程安全生产的文件和资料。

② 进入被检查单位施工现场进行检查。

③ 纠正施工中违反安全生产要求的行为。

④ 对检查中发现的安全事故隐患，责令立即排除；重大安全事故隐患排除前或者排除过程中无法保证安全的，责令从危险区域内撤出作业人员或者暂时停止施工。

（6）建设行政主管部门或者其他有关部门可以将施工现场的监督检查委托给建设工程安全监督机构具体实施。

（7）国家对严重危及施工安全的工艺、设备、材料实行淘汰制度。具体目录由国务院建设行政主管部门会同国务院其他有关部门制定并公布。

（8）县级以上人民政府建设行政主管部门和其他有关部门应当及时受理对建设工程生产安全事故及安全事故隐患的检举、控告和投诉。

六、生产安全事故的应急救援和调查处理

（1）县级以上地方人民政府建设行政主管部门应当根据本级人民政府的要求，制订本行政区域内建设工程特大生产安全事故应急救援预案。

（2）施工单位应当根据建设工程施工的特点、范围，对施工现场易发生重大事故的部位、环节进行监控，制订施工现场生产安全事故应急救援预案。实行施工总承包的，由总承包单位统一组织编制建设工程生产安全事故应急救援预案，工程总承包单位和分包单位按照应急救援预案，各自建立应急救援组织或者配备应急救援人员，配备救援器材、设备，并定期组织演练。

（3）施工单位发生生产安全事故，应当按照国家有关伤亡事故报告和调查处理的规定，及时、如实地向负责安全生产监督管理的部门、建设行政主管部门或者其他有关部门报告；特种设备发生事故的，还应当同时向特种设备安全监督管理部门报告。接到报告的部门应当按照国家有关规定，如实上报。

实行施工总承包的建设工程，由总承包单位负责上报事故。

（4）发生生产安全事故后，施工单位应当采取措施防止事故扩大，保护事故现场。需要

移动现场物品时，应当做出标记和书面记录，妥善保管有关证物。

（5）建设工程生产安全事故的调查、对事故责任单位和责任人的处罚与处理，按照有关法律、法规的规定执行。

项目 10.2 《中华人民共和国刑法》中安全生产相关规定

本部分主要介绍《中华人民共和国刑法》中安全生产的相关内容：

（1）在生产、作业中违反有关安全管理的规定，发生重大伤亡事故或者造成其他严重后果的，处三年以下有期徒刑或者拘役；情节特别恶劣的，处三年以上七年以下有期徒刑。

强令他人违章冒险作业，发生重大伤亡事故或者造成其他严重后果的，处五年以下有期徒刑或者拘役；情节特别恶劣的，处五年以上有期徒刑。

（2）安全生产设施或者安全生产条件不符合国家规定，发生重大伤亡事故或者造成其他严重后果的，对直接负责的主管人员和其他直接责任人员，处三年以下有期徒刑或者拘役；情节特别恶劣的，处三年以上七年以下有期徒刑。

举办大型群众性活动违反安全管理规定，发生重大伤亡事故或者造成其他严重后果的，对直接负责的主管人员和其他直接责任人员，处三年以下有期徒刑或者拘役；情节特别恶劣的，处三年以上七年以下有期徒刑。

（3）违反爆炸性、易燃性、放射性、毒害性、腐蚀性物品的管理规定，在生产、储存、运输、使用中发生重大事故，造成严重后果的，处三年以下有期徒刑或者拘役；后果特别严重的，处三年以上七年以下有期徒刑。

（4）建设单位、设计单位、施工单位、工程监理单位违反国家规定，降低工程质量标准，造成重大安全事故的，对直接责任人员，处五年以下有期徒刑或拘役，并处罚金；后果特别严重的，处五年以上十年以下有期徒刑，并处罚金。

（5）违反消防管理法规，经消防监督机构通知采取改正措施而拒绝执行，造成严重后果的，对直接责任人员，处三年以下有期徒刑或拘役；后果特别严重的，处三年以上七年以下有期徒刑。

在安全事故发生后，负有报告职责的人员不报或者谎报事故情况，贻误事故抢救，情节严重的，处三年以下有期徒刑或者拘役；情节特别严重的，处三年以上七年以下有期徒刑。

项目 10.3 《中华人民共和国安全生产法》相关规定

本部分主要介绍《中华人民共和国安全生产法》中安全生产的相关内容。

为了加强安全生产监督管理，防止和减少生产安全事故，保障人民群众生命和财产安全，促进经济发展，制定《中华人民共和国安全生产法》。在中华人民共和国领域内从事生产经营活动的单位（以下统称生产经营单位）的安全生产，适用《中华人民共和国安全生产法》；有关法律、行政法规对消防安全和道路交通安全、铁路交通安全、水上交通安全、民用航空安全另有规定的，适用其规定。

一、生产经营单位的安全生产保障

（1）生产经营单位应当具备本法和有关法律、行政法规和国家标准或者行业标准规定的安全生产条件；不具备安全生产条件的，不得从事生产经营活动。

（2）生产经营单位主要负责人对本单位安全生产工作负有下列职责：

① 建立、健全本单位安全生产责任制。

② 组织制定本单位安全生产规章制度和操作规程。

③ 保证本单位安全生产投入的有效实施。

④ 督促、检查本单位的安全生产工作，及时消除生产安全事故隐患。

⑤ 组织制定并实施本单位的生产安全事故应急救援预案。

⑥ 及时、如实报告生产安全事故。

（3）生产经营单位应当具备的安全生产条件所必需的资金投入，由生产经营单位的决策机构、主要负责人或者个人经营的投资人予以保证，并对由于安全生产所必需的资金投入不足导致的后果承担责任。

（4）矿山、建筑施工单位和危险物品的生产、经营、储存单位，应当设置安全生产管理机构或者配备专职安全生产管理人员。

前款规定以外的其他生产经营单位，从业人员超过 300 人的，应当设置安全生产管理机构或者配备专职安全生产管理人员；从业人员在 300 人以下的，应当配备专职或者兼职的安全生产管理人员，或者委托具有国家规定的相关专业技术资格的工程技术人员提供安全生产管理服务。

生产经营单位依照前款规定委托工程技术人员提供安全生产管理服务的，保证安全生产的责任仍由本单位负责。

（5）生产经营单位主要负责人和安全生产管理人员必须具备与本单位所从事的生产经营活动相应的安全生产知识和管理能力。

危险物品的生产、经营、储存单位以及矿山、建筑施工单位的主要负责人和安全生产管理人员，应当由有关主管部门对其安全生产知识和管理能力考核合格后方可任职。考核不得收费。

（6）生产经营单位应当对从业人员进行安全生产教育和培训，保证从业人员具备必要的安全生产知识，熟悉有关的安全生产规章制度和安全操作规程，掌握本岗位的安全操作技能。未经安全生产教育和培训合格的从业人员，不得上岗作业。

（7）生产经营单位采用新工艺、新技术、新材料或者使用新设备，必须了解、掌握其安全技术特性，采取有效的安全防护措施，并对从业人员进行专门的安全生产教育和培训。

（8）特种作业人员必须按照国家有关规定经专门的安全作业培训，取得特种作业操作资格证书，方可上岗作业。生产经营单位的特种作业人员的范围由国务院负责安全生产监督管理的部门会同国务院有关部门确定。

（9）生产经营单位新建、改建、扩建工程项目（以下统称建设项目）的安全设施，必须与主体工程同时设计、同时施工、同时投入生产和使用。安全设施投资应当纳入建设项目概算。

（10）建设项目安全设施的设计人、设计单位应当对安全设施设计负责。

（11）生产经营单位在有较大危险因素的生产经营场所和有关设施、设备上，设置明显的安全警示标志。

（12）安全设备的设计、制造、安装、使用、检测、维修、改造和报废，应当符合国家标准或者行业标准。生产经营单位必须对安全设备进行经常性维护、保养，并定期检测，保证正常运转。维护、保养、检测应当做好记录，并由有关人员签字。

（13）生产经营单位使用的涉及生命安全、危险性较大的特种设备，以及危险物品的容器、运输工具，必须按照国家有关规定，由专业生产单位生产，并经取得专业资质的检测、检验机构检测、检验合格，取得安全使用证或者安全标志，方可投入使用。检测、检验机构对检测、检验结果负责。

涉及生命安全、危险性较大的特种设备的目录由国务院负责特种设备安全监督管理的部门制定，报国务院批准后执行。

（14）国家对严重危及生产安全的工艺、设备实行淘汰制度。生产经营单位不得使用国家明令淘汰、禁止使用的危及生产安全的工艺、设备。

（15）生产、经营、运输、储存、使用危险物品或者处置废弃危险物品的，由有关主管部门依照有关法律、法规的规定和国家标准或者行业标准审批并实施监督管理。

生产经营单位生产、经营、运输、储存、使用危险物品或者处置废弃危险物品，必须执行有关法律、法规和国家标准或者行业标准，建立专门的安全管理制度，采取可靠的安全措施，接受有关主管部门依法实施的监督管理。

（16）生产经营单位对重大危险源应当登记建档，进行定期检测、评估、监控，并制订应急预案，告知从业人员和相关人员在紧急情况下应当采取的应急措施。生产经营单位应当按照国家有关规定将本单位重大危险源及有关安全措施、应急措施报有关地方人民政府负责安全生产监督管理的部门和有关部门备案。

（17）生产、经营、储存、使用危险物品的车间、商店、仓库不得与员工宿舍在同一座建筑物内，并应当与员工宿舍保持安全距离。生产经营场所和员工宿舍应当设有符合紧急疏散要求、标志明显、保持畅通的出口。禁止封闭、堵塞生产经营场所或者员工宿舍的出口。

（18）生产经营单位进行爆破、吊装等危险作业，应当安排专门人员进行现场安全管理，确保操作规程的遵守和安全措施的落实。

（19）生产经营单位应当教育和督促从业人员严格执行本单位的安全生产规章制度和安全操作规程；并向从业人员如实告知作业场所和工作岗位存在的危险因素、防范措施以及事故应急措施。

（20）生产经营单位必须为从业人员提供符合国家标准或者行业标准的劳动防护用品，并监督、教育从业人员按照使用规则佩戴、使用。

（21）生产经营单位的安全生产管理人员应当根据本单位的生产经营特点，对安全生产状况进行经常性检查；对检查中发现的安全问题，应当立即处理；不能处理的，应当及时报告本单位有关负责人，检查及处理情况应当记录在案。

（22）生产经营单位应当安排用于配备劳动防护用品、进行安全生产培训的经费。

（23）两个以上生产经营单位在同一作业区域内进行生产经营活动，可能危及对方生产安全的，应当签订安全生产管理协议，明确各自的安全生产管理职责和应当采取的安全措施，并指定专职安全生产管理人员进行安全检查与协调。

（24）生产经营单位不得将生产经营项目、场所、设备发包或者出租给不具备安全生产条件或者相应资质的单位或者个人。

生产经营项目、场所有多个承包单位、承租单位的，生产经营单位应当与承包单位、承租单位签订专门的安全生产管理协议，或者在承包合同、租赁合同中约定各自的安全生产管理职责；生产经营单位对承包单位、承租单位的安全生产工作统一协调、管理。

（25）生产经营单位发生重大生产安全事故时，单位的主要负责人应当立即组织抢救，并不得在事故调查处理期间擅离职守。

（26）生产经营单位必须依法参加工伤社会保险，为从业人员缴纳保险费。

二、从业人员的权利和义务

（1）生产经营单位与从业人员订立的劳动合同，应当载明有关保障从业人员劳动安全、防止职业危害的事项，以及依法为从业人员办理工伤社会保险的事项。生产经营单位不得以任何形式与从业人员订立协议，免除或者减轻其对从业人员因生产安全事故伤亡依法应承担的责任。

（2）生产经营单位的从业人员有权了解其作业场所和工作岗位存在的危险因素、防范措施及事故应急措施，有权对本单位的安全生产工作提出建议。

（3）从业人员有权对本单位安全生产工作中存在的问题提出批评、检举、控告；有权拒绝违章指挥和强令冒险作业。生产经营单位不得因从业人员对本单位安全生产工作提出批评、检举、控告或者拒绝违章指挥、强令冒险作业而降低其工资、福利等待遇或者解除与其订立的劳动合同。

（4）从业人员发现直接危及人身安全的紧急情况时，有权停止作业或者在采取可能的应急措施后撤离作业场所。生产经营单位不得因从业人员在前款紧急情况下停止作业或者采取紧急撤离措施而降低其工资、福利等待遇或者解除与其订立的劳动合同。

（5）因生产安全事故受到损害的从业人员，除依法享有工伤社会保险外，依照有关民事法律尚有获得赔偿的权利的，有权向本单位提出赔偿要求。

（6）从业人员在作业过程中，应当严格遵守本单位的安全生产规章制度和操作规程，服从管理，正确佩戴和使用劳动防护用品。

（7）从业人员应当接受安全生产教育和培训，掌握本职工作所需的安全生产知识，提高安全生产技能，增强事故预防和应急处理能力。

（8）从业人员发现事故隐患或者其他不安全因素，应当立即向现场安全生产管理人员或者本单位负责人报告；接到报告的人员应当及时予以处理。

（9）工会有权对建设项目的安全设施与主体工程同时设计、同时施工、同时投入生产和使用进行监督，提出意见。

工会对生产经营单位违反安全生产法律、法规，侵犯从业人员合法权益的行为，有权要求纠正；发现生产经营单位违章指挥、强令冒险作业或者发现事故隐患时，有权提出解决的建议，生产经营单位应当及时研究答复；发现危及从业人员生命安全的情况时，有权向生产经营单位建议组织从业人员撤离危险场所，生产经营单位必须立即做出处理。

工会有权依法参加事故调查，向有关部门提出处理意见，并要求追究有关人员的责任。

三、安全生产的监督管理

（1）县级以上地方各级人民政府应当根据本行政区域内的安全生产状况，组织有关部门按照职责分工，对本行政区域内容易发生重大生产安全事故的生产经营单位进行严格检查；发现事故隐患，应当及时处理。

（2）依照规定对安全生产负有监督管理职责的部门（以下统称负有安全生产监督管理职责的部门）依照有关法律、法规的规定，对涉及安全生产的事项需要审查批准（包括批准、核准、许可、注册、认证、颁发证照等，下同）或者验收的，必须严格依照有关法律、法规和国家标准或者行业标准规定的安全生产条件和程序进行审查；不符合有关法律、法规和国家标准或者行业标准规定的安全生产条件的，不得批准或者验收通过。对未依法取得批准或者验收合格的单位擅自从事有关活动的，负责行政审批的部门发现或者接到举报后应当立即予以取缔，并依法予以处理。对已经依法取得批准的单位，负责行政审批的部门发现其不再具备安全生产条件的，应当撤销原批准。

（3）负有安全生产监督管理职责的部门对涉及安全生产的事项进行审查、验收，不得收取费用；不得要求接受审查、验收的单位购买其指定品牌或者指定生产、销售单位的安全设备、器材或者其他产品。

（4）负有安全生产监督管理职责的部门依法对生产经营单位执行有关安全生产的法律、法规和国家标准或者行业标准的情况进行监督检查，行使以下职权：

① 进入生产经营单位进行检查，调阅有关资料，向有关单位和人员了解情况。

② 对检查中发现的安全生产违法行为，当场予以纠正或者要求限期改正；对依法应当给予行政处罚的行为，依照本法和其他有关法律、行政法规的规定做出行政处罚决定。

③ 对检查中发现的事故隐患，应当责令立即排除；重大事故隐患排除前或者排除过程中无法保证安全的，应当责令从危险区域内撤出作业人员，责令暂时停产停业或者停止使用；重大事故隐患排除后，经审查同意，方可恢复生产经营和使用。

④ 对有根据认为不符合保障安全生产的国家标准或者行业标准的设施、设备、器材予以查封或者扣押，并应当在十五日内依法做出处理决定。

监督检查不得影响被检查单位的正常生产经营活动。

（5）生产经营单位对负有安全生产监督管理职责的部门的监督检查人员（以下统称安全生产监督检查人员）依法履行监督检查职责，应当予以配合，不得拒绝、阻挠。

（6）安全生产监督检查人员应当忠于职守，坚持原则，秉公执法。安全生产监督检查人员执行监督检查任务时，必须出示有效的监督执法证件；对涉及被检查单位的技术秘密和业务秘密，应当为其保密。

（7）安全生产监督检查人员应当将检查的时间、地点、内容、发现的问题及其处理情况，做出书面记录，并由检查人员和被检查单位的负责人签字；被检查单位的负责人拒绝签字的，检查人员应当将情况记录在案，并向负有安全生产监督管理职责的部门报告。

（8）负有安全生产监督管理职责的部门在监督检查中，应当互相配合，实行联合检查；确需分别进行检查的，应当互通情况，发现存在的安全问题应当由其他有关部门进行处理的，应当及时移送其他有关部门并形成记录备查，接受移送的部门应当及时进行处理。

（9）监察机关依照行政监察法的规定，对负有安全生产监督管理职责的部门及其工作人员履行安全生产监督管理职责实施监察。

（10）承担安全评价、认证、检测、检验的机构应当具备国家规定的资质条件，并对其做出的安全评价、认证、检测、检验的结果负责。

（11）负有安全生产监督管理职责的部门应当建立举报制度，公开举报电话、信箱或者电子邮件地址，受理有关安全生产的举报；受理的举报事项经调查核实后，应当形成书面材料；需要落实整改措施的，报经有关负责人签字并督促落实。

（12）任何单位或者个人对事故隐患或者安全生产违法行为，均有权向负有安全生产监督管理职责的部门报告或者举报。

（13）居民委员会、村民委员会发现其所在区域内的生产经营单位存在事故隐患或者安全生产违法行为时，应当向当地人民政府或者有关部门报告。

（14）县级以上各级人民政府及其有关部门对报告重大事故隐患或者举报安全生产违法行为的有功人员，给予奖励。具体奖励办法由国务院负责安全生产监督管理的部门会同国务院财政部门制定。

（15）新闻、出版、广播、电影、电视等单位有进行安全生产宣传教育的义务，有对违反安全生产法律、法规的行为进行舆论监督的权利。

四、生产安全事故的应急救援与调查处理

（1）县级以上地方各级人民政府应当组织有关部门制订本行政区域内特大生产安全事故应急救援预案，建立应急救援体系。

2）危险物品的生产、经营、储存单位以及矿山、建筑施工单位应当建立应急救援组织；生产经营规模较小，可以不建立应急救援组织的，应当指定兼职的应急救援人员。危险物品的生产、经营、储存单位以及矿山、建筑施工单位应当配备必要的应急救援器材、设备，并进行经常性维护、保养，保证正常运转。

3）生产经营单位发生生产安全事故后，事故现场有关人员应当立即报告本单位负责人。单位负责人接到事故报告后，应当迅速采取有效措施，组织抢救，防止事故扩大，减少人员伤亡和财产损失，并按照国家有关规定立即如实报告当地负有安全生产监督管理职责的部门，不得隐瞒不报、谎报或者拖延不报，不得故意破坏事故现场、毁灭有关证据。

4）负有安全生产监督管理职责的部门接到事故报告后，应当立即按照国家有关规定上报事故情况。负有安全生产监督管理职责的部门和有关地方人民政府对事故情况不得隐瞒不报、谎报或者拖延不报。

5）有关地方人民政府和负有安全生产监督管理职责的部门的负责人接到重大生产安全

事故报告后，应当立即赶到事故现场，组织事故抢救。任何单位和个人都应当支持、配合事故抢救，并提供一切便利条件。

6）事故调查处理应当按照实事求是、尊重科学的原则，及时、准确地查清事故原因，查明事故性质和责任，总结事故教训，提出整改措施，并对事故责任者提出处理意见。事故调查和处理的具体办法由国务院制定。

7）生产经营单位发生生产安全事故，经调查确定为责任事故的，除了应当查明事故单位的责任并依法予以追究外，还应当查明对安全生产的有关事项负有审查批准和监督职责的行政部门的责任，对有失职、渎职行为的，追究法律责任。

8）任何单位和个人不得阻挠和干涉对事故的依法调查处理。

9）县级以上地方各级人民政府负责安全生产监督管理的部门应当定期统计分析本行政区域内发生生产安全事故的情况，并定期向社会公布。

五、法律责任

（1）负有安全生产监督管理职责的部门的工作人员，有下列行为之一的，给予降级或者撤职的行政处分；构成犯罪的，依照刑法有关规定追究刑事责任：

① 对不符合法定安全生产条件的涉及安全生产的事项予以批准或者验收通过的。

② 发现未依法取得批准、验收的单位擅自从事有关活动或者接到举报后不予取缔或者不依法予以处理的。

③ 对已经依法取得批准的单位不履行监督管理职责，发现其不再具备安全生产条件而不撤销原批准或者发现安全生产违法行为不予查处的。

（2）负有安全生产监督管理职责的部门，要求被审查、验收的单位购买其指定的安全设备、器材或者其他产品的，在对安全生产事项的审查、验收中收取费用的，由其上级机关或者监察机关责令改正，责令退还收取的费用；情节严重的，对直接负责的主管人员和其他直接责任人员依法给予行政处分。

（3）承担安全评价、认证、检测、检验工作的机构，出具虚假证明，构成犯罪的，依照刑法有关规定追究刑事责任；尚不够刑事处罚的，没收违法所得，违法所得在五千元以上的，并处违法所得二倍以上五倍以下的罚款，没有违法所得或者违法所得不足五千元的，单处或者并处五千元以上二万元以下的罚款，对其直接负责的主管人员和其他直接责任人员处五千元以上五万元以下的罚款；给他人造成损害的，与生产经营单位承担连带赔偿责任。对有前款违法行为的机构，撤销其相应资格。

（4）生产经营单位的决策机构、主要负责人、个人经营的投资人不依照本法规定保证安全生产所必需的资金投入，致使生产经营单位不具备安全生产条件的，责令限期改正，提供必需的资金；逾期未改正的，责令生产经营单位停产停业整顿。

有前款违法行为，导致发生生产安全事故，构成犯罪的，依照刑法有关规定追究刑事责任；尚不够刑事处罚的，对生产经营单位的主要负责人给予撤职处分，对个人经营的投资人处二万元以上二十万元以下的罚款。

（5）生产经营单位的主要负责人未履行本法规定的安全生产管理职责的，责令限期改正；逾期未改正的，责令生产经营单位停产停业整顿。

生产经营单位的主要负责人有前款违法行为，导致发生生产安全事故，构成犯罪的，依照刑法有关规定追究刑事责任；尚不够刑事处罚的，给予撤职处分或者处二万元以上二十万元以下的罚款。生产经营单位的主要负责人依照前款规定受刑事处罚或者撤职处分的，自刑罚执行完毕或者受处分之日起，五年内不得担任任何生产经营单位的主要负责人。

（6）生产经营单位有下列行为之一的，责令限期改正；逾期未改正的，责令停产停业整顿，可以并处二万元以下的罚款：

① 未按照规定设立安全生产管理机构或者配备安全生产管理人员的。

② 危险物品的生产、经营、储存单位以及矿山、建筑施工单位的主要负责人和安全生产管理人员未按照规定经考核合格的。

③ 未按照规定对从业人员进行安全生产教育和培训，或者未按照规定如实告知从业人员有关的安全生产事项的。

④ 特种作业人员未按照规定经专门的安全作业培训并取得特种作业操作资格证书，上岗作业的。

（7）生产经营单位有下列行为之一的，责令限期改正；逾期未改正的，责令停止建设或者停产停业整顿，可以并处五万元以下的罚款；造成严重后果，构成犯罪的，依照刑法有关规定追究刑事责任：

① 未在有较大危险因素的生产经营场所和有关设施、设备上设置明显的安全警示标志的。

② 安全设备的安装、使用、检测、改造和报废不符合国家标准或者行业标准的。

③ 未对安全设备进行经常性维护、保养和定期检测的。

④ 未为从业人员提供符合国家标准或者行业标准的劳动防护用品的。

⑤ 特种设备以及危险物品的容器、运输工具未经取得专业资质的机构检测、检验合格，取得安全使用证或者安全标志，投入使用的。

⑥ 使用国家明令淘汰、禁止使用的危及生产安全的工艺、设备的。

（8）未经依法批准，擅自生产、经营、储存危险物品的，责令停止违法行为或者予以关闭，没收违法所得，违法所得十万元以上的，并处违法所得一倍以上五倍以下的罚款，没有违法所得或者违法所得不足十万元的，单处或者并处二万元以上十万元以下的罚款；造成严重后果，构成犯罪的，依照刑法有关规定追究刑事责任。

（9）生产经营单位有下列行为之一的，责令限期改正；逾期未改正的，责令停产停业整顿，可以并处二万元以上十万元以下的罚款；造成严重后果，构成犯罪的，依照刑法有关规定追究刑事责任：

① 生产、经营、储存、使用危险物品，未建立专门安全管理制度、未采取可靠的安全措施或者不接受有关主管部门依法实施的监督管理的。

② 对重大危险源未登记建档，或者未进行评估、监控，或者未制订应急预案的。

③ 进行爆破、吊装等危险作业，未安排专门管理人员进行现场安全管理的。

（10）生产经营单位将生产经营项目、场所、设备发包或者出租给不具备安全生产条件或者相应资质的单位或者个人的，责令限期改正，没收违法所得；违法所得五万元以上的，并处违法所得一倍以上五倍以下的罚款；没有违法所得或者违法所得不足五万元的，单处或者并处一万元以上五万元以下的罚款；导致发生生产安全事故给他人造成损害的，与承包方、承租方承担连带赔偿责任。

生产经营单位未与承包单位、承租单位签订专门的安全生产管理协议或者未在承包合同、租赁合同中明确各自的安全生产管理职责，或者未对承包单位、承租单位的安全生产统一协调、管理的，责令限期改正；逾期未改正的，责令停产停业整顿。

（11）两个以上生产经营单位在同一作业区域内进行可能危及对方安全生产的生产经营活动，未签订安全生产管理协议或者未指定专职安全生产管理人员进行安全检查与协调的，责令限期改正；逾期未改正的，责令停产停业。

（12）生产经营单位有下列行为之一的，责令限期改正；逾期未改正的，责令停产停业整顿；造成严重后果，构成犯罪的，依照刑法有关规定追究刑事责任：

① 生产、经营、储存、使用危险物品的车间、商店、仓库与员工宿舍在同一座建筑内，或者与员工宿舍的距离不符合安全要求的。

② 生产经营场所和员工宿舍未设有符合紧急疏散需要、标志明显、保持畅通的出口，或者封闭、堵塞生产经营场所或者员工宿舍出口的。

（13）生产经营单位与从业人员订立协议，免除或者减轻其对从业人员因生产安全事故伤亡依法应承担的责任的，该协议无效；对生产经营单位的主要负责人、个人经营的投资人处二万元以上十万元以下的罚款。

（14）生产经营单位的从业人员不服从管理，违反安全生产规章制度或者操作规程的，由生产经营单位给予批评教育，依照有关规章制度给予处分；造成重大事故，构成犯罪的，依照刑法有关规定追究刑事责任。

（15）生产经营单位主要负责人在本单位发生重大生产安全事故时，不立即组织抢救或者在事故调查处理期间擅离职守或者逃匿的，给予降职、撤职的处分，对逃匿的处十五日以下拘留；构成犯罪的，依照刑法有关规定追究刑事责任。生产经营单位主要负责人对生产安全事故隐瞒不报、谎报或者拖延不报的，依照前款规定处罚。

（16）有关地方人民政府、负有安全生产监督管理职责的部门，对生产安全事故隐瞒不报、谎报或者拖延不报的，对直接负责的主管人员和其他直接责任人员依法给予行政处分；构成犯罪的，依照刑法有关规定追究刑事责任。

（17）生产经营单位不具备本法和其他有关法律、行政法规和国家标准或者行业标准规定的安全生产条件，经停产停业整顿仍不具备安全生产条件的，予以关闭；有关部门应当依法吊销其有关证照。

（18）本法规定的行政处罚，由负责安全生产监督管理的部门决定；予以关闭的行政处罚由负责安全生产监督管理的部门报请县级以上人民政府按照国务院规定的权限决定；给予拘留的行政处罚由公安机关依照治安管理处罚条例的规定决定。有关法律、行政法规对行政处罚的决定机关另有规定的，依照其规定。

（19）生产经营单位发生生产安全事故造成人员伤亡、他人财产损失的，应当依法承担赔偿责任；拒不承担或者其负责人逃匿的，由人民法院依法强制执行。

生产安全事故的责任人未依法承担赔偿责任，经人民法院依法采取执行措施后，仍不能对受害人给予足额赔偿的，应当继续履行赔偿义务；受害人发现责任人有其他财产的，可以随时请求人民法院执行。

六、案　例

案例一：

1. 事故经过

2008 年 4 月 28 日 4 时 38 分，由北京开往青岛的 T195 次旅客列车运行至济南铁路局管内胶济下行线王村至周村东间 K290 + 800 处，因超速，机后 9 至 17 位车辆脱轨，并侵入上行线。4 时 41 分，由烟台开往徐州的 5034 次旅客列车运行至胶济上行线 K290 + 850 处，与侵入限界的 T195 次第 15、16 节车厢发生冲突，导致 5034 次机车及机后 1 至 5 节车厢脱轨。事故造成 72 人死亡，416 人受伤，中断胶济线上下行线行车 21 小时 22 分。

法院审理查明，胶济铁路特别重大交通事故属多个环节违规造成。法院认为，原北京机务段机车司机李某某、原王村站助理值班员崔某某、原王村站值班员张某某、原济南铁路局调度所列车调度员蒲某某、原济南铁路局调度所施工调度员郑某某、原济南铁路局副局长郭某某身为铁路职工，违反铁路规章制度，导致发生特别重大交通事故，后果特别严重，均构成铁路运营安全事故罪。

2. 事故原因

这是一起典型的人为责任事故。显露了铁路部门日常管理上的软肋，这次事故的主要原因：

火车每小时超速 51 km，在本应限速 80 km/h 的路段，实际速度居然达到了 131 km/h。这是导致这次铁路特别重大交通事故发生的直接原因。

调度命令传递混乱。从 4 月 23 日到 4 月 28 日，济南铁路局在大约 5 天的时间里连发三道命令，从限制速度到解除限速，随后又再次限速，这样混乱和频繁的更改，以致命令最终未能传达到 T195 次机车乘务员。

车站值班员对最新临时限速命令未与 T195 次司机进行确认，也未认真执行车机联控。

T195 次列车司机没有认真瞭望。没有看到插在路边的直径约为 30 cm 的黄底黑字“临时限速牌”，从而失去了防止事故的最后时机。

3. 事故预防

（1）检测监控体系。对主要行车设备运行状况实施动态检测；采取人机结合的方式，对提速区段线路封闭情况和沿线治安状况实施动态监控；采用路地结合的防灾系统。对提速区段气候变化情况实施有效监控。

（2）设备维修体系。铁路部门应制定科学的行车设备维修标准。装备具有世界先进水平的线路和接触网检修设备，建成现代化的动车组和大功率机车检修基地，确保设备质量状态良好。

（3）规章制度体系。建立起包括提速安全责任、分析、检查、考核制度等在内的一整套确保提速安全管理办法。

（4）应急预案体系。铁路部门应及早建立相应应急预案体系，保证在事故发生后第一时间做出反应，以减少损失。

（5）建设安全防护体系。在建造铁路设施等基础设施的时候应完全按照规定进行施工，不能有偷工减料等行为发生，并做好质量监督工作，保证铁路运行的安全。

（6）相关部门应当采取多种形式，加强对有关安全生产的法律、法规和安全生产知识的宣传，提高职工的安全生产意识。

案例二：

1. 事故经过

某重要铁路项目，被层层转包、违规分包给一家“冒牌”公司和几个“完全不懂建桥”的包工头；本应浇筑混凝土的桥墩，竟在工程监理的眼皮底下，被偷工减料投入大量石块，形成巨大的安全隐患。

中铁某局作为该铁路项目的施工总承包单位，对这起质量事故和严重的违法分包、转包问题负主要责任，责成其对事故涉及的 16 个墩台全部返工并承担直接经济损失的 90%。对其在全路范围内承建的在建工程停工整顿；取消其一年铁路建设工程投标资格；将该项目部原项目经理清除出铁路建设市场；对该铁路项目涉及的其他违法分包合同彻底调查清理，对涉及的包工队清除出场，对局相关领导及相关责任人，交由其上级主管部门中国铁路工程总公司依纪严肃处理。

某铁路建设监理有限公司作为该铁路的监理单位，对这起质量事故负重要责任，对严重的违法分包、转包问题负次要责任，责成其对事故涉及的 16 个墩台承担直接经济损失的 10%。取消其一年铁路建设工程投标资格，将该项目总监、副总监及有关现场监理人员清除出铁路建设市场。

某铁路局某铁路建设指挥部作为该铁路建设项目的建设管理机构，对这起质量事故负重要责任，对严重的违法分包、转包问题负主要责任。该铁路局负有监管责任，给予该铁路局全路通报批评，2011 年度建设单位考核直接定为不合格；铁道部、该铁路局对相关责任人予以撤职、免职、降级等处分。

2. 事故原因

（1）资质审查不严格，引进了素质低下的“一包”队伍，为后来发生质量问题埋下隐患。

（2）管理失控、造成了工程分包、转包问题。

（3）因过程控制存在漏洞、造成工程质量问题。

（4）采取措施不到位，落实不到位、施工过程质量问题没有及时和彻底得到改正。

由于以上关键环节出现严重偏差，加之项目部对现场管理及上级对项目部的管理均不到位、制订的措施得不到有效落实。导致了这起不该发生的或早应在企业内部解决的质量缺陷逐步升级为重大质量安全责任事故。事故造成直接经济损失大、间接损失巨大、社会影响极坏的后果。

3. 事故预防

应当采取多种形式，加强相关人员的学习，组织学习相关的法律、法规、规程、规范等，加强对有关安全生产的法律、法规和安全生产知识的宣传，提高职工的安全生产意识。

严格资质审查，加强管理，时刻控制施工质量，对施工过程中发现的质量问题要及时彻底的纠正。

复习思考题

1.《中华人民共和国刑法》中安全生产相关的内容。
2. 建设单位的安全责任。
3. 勘察、设计、工程监理及其他有关单位的安全责任。
4. 施工单位的安全责任。
5. 生产安全事故的应急救援和调查处理。
6. 违反《建筑工程安全生产管理条例》规定的法律责任。
7. 生产经营单位的安全生产保障。
8. 从业人员的权利和义务。
9. 安全生产的监督管理。
10. 生产安全事故的应急救援与调查处理。
11. 违反《中华人民共和国安全生产法》规定的法律责任。

项目 11　安全教育

项目 11.1　安全教育培训相关规定与三级安全教育

建筑业企业职工必须定期接受安全培训教育，坚持先培训、后上岗的制度。国务院有关专业部门负责所属建筑业企业职工的安全培训教育工作。其所属企业的安全培训教育工作，还应当接受企业所在地建设行政主管部门及其所属建筑安全监督管理机构的指导和监督。县级以上地方人民政府建设行政主管部门负责本行政区域内建筑业企业职工安全培训教育管理工作。

一、建筑业企业职工每年必须接受一次专门的安全培训

（1）企业法定代表人、项目经理每年接受安全培训的时间，不得少于 30 学时。

（2）企业专职安全管理人员除按照建教〔1991〕522 号文《建设企事业单位关键网位持证上岗管理规定》的要求，取得岗位合格证书并持证上岗外，每年还必须接受安全专业技术业务培训，时间不得少于 40 学时。

（3）企业其他管理人员和技术人员每年接受安全培训的时间，不得少于 20 学时。

（4）企业特殊工种（包括电工、焊工、架子工、司炉工、爆破工、机械操作工、起重工、塔吊司机及指挥人员、人货两用电梯司机等）在通过专业技术培训并取得岗位操作证后，每年仍须接受有针对性的安全培训，时间不得少于 20 学时。

（5）企业其他职工每年接受安全培训的时间，不得少于 15 学时。

（6）企业待岗、转岗、换岗的职工，在重新上岗前，必须接受一次安全培训，时间不得少于 20 学时。

二、安全培训教育的实施与管理

（1）实行安全培训教育登记制度。建筑业企业必须建立职工的安全培训教育档案，没有接受安全培训教育的职工，不得在施工现场从事作业或者管理活动。

（2）县级以上地方人民政府建设行政主管部门制订本行政区域内建筑业企业职工安全培训教育规划和年度计划，并组织实施。省、自治区、直辖市的建筑业企业职工安全培训教育规划和年度计划，应当报建设部建设教育主管部门和建筑安全主管部门备案。

国务院有关专业部门负责组织制订所属建筑业企业职工安全培训教育规划和年度计划，并组织实施。

（3）有条件的大中型建筑业企业，经企业所在地的建设行政主管部门或者授权所属的建筑安全监督管理机构审核确认后，可以对本企业的职工进行安全培训工作，并接受企业所在地的建设行政主管部门或者建筑安全监督管理机构的指导和监督。其他建筑业企业职工的安全培训工作，由企业所在地建设行政主管部门或者建筑安全监督管理机构负责组织。

建筑业企业法定代表人、项目经理的安全培训工作，由企业所在地的建设行政主管部门或者建筑安全监督管理机构负责组织。

（4）实行总分包的工程项目，总包单位要负责统一管理分包单位的职工安全培训教育工作。分包单位要服从总包单位的统一管理。

（5）从事建筑业企业职工安全培训工作的人员，应当具备下列条件：

① 具有中级以上专业技术职称。

② 有五年以上施工现场经验或者从事建筑安全教学、法规等方面工作五年以上的人员。

③ 经建筑安全师资格培训合格，并获得培训资格证书。

（6）建筑业企业职工的安全培训，应当使用经建设部教育主管部门和建筑安全主管部门统一审定的培训大纲和教材。

（7）建筑业企业职工的安全培训教育经费，从企业职工教育经费中列支。

三、三级安全教育

三级安全教育是指公司、项目、班组 3 个级次的安全教育，它是企业必须坚持的安全生产基本教育制度和主要安全教育形式。一级教育由公司负责执行，二级教育由项目部负责进行，三级教育由班组负责进行。

（1）公司级安全教育的内容应包括：国家和地方有关安全生产的方针、政策、法规、标准、规范、规程和企业的安全生产规章制度等。培训教育时间不少于 15 学时。

（2）项目级安全教育的内容应包括：现场安全生产制度、现场环境、工程施工特点及可能存在的不安全因素等。培训教育时间不少于 15 学时。

（3）班组级安全教育的内容应包括：本工种安全技术操作规程、本工种易发事故案例剖析、所接触的安全设施、用具和劳动防护用品的正确使用、岗位劳动纪律等。培训教育时间不少于 20 学时。

项目 11.2　先培训后上岗

一、教育和培训的重要性、目的及范围

安全生产保证体系的成功实施，有赖于施工现场全体人员的参与，需要他们具有良好的

安全意识和安全知识，保证他们得到适当的教育和培训，是实现施工现场安全保证体系有效运行，达到安全生产目标的重要环节。施工现场应在项目安全保证计划中确定对员工进行教育和培训的需求，指定安全教育和培训的责任部门或责任人。

安全教育和培训要体现全面、全员、全过程的原则，覆盖施工现场的所有人员（包括分包单位人员），贯穿从施工准备、工程施工到竣工交付的各个阶段和方面，通过动态控制，确保只有经过安全教育的人员才能上岗。

通过教育培训，使处于每一层次和职能的人员都认识到：

（1）遵守“安全第一、预防为主”方针和工作程序，以及符合安全生产保证体系要求的重要性。

（2）与自己工作有关的重大安全风险，包括可能发生的影响，以及其个人工作的改进可能带来的安全因素。

（3）本人在执行“安全第一、预防为主”方针和工作程序，以及实现安全生产保证体系要求方面的作用与职责，包括在应急准备方面的作用与职责。

（4）偏离规定的工作程序可能带来的后果。

二、安全教育主要内容

1. 进行现场规章制度和遵章守纪教育

（1）本工程施工特点及施工安全基本知识。

（2）本工程（包括施工生产现场）安全生产制度、规定及安全注意事项。

（3）工种的安全技术操作规程。

（4）高处作业、机械设备、电气安全基础知识。

（5）防火、防毒、防尘、防爆及紧急情况安全防患自救。

（6）防护用品发放标准及防护用品、用具使用的基本知识。

2. 进行本工种岗位安全操作及班组安全制度、纪律教育

（1）本班组作业特点及安全操作规程。

（2）班组安全活动制度及纪律。

（3）爱护和正确使用安全防护装置（设施）及个人劳动防护用品。

（4）本岗位易发生事故的不安全因素及其防患对策。

（5）本岗位的作业环境及使用的机械设备、工具的安全要求。

3. 新工人安全生产须知

（1）新工人进入工地前必须认真学习本工种安全技术操作规程。未经安全知识教育和培训，不得进入施工现场操作。

（2）进入施工现场，必须戴好安全帽、扣好帽带。

（3）在没有防护设施的 2 m 高处、悬崖或陡坡施工作业必须系好安全带。

（4）高空作业时，不准往下或向上抛材料和工具等物件。

（5）不懂电器和机械的人员，严禁使用和玩弄机电设备。

（6）建筑材料和构件要堆放整齐稳妥，不要过高。

（7）危险区域要有明显标志，要采取防护措施，夜间要设红灯示警。

（8）在操作中，应坚守工作岗位，严禁酒后操作。

（9）特殊工种（电工、焊工、司炉工、爆破工、起重及打桩司机和指挥、架子工、各种机动车辆司机等）必须经过有关部门专业培训考试合格发给操作证，方准独立操作。

（10）施工现场禁止穿拖鞋、高跟鞋和带钉易滑的鞋，以及赤脚和赤膊操作。

（11）不得擅自拆除施工现场的脚手架、防护设施、安全标志、警告牌、脚手架连接铅丝或连接件。需要拆除时，必须经过加固后经施工负责人同意。

（12）施工现场的洞、坑、井架、升降口、漏斗等危险处，应有防护措施并有明显标志。

（13）任何人不准向下、向上乱丢材、物、垃圾、工具等。不准随意开动一切机械。操作时思想要集中，不准开玩笑，做私活。

（14）不准坐在脚手架防护栏杆上休息和在脚手架上睡觉。

（15）手推车装运物料，应注意平稳，掌握重心，不得猛跑或撒把溜放。

（16）拆下的脚手架、钢模板、轧头或木模、支撑，要及时整理，圆钉要及时拔除。

（17）砌墙斩砖要朝里斩，不准朝外斩。防止碎砖坠落伤人。

（18）工具用好后要随时装入工具袋。

（19）不准在井架内穿行；不准在井架提升后不采取安全措施到下面去清理砂浆、混凝土等杂物；吊篮不准久停空中；下班后吊篮必须放在地面处，且切断电源。

（20）要及时清扫脚手架上的霜、雪、泥等。

（21）脚手板两端间要扎牢，防止空头板（竹脚手片应四点扎牢）。

（22）脚手架超载危险。砌筑脚手架均布荷载每平方米不得超过 270 kN，即在脚手架上堆放标准砖不得超过单行侧放三层高，20 孔多孔砖不得超过单行侧放四层高，非承重三孔砖不得超过单行平放五皮高。只允许二排脚手架上同时堆放。脚手架连接物拆除危险；坐在防护栏杆上休息危险；搭、拆脚手架、井字架不系安全带危险。

（23）单梯上部要扎牢，下部要有防滑措施。

（24）挂梯上部要挂牢，下部要绑扎。

（25）人字梯中间要扎牢，下部要有防滑措施，不准人坐在上面骑马式移动。

（26）高空作业。从事高空作业的人员，必须身体健康，严禁患有高血压、贫血症、严重心脏病、精神症、癫痫病、深度近视眼在500度以上的人员，以及经医生检查认为不适合高空作业的人员从事高空作业，对井架、起重工等从事高空作业的工种人员要每年体检一次。高空作业还应注意以下事项：

① 在平台、屋檐口操作时，面部要朝外，系好安全带。

② 高处作业不要用力过猛，防止失去平衡而坠落。

③ 在平台等处拆木模撬棒要朝里，不要向外，防止人向外坠落。

④ 遇有暴雨、浓雾和六级以上的强风，应停止室外作业。

⑤ 夜间施工必须要有充分的照明。

三、安全技术操作规程一般要求

1. 施工现场

（1）参加施工的工人要熟知工种的安全技术操作规程。在操作中，应坚守工作岗位，严禁酒后操作。

（2）电工、焊工、司炉工、爆破工、起重机司机、打桩司机和各种机动车辆司机，必须经过专门训练，考试合格发给操作证，方准独立操作。

（3）正确使用个人防护用品和安全防护措施，进入施工现场，必须戴好安全帽，禁止穿拖鞋或光脚，在没有防护设施下高空、悬崖式陡坡施工时，必须系安全带，上下交叉作业有危险的出入口要有防护棚或其他隔离设施，地面 2 m 以上作业要有防护栏杆、挡板或安全网。安全帽、安全带、安全网要定期检查，不符合要求的，严禁使用。

（4）施工现场的脚手架、防护设施、安全标志和警告牌不得擅自拆动，需要拆动的，要经工地负责人同意。

（5）施工现场的洞、坑、沟、升降口、漏斗等危险处，应有防护设施或明显标志。

（6）施工现场要有交通指示标志，交通频繁的交叉路口，应设指挥；火车道口两侧，应设落杆，危险地区要悬挂“危险”或“禁止通行”牌，夜间设红灯示警。

（7）行驶斗车、小平车的轨道坡度不得大于 3%，铁轨终点应有车挡，车辆的制动闸和挂钩要完好可靠。

（8）坑槽施工，应经常检查边壁土质稳固情况，发现有裂缝、疏松或支撑走动，要随时采取加固措施，根据土质、沟深、水位、机械设备重量等情况，确定堆放材料和施工机械坑边距离，往返槽运材料，应用信号联系。

（9）调配酸溶液，应先将酸缓慢的注入水中，搅拌均匀，严禁将水倒入酸中。储存酸溶液的容器应加盖和设有标志。

（10）做好女工在月经、怀孕、生育和哺乳期间的保护工作，女工在怀孕期间对原工作不能胜任时，根据医生的证明，应调换轻便工作。

2. 机电设备

（1）机械操作要束紧袖口，女工发辫要挽入帽内。

（2）机械和动力机的机座必须稳固，转动的危险部位要安设防护装置。

（3）工作前必须检查机械、仪表、工具等，确认完好方准使用。

（4）电气设备和线路必须绝缘良好。电线不得与金属物绑在一起。各种电动机具必须按规定接地接零，并设置单一开关。临时停电或停工休息时，必须拉闸加锁。

（5）施工机械和电气设备不得带病运行和超负荷作业。发现不正常情况应停机检查，不得在运行中修理。

（6）电气、仪表和设备试运转，应严格按照单项安全技术措施运行。运转时不准清洗和修理。严禁将头手伸入机械行程范围内。

（7）在架空输电线路下面工作应停电，不能停电时，应有隔离防护措施。起重机不得在架空输电线下面工作，通过架空输电线路应将起重臂落下。在架空输电线路一侧工作时，不论在任何情况下，起重臂、钢丝绳或重物等与架空输电线路的最近距离应不小于表 11.1 的规定。

表 11.1　起重臂、钢丝绳或重物等与架空输电线路的最近距离

输电线路电压/kV	1 以下	1～20	35～110	150～220
允许与输电线路的最近距离/m	2.5	3	5	7

（8）行灯电压不得超过 36 V，在潮湿场所或金属容器内工作时，行灯电压不得超过 12 V。

（9）受压容器应有安全阀、压力表，并避免暴晒、碰撞，氧气瓶严防沾染油脂；乙炔发生气、液化石油气，必须有防止回火的安全装置。

（10）非操作人员，不准进入 X 光或 γ 射线探伤作业区。

（11）从事腐蚀、粉尘、放射性和有毒作业，要有防护措施，并进行定期检查。

3. 高空作业

（1）从事高空作业要定期体检，经医生诊断，凡患高血压、心脏病、贫血病、癫痫病以及其他不适于高空作业的，不得从事高空作业。

（2）高空作业衣着要灵便，禁止穿硬底和带钉易滑的鞋。

（3）高空作业所用材料要堆放平稳，工具应随手放入工具袋内，上下传递物体禁止抛掷。

（4）遇有恶劣气候（如风力在六级以上）影响施工安全时，禁止进行露天高空、起重和打桩作业。

（5）梯子不得缺档，不得垫高使用，梯子横档间距以 30 cm 为宜。使用时上端要扎牢，下端应采取防滑措施。单面梯与地面夹角以 60～70 °C 为宜。禁止两人同时在梯上作业。如需接长使用，应绑扎牢固。人字梯底脚应拉牢。在通道处使用梯子，应有人监护或设备围栏。

（6）没有安全防护措施，禁止在屋架的上弦、支撑、桁条、挑架的挑梁和半固定的构件上行走或作业。高空作业与地面的联系，应设通讯装置，并专人负责。

（7）乘人的外用电梯、吊笼，应有可靠的安全装置。

（8）除指派的专业人员外，禁止攀登起重臂、绳索，禁止工作人员随同运料的吊笼与吊物一起上下。

4. 季节性气候施工注意事项

（1）暴雨台风前后，要检查工地临时设施，脚手架、机电设备、临时线路，发现倾斜、变形、下沉、漏雨、漏电等现象，应及时修理加固，有严重危险的，立即排除。

（2）高层建筑、烟囱、水塔的脚手架及易燃、易爆、仓库和塔吊、打桩机等机械应设临时避雷装置，对机电设备的电气开关，要有防雨、防潮设施。

（3）现场道路应加强维护，斜道和脚手板应有防滑措施。

（4）夏季作业，应调整作息时间。从事高温工作的场所，应加强通风和降温措施。

（5）冬季施工使用煤炭取暖时，应符合防火要求和指定专人负责管理，并有防止一氧化碳中毒的措施。

四、六大纪律、十项措施、“十不吊”

（一）安全生产六大纪律

（1）进入现场必须戴好安全帽，扣好帽带；并正确使用个人劳动防护用品。

（2）2 m以上的高处、悬空作业，无安全设施的，必须戴好安全带、扣好保险钩。

（3）高处作业时，不准往下或向上乱抛材料和工具等物件。

（4）各种电动机械设备必须有可靠有效的安全接地和防雷装置，方能开动使用。

（5）不懂电气和机械的人员，严禁使用和玩弄机电设备。

（6）吊装区域，非操作人员严禁入内，吊装机械必须完好，把杆垂直下方不准站人。

（二）十项安全技术措施

（1）按规定使用安全“三宝”（安全帽、安全带、安全网）。

（2）机械设备防护装置一定要齐全有效。

（3）塔吊等起重设备必须有限位保险装置，不准“带病”运转，不准超负荷作业，不准在运转中维修保养。

（4）架设电线线路必须符合当地电业局的规定，电气设备必须全部接零接地。

（5）电动机械和手持电动工具要设置漏电掉闸装置。

（6）脚手架材料及脚手架的搭设必须符合规程要求。

（7）各种缆风绳及其设置必须符合规程要求。

（8）在建工程的楼梯口、电梯口、预留洞口、通道口，必须有防护设施。

（9）严禁赤脚或穿高跟鞋、拖鞋进入施工现场，高空作业不准穿硬底和带钉易滑的鞋靴。

（10）施工现场的悬崖、陡坎等危险地区应设警戒标志，夜间要设红灯示警。

（三）起重吊装“十不吊”规定

（1）起重臂吊起的重物下面有人停留或行走时不准吊。

（2）起重指挥应由技术培训合格的专职人员担任，无指挥或信号不清不准吊。

（3）钢筋、型钢、管材等细长和多根物件必须捆扎牢靠，多点起吊。单头“千斤”或捆扎不牢靠不准吊。

（4）多孔板、积灰斗、手推翻斗车不用四点吊或大模板外挂板不用卸甲不准吊。预制钢筋混凝土楼板不准双拼吊。

（5）吊砌块必须使用安全可靠的砌块夹具，吊砖必须使用砖笼，并堆放整齐。木砖、预埋件等零星物件要用盛器堆放稳妥，叠放不齐不准吊。

（6）楼板、大梁等吊物上站人不准吊。

（7）埋入地面的板桩、井点管等以及粘连、附着的物件不准吊。

（8）多机作业，应保证所吊重物距离不小于 3 m，在同一轨道上多机作业，无安全措施不准吊。

（9）六级以上强风区不准吊。

（10）斜拉重物或超过机械允许荷载不准吊。

五、案例分析

1．事故经过

某建筑公司所承揽的写字楼项目进入了室内装修阶段。装饰作业中使用的地板硝基漆散发的大量的爆炸性混合气体在室内聚集，达到了很高的浓度。此时，一装配电工点燃喷灯做电线接头的防氧化处理，引起混合气体爆燃起火，造成一名职工死亡。经事故调查，该单位安全生产管理工作中缺乏统一性，没有周密的计划，规章制度不健全，致使在多项目、多部位、多工种施工的条件下，工作不能有序地进行。对使用的一些特殊建筑材料性能、使用方法，没有明确地进行技术交底，造成职工缺乏这一方面的知识。没有制定针对性的安全措施（通风设施），易燃、易爆气体在室内大量聚集，导致事故的发生。

2. 事故原因

（1）施工现场管理人员缺乏安全技术知识，对易挥发的施工材料未进行严格管理，没有采取通风措施，使大量的混合气体聚集，浓度迅速增加，遇明火后发生爆燃。

（2）作业人员缺乏在特殊环境下安全操作的基本常识，在易燃、易爆气体浓度很高的情况下，动用明火作业。

（3）该企业对施工人员的安全培训教育工作不到位，没有进行完整的三级教育，安全技术交底不清，交叉作业协调管理不力。

3. 事故预防

加强现场管理人员对各种施工材料安全技术知识的教育。

加强作业人员在特殊环境下安全操作的基本知识的学习。

对上岗施工人员按要求进行三级教育使其掌握国家和地方与安全生产相关法律、法规、标准、规程、规范等规章制度；掌握工程施工安全制度、现场环境、特点及可能存在的不安全因素等；熟悉工种的安全操作规程、劳动纪律、事故案例等。

复习思考题

1. 三级安全教育的内容。
2. 进入施工现场规章制度和遵章守纪教育主要内容。
3. 进入施工现场工种岗位安全操作及班组安全制度和纪律教育主要内容。
4. 进入施工现场新工人安全生产须知。
5. 施工现场安全技术操作有哪些要求。
6. 高空作业安全技术操作有哪些要求。
7. 季节性气候特点施工注意事项。
8. 安全生产六大纪律。
9. 十项安全技术措施。
10. 起重吊装“十不吊”规定。

项目 12　应急预案的编写及现场急救

项目 12.1　安全生产事故应急预案的内容及编写方法

生产经营单位安全生产事故应急预案是国家安全生产应急预案体系的重要组成部分。制订生产经营单位安全生产事故应急预案是贯彻落实“安全第一、预防为主、综合治理”方针，规范生产经营单位应急管理工作，提高应对风险和防范事故的能力，保证职工安全健康和公众生命安全，最大限度地减少财产损失、环境损害和社会影响的重要措施。

为了贯彻落实《国务院关于全面加强应急管理工作的意见》，指导生产经营单位做好安全生产事故应急预案编制工作，解决目前生产经营单位应急预案要素不全、操作性不强、体系不完善、与相关应急预案不衔接等问题，规范生产经营单位应急预案的编制工作，提高生产经营单位应急预案的编写质量，根据《中华人民共和国安全生产法》和《国家安全生产事故灾难应急预案》，制定了《生产经营单位安全生产事故应急预案编制导则》。

应急管理是一项系统工程，生产经营单位的组织体系、管理模式、风险大小，以及生产规模不同，应急预案体系构成也不完全一样。生产经营单位应结合本单位的实际情况，从公司、企业（单位）到车间、岗位分别制订相应的应急预案，形成体系，互相衔接，并按照统一领导、分级负责、条块结合、属地为主的原则，同地方人民政府和相关部门应急预案相衔接。

应急处置方案是应急预案体系的基础，应做到事故类型和危害程度清楚，应急管理责任明确，应对措施正确有效，应急响应及时迅速，应急资源准备充分，立足自救。

一、范围、术语和定义

《生产经营单位安全生产事故应急预案编制导则》规定了生产经营单位编制安全生产事故应急预案（以下简称应急预案）的程序、内容和要素等基本要求。

《生产经营单位安全生产事故应急预案编制导则》适用于中华人民共和国领域内从事生产经营活动的单位。

生产经营单位结合本单位的组织结构、管理模式、风险种类、生产规模等特点，可以对应急预案框架结构等要素进行调整。

下列术语和定义适用于《生产经营单位安全生产事故应急预案编制导则》。

1．应急预案

针对可能发生的事故，为迅速、有序地开展应急行动而预先制订的行动方案。

2．应急准备

针对可能发生的事故，为迅速、有序地开展应急行动而预先进行的组织准备和应急保障。

3．应急响应

事故发生后，有关组织或人员采取的应急行动。

4．应急救援

在应急响应过程中，为消除、减少事故危害，防止事故扩大或恶化，最大限度地降低事故造成的损失或危害而采取的救援措施或行动。

5．恢　复

事故的影响得到初步控制后，为使生产、工作、生活和生态环境尽快恢复到正常状态而采取的措施或行动。

二、应急预案的编制

1．编制准备

编制应急预案应做好以下准备工作：

（1）全面分析本单位危险因素、可能发生的事故类型及事故的危害程度。

（2）排查事故隐患的种类、数量和分布情况，并在隐患治理的基础上，预测可能发生的事故类型及其危害程度。

（3）确定事故危险源，进行风险评估。

（4）针对事故危险源和存在的问题，确定相应的防范措施。

（5）客观评价本单位应急能力。

（6）充分借鉴国内外同行业事故教训及应急工作经验。

注：危险物品，是指易燃易爆物品、危险化学品、放射性物品等能够危及人身安全和财产安全的物品。

重大危险源，是指长期的或者临时的生产、搬运、使用或者储存危险物品，且危险物品的数量等于或者超过临界量的单元（包括场所和设施）。

2．编制程序

（1）应急预案编制工作组。结合本单位部门职能分工，成立以单位主要负责人为领导的应急预案编制工作组，明确编制任务、职责分工，制订工作计划。

（2）资料收集。收集应急预案编制所需的各种资料（相关法律法规、应急预案、技术标准、国内外同行业事故案例分析、本单位技术资料等）。

（3）危险源与风险分析。在危险因素分析及事故隐患排查、治理的基础上，确定本单位的危险源、可能发生事故的类型和后果，进行事故风险分析，并指出事故可能产生的次生、衍生事故，形成分析报告，分析结果作为应急预案的编制依据。

（4）应急能力评估。对本单位应急装备、应急队伍等应急能力进行评估，并结合本单位实际，加强应急能力建设。

（5）应急预案编制。针对可能发生的事故，按照有关规定和要求编制应急预案。应急预案编制过程中，应注重全体人员的参与和培训，使所有与事故有关人员均掌握危险源的危险性、应急处置方案和技能。应急预案应充分利用社会应急资源，与地方政府预案、上级主管单位以及相关部门的预案相衔接。

（6）应急预案评审与发布。应急预案编制完成后，应进行评审。评审由本单位主要负责人组织有关部门和人员进行。外部评审由上级主管部门或地方政府负责安全管理的部门组织审查。评审后，按规定报有关部门备案，并经生产经营单位主要负责人签署发布。

三、应急预案体系的构成

应急预案应形成体系，针对各级各类可能发生的事故和所有危险源制订专项应急预案和现场应急处置方案，并明确事前、事发、事中、事后的各个过程中相关部门和有关人员的职责。生产规模小、危险因素少的生产经营单位，综合应急预案和专项应急预案可以合并编写。

1. 综合应急预案

综合应急预案是从总体上阐述处理事故的应急方针、政策，应急组织结构及相关应急职责，应急行动、措施和保障等基本要求和程序，是应对各类事故的综合性文件。

2. 专项应急预案

专项应急预案是针对具体的事故类别（如煤矿瓦斯爆炸、危险化学品泄漏等事故）、危险源和应急保障而制订的计划或方案，是综合应急预案的组成部分，应按照综合应急预案的程序和要求组织制订，并作为综合应急预案的附件。专项应急预案应制订明确的救援程序和具体的应急救援措施。

3. 现场处置方案

现场处置方案是针对具体的装置、场所或设施、岗位所制订的应急处置措施。现场处置方案应具体、简单、针对性强。现场处置方案应根据风险评估及危险性控制措施逐一编制，做到事故相关人员应知应会，熟练掌握，并通过应急演练，做到迅速反应、正确处置。

四、综合应急预案的主要内容

1. 总　则

（1）编制目的。简述应急预案编制的目的、作用等。

（2）编制依据。简述应急预案编制所依据的法律法规、规章，以及有关行业管理规定、技术规范和标准等。

（3）适用范围。说明应急预案适用的区域范围，以及事故的类型、级别。

（4）应急预案体系。说明本单位应急预案体系的构成情况。

（5）应急工作原则。说明本单位应急工作的原则，内容应简明扼要、明确具体。

2. 生产经营单位的危险性分析

（1）生产经营单位概况。主要包括单位地址、从业人数、隶属关系、主要原材料、主要产品、产量等内容，以及周边重大危险源、重要设施、目标、场所和周边布局情况。必要时，可附平面图进行说明。

（2）危险源与风险分析。主要阐述本单位存在的危险源及风险分析结果。

3. 组织机构及职责

（1）应急组织体系。明确应急组织形式，构成单位或人员，并尽可能以结构图的形式表示出来。

（2）指挥机构及职责。明确应急救援指挥机构总指挥、副总指挥、各成员单位及其相应职责。应急救援指挥机构根据事故类型和应急工作需要，可以设置相应的应急救援工作小组，并明确各小组的工作任务及职责。

4. 预防与预警

（1）危险源监控。明确本单位对危险源监测监控的方式、方法，以及采取的预防措施。

（2）预警行动。明确事故预警的条件、方式、方法和信息的发布程序。

（3）信息报告与处置。按照有关规定，明确事故及未遂伤亡事故信息报告与处置办法。应明确：

① 信息报告与通知。明确 24 小时应急值守电话、事故信息接收和通报程序。

② 信息上报。明确事故发生后向上级主管部门和地方人民政府报告事故信息的流程、内容和时限。

③ 信息传递。明确事故发生后向有关部门或单位通报事故信息的方法和程序。

5. 应急响应

（1）响应分级。针对事故危害程度、影响范围和单位控制事态的能力，将事故分为不同的等级。按照分级负责的原则，明确应急响应级别。

（2）响应程序。根据事故的大小和发展态势，明确应急指挥、应急行动、资源调配、应急避险、扩大应急等响应程序。

（3）应急结束。明确应急终止的条件。事故现场得以控制，环境符合有关标准，导致次生、衍生事故隐患消除后，经事故现场应急指挥机构批准后，现场应急结束。应急结束后，应明确：

① 事故情况上报事项。

② 需向事故调查处理小组移交的相关事项。

③ 事故应急救援工作总结报告。

6. 信息发布

明确事故信息发布的部门，发布原则。事故信息应由事故现场指挥部及时准确向新闻媒体通报事故信息。

7. 后期处置

主要包括污染物处理、事故后果影响消除、生产秩序恢复、善后赔偿、抢险过程和应急救援能力评估及应急预案的修订等内容。

8. 保障措施

（1）通信与信息保障。明确与应急工作相关联的单位或人员通信联系方式和方法，并提供备用方案。建立信息通信系统及维护方案，确保应急期间信息通畅。

（2）应急队伍保障。明确各类应急响应的人力资源，包括专业应急队伍、兼职应急队伍的组织与保障方案。

（3）应急物资装备保障。明确应急救援需要使用的应急物资和装备的类型、数量、性能、存放位置、管理责任人及其联系方式等内容。

（4）经费保障。明确应急专项经费来源、使用范围、数量和监督管理措施，保障应急状态时生产经营单位应急经费的及时到位。

（5）其他保障。根据本单位应急工作需求而确定的其他相关保障措施（如：交通运输保障、治安保障、技术保障、医疗保障、后勤保障等）。

9. 培训与演练

（1）培训。明确对本单位人员开展的应急培训计划、方式和要求。如果预案涉及社区和居民，要做好宣传教育和告知等工作。

（2）演练。明确应急演练的规模、方式、频次、范围、内容、组织、评估、总结等内容。

10. 奖　惩

明确事故应急救援工作中奖励和处罚的条件和内容。

11. 其　他

（1）术语和定义。对应急预案涉及的一些术语进行定义。

（2）应急预案备案。明确本应急预案的报备部门。

（3）维护和更新。明确应急预案维护和更新的基本要求，定期进行评审，实现可持续改进。

（4）制订与解释。明确应急预案负责制订与解释的部门。

（5）应急预案实施。明确应急预案实施的具体时间。

五、专项应急预案的主要内容

（1）事故类型和危害程度分析。在危险源评估的基础上，对其可能发生的事故类型和可能发生的季节及其严重程度进行确定。

（2）应急处置基本原则。明确处置安全生产事故应当遵循的基本原则。

（3）组织机构及职责：

① 应急组织体系。明确应急组织形式，构成单位或人员，并尽可能以结构图的形式表示出来。

② 指挥机构及职责。根据事故类型，明确应急救援指挥机构总指挥、副总指挥以及各成员单位或人员的具体职责。应急救援指挥机构可以设置相应的应急救援工作小组，明确各小组的工作任务及主要负责人职责。

（4）预防与预警：

① 危险源监控。明确本单位对危险源监测监控的方式、方法，以及采取的预防措施。

② 预警行动。明确具体事故预警的条件、方式、方法和信息的发布程序。

（5）信息报告程序主要包括：

① 确定报警系统及程序。

② 确定现场报警方式，如电话、警报器等。

③ 确定 24 小时与相关部门的通信、联络方式。

④ 明确相互认可的通告、报警形式和内容。

⑤ 明确应急反应人员向外求援的方式。

（6）应急处置：

① 响应分级。针对事故危害程度、影响范围和单位控制事态的能力，将事故分为不同的等级。按照分级负责的原则，明确应急响应级别。

② 响应程序。根据事故的大小和发展态势，明确应急指挥、应急行动、资源调配、应急避险、扩大应急等响应程序。

③ 处置措施。针对本单位事故类别和可能发生的事故特点、危险性，制定的应急处置措施。

（7）应急物资与装备保障。明确应急处置所需的物质与装备数量、管理和维护、正确使用等。

六、现场处置方案的主要内容

1. 事故特征内容

（1）危险性分析，可能发生的事故类型。

（2）事故发生的区域、地点或装置的名称。

（3）事故可能发生的季节和造成的危害程度。

（4）事故前可能出现的征兆。

2. 应急组织与职责

（1）基层单位应急自救组织形式及人员构成情况。

（2）应急自救组织机构、人员的具体职责，应同单位或车间、班组人员工作职责紧密结合，明确相关岗位和人员的应急工作职责。

3. 应急处置内容

（1）事故应急处置程序。根据可能发生的事故类别及现场情况，明确事故报警、各项应急措施启动、应急救护人员的引导，及同企业应急预案的衔接的程序。

（2）现场应急处置措施。针对可能发生的火灾、爆炸、危险化学品泄漏、坍塌、水患、机动车辆伤害等，从操作措施、工艺流程、现场处置、事故控制、人员救护、消防、现场恢复等方面制订明确的应急处置措施。

（3）报警电话及上级管理部门、相关应急救援单位联络方式和联系人员，事故报告的基本要求和内容。

4. 注意事项

（1）佩戴个人防护器具方面的注意事项。

（2）使用抢险救援器材方面的注意事项。

（3）采取救援对策或措施方面的注意事项。

（4）现场自救和互救注意事项。

（5）现场应急处置能力确认和人员安全防护等事项。

（6）应急救援结束后的注意事项。

（7）其他需要特别警示的事项。

七、附　件

1. 有关应急部门、机构或人员的联系方式

列出应急工作中需要联系的部门、机构或人员的多种联系方式，并不断进行更新。

2. 重要物资装备的名录或清单

列出应急预案涉及的重要物资和装备名称、型号、存放地点和联系电话等。

3. 规范化格式文本

信息接收、处理、上报等规范化格式文本。

4. 关键的路线、标识和图纸

（1）警报系统分布及覆盖范围。

（2）重要防护目标一览表、分布图。

（3）应急救援指挥位置及救援队伍行动路线。

（4）疏散路线、重要地点等标识。

（5）相关平面布置图纸、救援力量的分布图纸等。

5. 相关应急预案名录

列出直接与本应急预案相关的或相衔接的应急预案名称。

6. 有关协议或备忘录

与相关应急救援部门签订的应急支援协议或备忘录。

7. 应急预案编制格式和要求

（1）封面。应急预案封面主要包括应急预案编号、应急预案版本号、生产经营单位名称、应急预案名称、编制单位名称、颁布日期等内容。

（2）批准页。应急预案必须经发布单位主要负责人批准方可发布。

（3）目次。应急预案应设置目次，目次中所列的内容及次序如下：

① 批准页。

② 章的编号、标题。

③ 带有标题的条的编号、标题（需要时列出）。

④ 附件，用序号表明其顺序。

（4）印刷与装订。应急预案采用 A4 版面印刷，活页装订。

项目 12.2　事故后的急救方法

施工中常见的事故主要有触电、机械伤害、高处坠落等，下面主要介绍出现这几种事故后的急救方法。

一、触电事故后的急救方法

（一）脱离电源

（1）触电急救，首先要使触电者迅速脱离电源，越快越好。因为电流作用的时间越长，伤害越重。

（2）脱离电源就是要把触电者接触的那一部分带电设备的开关、刀闸或其他断路设备断开；或设法将触电者与带电设备脱离。在脱离电源中，救护人员既要救人，也要注意保护自己。

（3）触电者未脱离电源前，救护人员不准直接用手触及伤员，因为有触电的危险。

（4）如触电者处于高处，触脱电源后会自高处坠落，因此，要采取预防措施。

（5）触电者触及低压带电设备，救护人员应设法迅速切断电源，如拉开电源开关或刀闸，拔除电源插头等；或使用绝缘工具、干燥的木棒、木板、绳索等不导电的东西解脱触电者；也可抓住触电者干燥而不贴身的衣服，将其拖开，切记要避免碰到金属物体和触电者的裸露身躯；也可戴绝缘手套或将手用干燥衣物等包起绝缘后解脱触电者；救护人员也可站在绝缘垫上或干木板上，绝缘自己进行救护。为使触电者与导电体解脱，最好用一只手进行。

如果电流通过触电者入地，并且触电者紧握电线，可设法用干木板塞到身下，与地隔离，也可用干木把斧子或有绝缘柄的钳子等将电线剪断。剪断电线要分相，一根一根地剪断，并尽可能站在绝缘物体或干木板上。

（6）触电者触及高压带电设备，救护人员应迅速切断电源，或用适合该电压等级的绝缘工具（戴绝缘手套、穿绝缘靴并用绝缘棒）解脱触电者。救护人员在抢救过程中应注意保持自身与周围带电部分必要的安全距离。

（7）如果触电发生在架空线杆塔上，如系低压带电线路，若可能立即切断线路电源的，应迅速切断电源，或者由救护人员迅速登杆，束好自己的安全皮带后，用带绝缘胶柄的钢丝钳、干燥的不导电物体或绝缘物体将触电者拉离电源；如系高压带电线路，又不可能迅速切断电源开关的，可采用抛挂足够截面的适当长度的金属短路线方法，使电源开关跳闸。抛挂前，将短路线一端固定在铁塔或接地引下线上，另一端系重物，但抛掷短路线时，应注意防止电弧伤人或断线危及人员安全。不论是何级电压线路上触电，救护人员在使触电者脱离电源时要注意防止发生高处坠落的可能和再次触及其他有电线路的可能。

（8）如果触电者触及断落在地上的带电高压导线，且尚未确证线路无电，救护人员在未做好安全措施（如穿绝缘靴或临时双脚并紧跳跃地接近触电者）前，不能接近断线点至 8～10 m 内，防止跨步电压伤人。触电者脱离带电导线后亦应迅速带至 8～10 m 以外后立即开始触电急救。只有在确证线路已经无电，才可在触电者离开触电导线后，立即就地进行急救。

（9）救护触电伤员切除电源时，有时会同时使照明失电，因此应考虑事故照明、应急灯等临时照明。新的照明要符合使用场所防火、防爆的要求。但不能因此延误切除电源和进行急救。

（二）伤员脱离电源后的处理

（1）触电伤员如神志清醒者，应使其就地躺平，严密观察，暂时不要站立或走动。

（2）触电伤员如神志不清者，应就地仰面躺平，且确保气道通畅，并用 5 s 时间，呼叫伤员或轻拍其肩部，以判定伤员是否意识丧失。禁止摇动伤员头部呼叫伤员。

（3）需要抢救的伤员，应立即就地坚持正确抢救，并设法联系医疗部门接替救治。

（4）呼吸、心跳情况的判定：

① 触电伤员如意识丧失，应在 10 s 内，用看、听、试的方法，判定伤员呼吸心跳情况。

看——看伤员的胸部、腹部有无起伏动作；

听——用耳贴近伤员的口鼻处，听有无呼气声音；

试——试测口鼻有无呼气的气流。再用两手指轻试一侧（左或右）喉结旁凹陷处的颈动脉有无搏动。

② 若看、听、试结果，既无呼吸又无颈动脉搏动，可判定呼吸心跳停止。

（三）心肺复苏法

当判定触电者呼吸和心跳停止时，应立即按心肺复苏法就地抢救。所谓心肺复苏法就是支持生命的三项基本措施，即通畅气道；口对口（鼻）人工呼吸；胸外按压（人工循环）。

1. 通畅气道

若触电者呼吸停止，要紧的是始终确保气道通畅，其操作要领是：

（1）清除口中异物，使触电者仰面躺在平硬的地方，迅速解开其领扣、围巾、紧身衣和裤带。如发现触电者口内有食物、假牙、血块等异物，可将其身体及头部同时侧转，迅速用一个手指或两个手指交叉从口角处插入，从中取出异物，操作中要注意防止将异物推到咽喉深处。

（2）采用仰头抬颌法通畅气道操作时，救护人用一只手放在触电者前额，另一只手的手指将其颏颌骨向上抬起，两手协同将头部推向后仰，舌根自然随之抬起、气道即可畅通（见图 12.1）。为使触电者头部后仰，可于其颈部下方垫适量厚度的物品，但严禁用枕头或其他物品垫在触电者头下，因为头部抬高前倾会阻塞气道（见图 12.2），还会使施行胸外按压时流向脑部的血量减少，甚至完全消失。

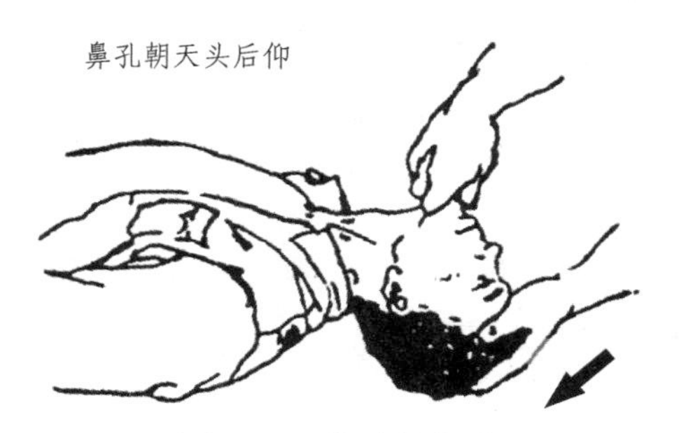

图 12.1　仰头抬颏法

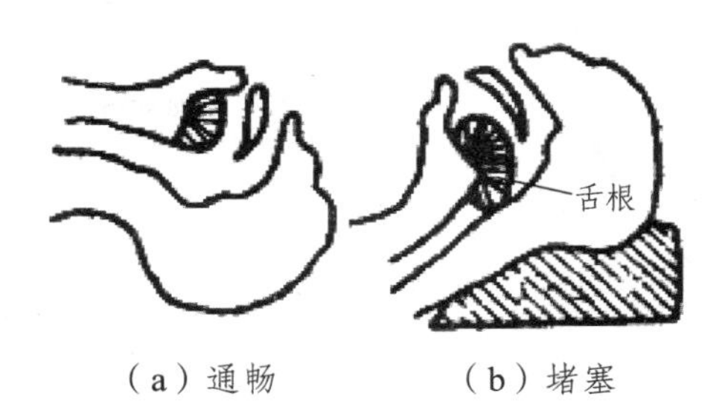

图 12.2　气道阻塞与通畅

2. 口对口（鼻）人工呼吸

救护人在完成气道通畅的操作后，应立即对触电者施行口对口或口对鼻人工呼吸。口对鼻人工呼吸用于触电者嘴巴紧闭的情况。人工呼吸的操作要领如下：

（1）先大口吹气刺激起搏，救护人蹲跪在触电者的左侧或右侧；用放在触电者额上的手的手指捏住其鼻翼，另一只手的食指和中指轻轻托住其下巴；救护人深吸气后，与触电者口对口紧合，在不漏气的情况下，先连续大口吹气两次（见图 12.3），每次 1 ~ 1.5 s；然后用手指试测触电者颈动脉是否有搏动（见图 12.4），如仍无搏动，可判定心跳确已停止，在施行人工呼吸的同时应进行胸外按压。

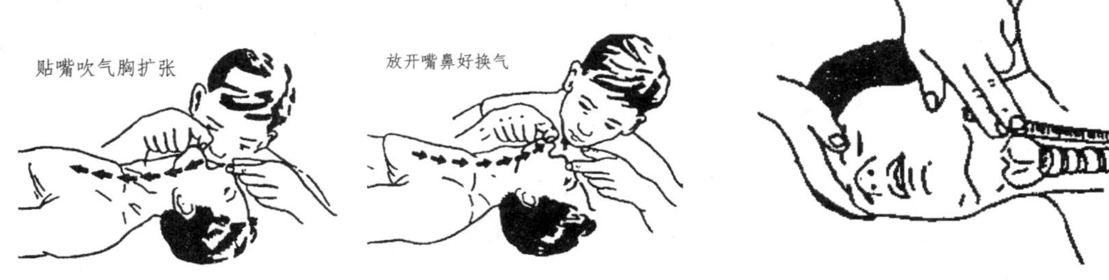

图 12.3　口对口（鼻）人工呼吸　　图 12.4　测试颈动脉

（2）正常口对口人工呼吸。大口吹气两次试测颈动脉搏动后，立即转入正常的口对口人工呼吸阶段。正常的吹气频率是每分钟约 12 次。正常的口对口人工呼吸操作姿势如上述。但吹气量不需过大，以免引起胃膨胀，如触电者是儿童，吹气量宜小些，以免肺泡破裂。救护人换气时，应将触电者的鼻或口放松，让他借自己胸部的弹性自动吐气。吹气和放松时要注意触电者胸部有无起伏的呼吸动作。吹气时如有较大的阻力，可能是头部后仰不够，应及时纠正，使气道保持畅通。

（3）触电者如牙关紧闭，可改为口对鼻人工呼吸。吹气时要将触电者嘴唇紧闭，防止漏气。

3. 胸外按压

胸外按压是借助人力使触电者恢复心脏跳动的急救方法。其有效性在于选择正确的按压位置和采取正确的按压姿势。

（1）确定正确的按压位置的步骤：右手的食指和中指沿触电者的右侧肋弓下缘向上，找到肋骨和胸骨接合处的中点。

右手两手指并齐，中指放在切迹中点（剑突底部），食指平放在胸骨下部，另一只手的掌根紧挨食指上缘置于胸骨上，掌根处即为正确按压位置（见图 12.5）。

（2）正确的按压姿势。使触电者仰面躺在硬的地方并解开其衣服，仰卧姿势与口对口（鼻）人工呼吸法相同。

救护人立或跪在触电者一侧肩旁，两肩位于触电者胸骨正上方，两臂伸直，肘关节固定不屈，两手掌相叠，手指翘起，不接触触电者胸壁（见图 12.6）。

以髋关节为支点，利用上身的重力，垂直将正常成人胸骨压陷 3 ~ 5 cm（儿童和瘦弱者酌减）。

压至要求程度后，立即全部放松，但救护人的掌根不得离开触电者的胸壁。按压有效的标志是在按压过程中可以触到颈动脉搏动。

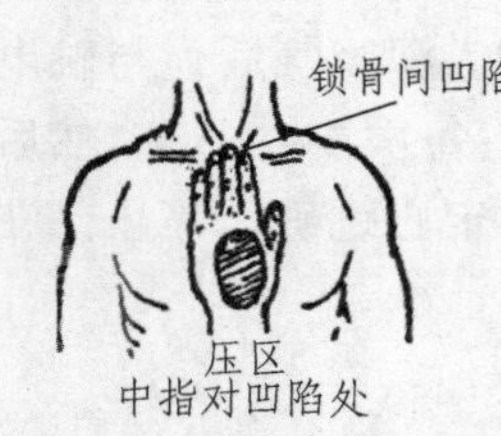

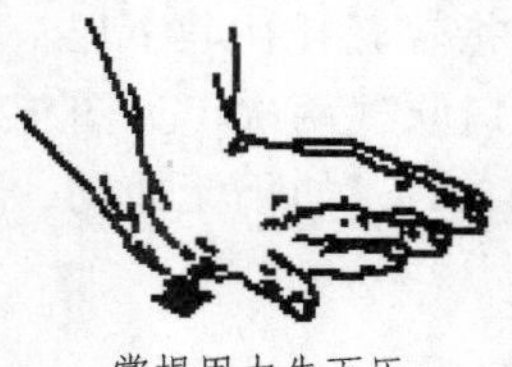

图 12.5 胸外按压的正确压区和叠掌方法

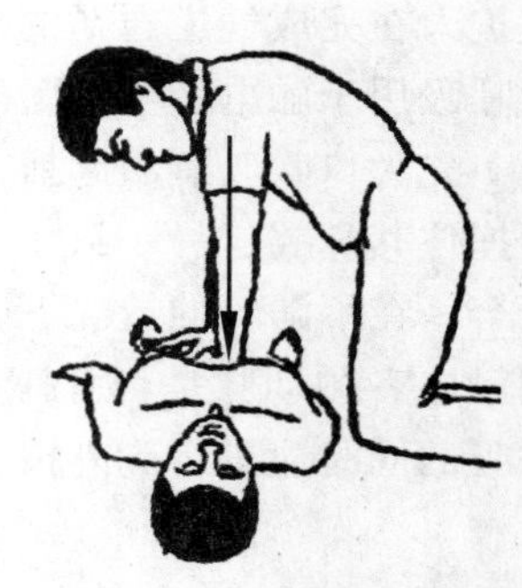

图 12.6 正确按压姿势

（3）恰当的按压频率。胸外按压要以均匀速度进行操作频率以每分钟 80 次为宜，每次包括按压和放松一个循环，按压和放松的时间相等。

当胸外按压与口对口（鼻）人工呼吸同时进行时，操作的节奏为：

单人救护时，每按压 15 次后吹气 2 次（15：2），反复进行；

双人救护时，每按压 15 次后由另一人吹气 1 次（15：1），反复进行。

4. 现场救护中的注意事项

（1）抢救过程中应适时对触电者进行再判定。

按压吹气 1 min 后（相称于单人抢救时做了 4 个 15：2 循环），应采用“看、听、试”方法在 5 ~ 7 s 钟内完成对触电者是否恢复自然呼吸和心跳的再判断。

若判定触电者已有颈动脉搏动，但仍无呼吸，则可暂停胸外按压，而再进行 2 次口对口人工呼吸，接着每隔 5 s 钟吹气一次（相当于每分钟 12 次）。如果脉搏和呼吸仍未能恢复，则继承坚持心肺复苏法抢救。

在抢救过程中，要每隔数分钟用“看、听、试”方法再判定一次触电者的呼吸和脉搏情况，每次判定时间不得超过 5 ~ 7 s。在医务人员前来接替抢救前，现场人员不得放弃现场抢救。

（2）抢救过程中移送触电伤员时的注意事项。

① 心肺复苏应在现场就地坚持进行，不要图方便而随意移动触电伤员，如确有需要移动时，抢救中断时间不应超过 30 s。

② 移动触电者或将其送往医院，应使用担架并在其背部垫以木板，不可让触电展卷体

蜷曲着进行搬运。移送途中应继续抢救，在医务人员接替救治前不可中断抢救。

③ 应创造条件，用装有冰屑的塑料袋做成帽状包绕在伤员头部，露出眼睛，使脑部温度降低，争取触电者心、肺、脑能得以复苏。

（3）触电者好转后的处理。

如触电者的心跳和呼吸经抢救后均已恢复，可暂停心肺复苏法操作。但心跳呼吸恢复的早期仍有可能再次骤停，救护人应严密监护，不可麻痹，要随时准备再次抢救。触电者恢复之初，往往神志不清、精神恍惚或情绪躁动、不安，应设法使他安静下来。

（4）慎用药物。

人工呼吸和胸外按压是对触电"假死"者的主要急救措施，任何药物都不可替代。必须强调指出的是，对触电者用药或注射针剂，应由有经验的医生诊断确定，慎重使用。此外，禁止采取冷水浇淋、猛烈摇摆、大声呼唤或架着触电者跑步等"土"办法刺激触电者的举措，因为人体触电后，心脏会发生颤动，脉搏微弱，血流混乱，如果在这种险象下用上述办法强烈刺激心脏，会使触电者因急性心力衰竭而死亡。

（5）触电者死亡的认定。

对于触电后失去知觉、呼吸心跳停止的触电者，在未经心肺复苏急救之前，只能视为"假死"。任何在事故现场的人员，一旦发现有人触电，都有责任及时和不间断地进行抢救。"及时"就是要争分夺秒，即医生到来之前不等待，送往医院的途中也不可中止抢救。"不间断"就是要有耐心坚持抢救，有抢救近 5 h 终使触电者复活的实例，因此，抢救时间应持续 6 h 以上，直到救活或医生做出触电者已临床死亡的认定为止。

只有医生才有权认定触电者已死亡，公布抢救无效，否则就应本着人道精神坚持不懈地运用人工呼吸和胸外按压对触电者进行抢救。

二、机械伤害事故后的急救方法

（1）发生机械伤害事故后，现场人员不要害怕和慌乱，要保持冷静，迅速对受伤人员进行检查。

急救检查应先看神志、呼吸，接着摸脉搏、听心跳，再查瞳孔，有条件时测血压。检查局部有无创伤、出血、骨折、畸形等变化，根据伤者的情况，有针对性地采取人工呼吸、心脏按压、止血、包扎、固定等临时应急措施。

（2）让人迅速拨打急救电话，向医疗救护单位求援。

记住报警电话很重要，我国通用的医疗急救电话为 120，但除了 120 以外，各地还有一些其他的急救电话，也要适当留意。在发生伤害事故后，要迅速及时拨打急救电话，拨打急救电话时，要注意以下问题：

① 在电话中应向医生讲清伤员的确切地点，联系方法（如电话号码）、行驶路线。

② 简要说明伤员的受伤情况、症状等，并询问清楚在救护车到来之前，应该做些什么。

③ 派人到路口准备迎候救护人员。

（3）遵循"先救命、后救肢"的原则，优先处理颅脑伤、胸伤、肝、脾破裂等危及生命的内脏伤，然后处理肢体出血、骨折等伤。

（4）检查伤者呼吸道是否被舌头、分泌物或其他异物堵塞。

（5）如果呼吸已经停止，立即实施人工呼吸。

（6）如果脉搏不存在，心脏停止跳动，立即进行心肺复苏。

（7）如果伤者出血，进行必要的止血及包扎。

（8）大多数伤员可以毫无顾忌地抬送医院，但对于颈部背部严重受损者要慎重，以防止其进一步受伤。

（9）让患者平卧并保持安静，如有呕吐，同时无颈部骨折时，应将其头部侧向一边以防止噎塞。

（10）动作轻缓地检查患者，必要时剪开其衣服，避免突然挪动增加患者痛苦。

（11）救护人员既要安慰患者，自己也应尽量保持镇静，以消除患者的恐惧。

（12）不要给昏迷或半昏迷者喝水，以防液体进人呼吸道而导致窒息，也不要用拍击或摇动的方式试图唤醒昏迷者。

三、高处坠落事故后的急救办法

高处作业过程中，发生坠落事故的可能随时存在，当施工现场发生人员从高处坠落事故时，现场抢救不可盲目，抢救人员实施伤员急救时，应先观察坠落线路。弄清事故发生原因，再立即进行抢救，避免抢救人员的二次伤害，应及时对伤员进行救护。

抢救人员应首先观察伤员神志是否清醒，并察看伤员着地部位及伤势，做到心中有数。同时小心去除伤员身上的用具和口袋中的硬物。当坠落地点不易进行救护而需转运伤员时，应采取正确的方法，绝对禁止使用一个人抬肩一个人抬腿的方法，以免发生或加重截瘫。

伤员如昏迷，但心跳和呼吸存在，应立即将伤员的头偏向一边，防止舌根后倒，影响呼吸。另外，还必须立即将伤员口中可能脱落的牙齿和积血清除，以免吸入气管，造成窒息。对于无心跳和呼吸的伤员，应立即进行人工呼吸和胸外心脏按摩，待伤员心跳和呼吸恢复后，将伤员平卧在硬木板上及时送往医院抢救。

如发现伤员耳朵、鼻孔出血，则有可能有脑颅损伤，这时千万不能用手帕、棉布或纱布去堵塞，以免造成颅内压力增高和细菌感染。如伤员外伤出血，应立即用清洁布块压迫伤口止血，当压迫无效时，可用布带或橡皮带等在出血处的肢体身躯处捆扎：上胶出血结扎在臂上 1/2 处，下肢出血结扎在大胆上 1/3 处。但应注意每隔 25 ~ 40 min 应放松一次，每次放松 0.5 ~ 1 min，同时做好标记，注意上止血带时间和放松时间。

伤员如腰部以下或下肢先着地，下肢有可能骨折，此时应将两下肢固定在一起，并应超过骨折的上下关节；上肢如骨折，应将上肢绷到胸前，并固定在躯干上。如果怀疑脊柱骨折，搬运时千万注意要保持身体平仲位，不能让身体扭曲，然后由 3 人同时将伤员平托起来：即由一人托头及脊背，一人托臀部，一人托下肢，搬运时应力求平衡，防止骨折部位不稳定，加重伤情。

如伤员腹部有开放性的伤口，应用清洁的布或毛巾等覆盖伤口，不可将脱出物还原，以免感染。

如伤员呈复合伤状态，应将伤员置平仰卧位，使其保持呼吸道畅通，同时解开衣领扣。

抢救伤员时，无论 4 种情况，都应该减少途中的颠簸，并且不得翻动伤员。

复习思考题

1. 应急预案编制程序。
2. 应急预案体系的构成。
3. 综合应急预案的主要内容。
4. 专项应急预案的主要内容。
5. 现场处置方案的主要内容。
6. 触电事故后的急救办法。
7. 机械伤害事故后的急救办法。
8. 高处坠落事故后的急救办法。

参考文献

[1] 铁道部. 铁路工程基本作业施工安全技术规程[S]（TB 10301—2009）. 北京：中国铁道出版社，2009.

[2] 建设部. 建筑施工现场环境与卫生标准[S]（JGJ 146—2004）. 北京：中国建筑工业出版社，2004.

[3] 建设部. 建筑施工模板安全技术规范[S]（JGJ 162—2008）. 北京：中国建筑工业出版社，2008.

[4] 建设部. 建设工程安全生产法律法规[M]. 北京：中国建筑工业出版社，2006。

[5] 住房和城乡建设部工程质量安全监管司. 建设工程安全生产技术[S]. 北京：中国建筑工业出版社，2008.

[6] 中国安全生产协会注册安全工程师委员会. 安全生产技术[M]. 北京：中国大百科全书出版社，2011.

[7] 中国安全生产协会注册安全工程师委员会. 安全生产管理知识[M]. 北京：中国大百科全书出版社，2011.

[8] 全国一级建造师执业资格考试用书编写委员会. 全国一级建造师执业资格考试用书[M]. 3 版. 北京：中国建筑工业出版社，2011.

[9] 钱寅星. 工程建设行业三体系实战[M]. 北京：中国标准出版社，2005.

[10] 钟汉华. 施工机械[M]. 北京：中国水利水电出版社，2007.

[11] 程丽丹. 劳动安全卫生（工务）[M]. 成都：西南交通大学出版社，2000.

[12] 高向阳. 建筑施工安全管理与技术[M]. 北京：化学工业出版社，2012.

[13] 张爱山. 工程机械管理[M]. 北京：人民交通出版社，2008.